Informationstechnik

A. Finger
Pseudorandom-
Signalverarbeitung

Informationstechnik

Herausgegeben von

Prof. Dr.-Ing. Norbert Fliege, Hamburg-Harburg

In der Informationstechnik wurden in den letzten Jahrzehnten klassische Bereiche wie lineare Systeme, Nachrichtenübertragung oder analoge Signalverarbeitung ständig weiterentwickelt. Hinzu kam eine Vielzahl neuer Anwendungsbereiche wie etwa digitale Kommunikation, digitale Signalverarbeitung oder Sprach- und Bildverarbeitung. Zu dieser Entwicklung haben insbesondere die steigende Komplexität der integrierten Halbleiterschaltungen und die Fortschritte in der Computertechnik beigetragen. Die heutige Informationstechnik ist durch hochkomplexe digitale Realisierungen gekennzeichnet.

In der Buchreihe „Informationstechnik“ soll der internationale Stand der Methoden und Prinzipien der modernen Informationstechnik festgehalten, algorithmisch aufgearbeitet und einer breiten Schicht von Ingenieuren, Physikern und Informatikern in Universität und Industrie zugänglich gemacht werden. Unter Berücksichtigung der aktuellen Themen der Informationstechnik will die Buchreihe auch die neuesten und damit zukünftigen Entwicklungen auf diesem Gebiet reflektieren.

Pseudorandom-Signalverarbeitung

Von Dr.-Ing. habil. Adolf Finger
Professor an der Technischen Universität Dresden

Mit 135 Bildern

Springer Fachmedien Wiesbaden GmbH 1997

Die Deutsche Bibliothek – CIP-Einheitsaufnahme

Finger, Adolf:
Pseudorandom-Signalverarbeitung : mit 135 Bildern /
von Adolf Finger.
(Informationstechnik)
ISBN 978-3-322-99221-5 ISBN 978-3-322-99220-8 (eBook)
DOI 10.1007/978-3-322-99220-8

Ursprünglich erschienen bei B.G. Teubner Stuttgart 1997

Vorwort

Die Effektivität und Störsicherheit bei der Erfassung, Übertragung und Verarbeitung von Informationen werden neben dem Einsatz mikroelektronischer Bauelemente vor allem durch die Auswahl und Leistungsfähigkeit von geeigneten Algorithmen zur digitalen Signalverarbeitung bestimmt. Der rasche technologische Fortschritt gestattet mit vertretbarem Aufwand die Realisierung zunehmend komplizierterer Signalverarbeitungs-Algorithmen in der Kombination von Hardware und Software.

Diese allgemeine Entwicklungstendenz gilt insbesondere für digitale zufallsähnliche Signale, die wesentliche Elemente vieler leistungsfähiger Verfahren in der Nachrichten- und Informationstechnik darstellen. Einen Schwerpunkt stellen spezielle zeitdiskrete, periodische Signalfolgen dar, deren theoretische Untersuchung und technische Anwendung etwa seit dem Jahre 1950, zunächst vorwiegend für Aufgaben der kosmischen und militärischen Nachrichtentechnik, erfolgte. Es handelt sich dabei um binäre und auch mehrstufige Signalfolgen, die, obwohl streng determiniert, weitgehende Ähnlichkeiten mit diskreten Zufallssignalen aufweisen. Diese Pseudorandom-Signale bilden die theoretische Basis der Spread-Spectrum-Technik, die zunehmend für "zivile" Anwendungen erschlossen wird. Daneben gibt es weitere Anwendungen von Pseudorandom-Codes in der Nachrichten- und Meßtechnik, so daß von einem übergeordneten Standpunkt aus der Begriff Pseudorandom-Signalverarbeitung (*PRSV*) sinnvoll und berechtigt erscheint. Die Erzeugung von PR-Signalen erfolgt vorwiegend mittels linear rückgekoppelter Schieberegister-Schaltungen (Linear Feedback Shift Register - LFSR). Vereinfacht kann daher die *PRSV* als *digitale Signalverarbeitung unter Verwendung von LFSR-Sequenzen* verstanden werden. Eine andere Erklärung der *PRSV* kann über die Eigenschaften der verwendeten Signale, insbes. deren *Korrelationsfunktionen* gegeben werden.

Das Hauptanliegen dieses Buches besteht daher in einer Darstellung der wesentlichen theoretischen Grundlagen und technischen Realisierungsmöglichkeiten dieser für die Informationstechnik bedeutungsvollen digitalen, strukturierten Signale. Weiterhin besteht die Zielstellung, einen zusammenfassenden Überblick der Anwendungen in unterschiedlichen Teildisziplinen der Informationstechnik zu geben. Dabei kann keine Vollständigkeit der Darlegung angestrebt werden, da auf einigen Spezialgebieten bereits ein hoher Entwicklungsstand erreicht wurde und international ein umfangreiches Schrifttum vorhanden ist. Dagegen gibt es noch keine zusammenfassende Darstellung, in der die gesamte Breite der Anwendungen von Signalen mit Pseudozufalls-Charakter erfaßt wird. Neben der Vermittlung von Grundlagen zum Verständnis technischer Entwicklungen sollen mit dieser zusammenfassenden Darstellung Anregungen für neue Anwendungen gegeben werden.

Der inhaltliche und methodische Aufbau des Buches soll eine Verwendung in Forschung und Entwicklung sowie in der ingenieurwissenschaftlichen Aus- und Weiterbildung auf den Gebieten Informationstechnik und Informatik gestatten. Vorausgesetzt werden Kenntnisse der mathematisch/elektrotechnischen Grundlagenausbildung an Hoch- oder Fachschulen sowie Grundkenntnisse der Signal- und Systemtheorie. Wesentliche Inhalte dieses Buches werden in Lehrveranstaltungen des Autors im Vertiefungsstudium der Informationstechnik an der TU Dresden vermittelt. Es wird ein ausgewogenes Verhältnis von theoretischen Grundlagen, Fragen der technischen Realisierung und praktischen Anwendungen angestrebt. Die systematisierende Bearbeitung zahlreicher Einzeldarstellungen erleichtert den Zugang zu weiterführenden Arbeiten.

Der Stoff gliedert sich in vier Hauptabschnitte. Im ersten werden eine Einführung und ein Überblick zu strukturierten Signalen und Codes gegeben. Im zweiten, umfangreichsten Hauptabschnitt erfolgt eine Darlegung der Theorie zeitdiskreter Signalfolgen mit günstigen Korrelationseigenschaften, wobei der Schwerpunkt auf den linearen Maximallängen-Folgen (m-Sequenzen) liegt. Das Verständnis der mathematischen Zusammenhänge wird durch zahlreiche Beispiele unterstützt, vor allem bei den algebraischen Methoden, die auch ein wichtiges Fundament der Fehlerkorrektur-Codes darstellen. Der dritte Hauptabschnitt hat Fragen der Realisierung von LFSR-Signalen und Korrelationscodes zum Inhalt. Hier kommen neben Grundlagen aus der Theorie linearer Automaten vor allem technische Realisierungen unter Einsatz mikroelektronischer

Bauelemente zur Sprache. Ferner werden die wichtigsten Möglichkeiten behandelt, wie sich durch relativ einfache schaltungs- und rechentechnische Maßnahmen, ausgehend von gegebenen Maximallängen-Folgen, vielfältige strukturierte Signale mit veränderten Eigenschaften ableiten lassen. Im vierten Hauptabschnitt werden eine Reihe von Anwendungen der *PRSV* in unterschiedlichen Bereichen der Informationstechnik betrachtet. Auf Grund der vorteilhaften Eigenschaften der PR-Signale reichen die Einsatzmöglichkeiten von einfachen Generatorschaltungen und Bitfehlerzählern über die experimentelle Systemanalyse bis zu modernen Nachrichten-, Ortungs- und Kryptosystemen.

Ein relativ umfangreiches Literaturverzeichnis enthält ausgewählte Originalarbeiten einschließlich einiger eigener Beiträge und Lehrbücher mit Bezug zur *PRSV*. Der Kern dieses Buches stützt sich auf meine 1985 erschienene Monographie *"Digitale Signalstrukturen in der Informationstechnik"*, deren kleine Auflage rasch vergriffen war. Der gesamte Inhalt ist von bleibender Aktualität und wurde durch die wissenschaftlich-technische Entwicklung bestätigt. Eine Reihe von Anwendungen, die seinerzeit nur gestreift wurden, werden ausführlicher dargestellt.

Mein Dank gilt allen, die am Entstehungsprozeß dieses Buches beteiligt waren, insbesondere Herrn Dipl.-Ing. Andreas Junge für die Gestaltung des Druckmanuskriptes, Herrn Prof. Fliege danke ich für die Aufnahme in die Reihe "Informationstechnik" und Herrn Dr. Schlembach vom Teubner Verlag für die gute Zusammenarbeit.

Dresden, Januar 1997 A. Finger

Inhaltsverzeichnis

1 Einführung und Übersicht

1.1 Begriffsbestimmung und Zielstellung

Die Begriffe "Signal" und "Struktur" werden im technisch-wissenschaftlichen und im Alltagssprachgebrauch verwendet. Ein Signal wird als Träger von Information definiert und ist zumeist mit einem als Zeitfunktion x(t) ablaufenden physikalischen Vorgang verbunden [1.1] [1.2]. Die grundlegenden Eigenschaften von Signalen können sehr vielfältig sein und sind eng verknüpft mit der mathematischen Beschreibung. Oft wird die wichtigste charakterisierende Eigenschaft als zusätzlicher Begriff hinzugesetzt. Einige Beispiele sollen dies verdeutlichen:

- Sinus-, Mäander-, Dreiecksignal usw., d.h., die Form der Zeitfunktion ist Ausgangspunkt für die Bezeichnung
- Prüf-, Test-, Meß-, Synchronsignal, d.h., der Anwendungszweck wird deutlich
- Nutz-, Stör-, Träger-, ATM-, Modulationssignal, d.h., Besonderheiten der Übertragung sind angesprochen
- Impulssignal, periodisches Signal, kontinuierliches, diskretes Signal, Binärsignal usw.; es erfolgt ein Hinweis auf das Zeit- und Amplitudenverhalten
- determiniertes, Zufalls-, Pseudozufallssignal, d.h., eine Klassenzugehörigkeit wird hervorgehoben

- Informations-, Sprach-, Video-, Satelliten-, Radarsignal usw., d.h., die Herkunft oder der technische Anwendungsbereich wird genannt.

Diese Zusammenstellung demonstriert die Vielzahl der Möglichkeiten und zeigt die Schwierigkeit einer einheitlichen Definition und Begriffsbestimmung. In ähnlicher Weise wie beim Signalbegriff lassen sich Beispiele häufig verwendeter Wortkombinationen finden:

- Systemstruktur, Schaltungs-, Netz-, Code-, Grob-, Feinstruktur, algebraische Struktur.

Vom Wortsinn her besteht eine enge Verbindung zwischen physikalisch-technischer und formal mathematischer Betrachtungsweise.

Es wird die Zielstellung verfolgt, wichtige theoretische Grundlagen der *Verarbeitung von Pseudorandom Signalen (PRSV)* sowohl von der mathematischen Seite als auch von den Voraussetzungen anderer wissenschaftlicher Disziplinen her zu behandeln. Von besonderer Bedeutung sind dabei die Erzeugung und Verarbeitung digitaler Signale, deren Eigenschaften durch Ähnlichkeiten mit digitalen Zufallsignalen charakterisiert sind (Pseudozufalls-, Pseudorandomsignale). Durch Bild 1.1 sollen diese Zusammenhänge veranschaulicht werden.

Der zunächst relativ weite Blickwinkel wird im wesentlichen auf Signale mit "Pseudozufalls-Charakter", d.h. *PR-Signale* konzentriert, da sonst der vorgegebene Rahmen nicht ausreichen würde. Aber selbst dann können einige Anwendungen, z.B. in der Spread-Spectrum- und Codemultiplex-Technik nur in einführender Weise behandelt werden.

Der Informationsaspekt spielt in Natur und Technik eine grundlegende Rolle. Aus Erkenntnissen der Mikrobiologie geht hervor, daß alle lebenden Organismen von ähnlichen Einheiten genetischer Information abhängen, die in riesigen kettenförmigen Molekülen (DNS) verschlüsselt sind. Der genetische Code ist universell und aus nur vier Grundbausteinen aufgebaut, die in Form von Paaren lange Informationsketten bilden. Die internen biologischen Kommunikationsprozesse weisen einen hohen Grad an Komplexität und Kompliziertheit auf, der von technischen Systemen bei weitem (noch) nicht erreicht wird. Es zeigt sich aber, daß auch in der Technik zur *Informationsgewinnung, -übertragung und -verarbeitung* Signale größerer Länge und Kompliziertheit zunehmend untersucht und angewendet werden. Ein Beispiel für diese Tendenz stellen die *PR-Signale* dar, deren Eigenschaften und Anwendungen Gegenstand dieses Buches sind. Voraussetzung für den Einsatz ist neben den theoretischen Grundlagen der rasche Fortschritt auf dem Gebiet der mikroelektronischen Bauelemente. Trotz des nur sehr "losen" Zusammenhangs zwischen biologischen und technischen Systemen bestehen Gemeinsamkeiten im Hinblick auf das hohe Maß der erreichbaren Störfestigkeit.

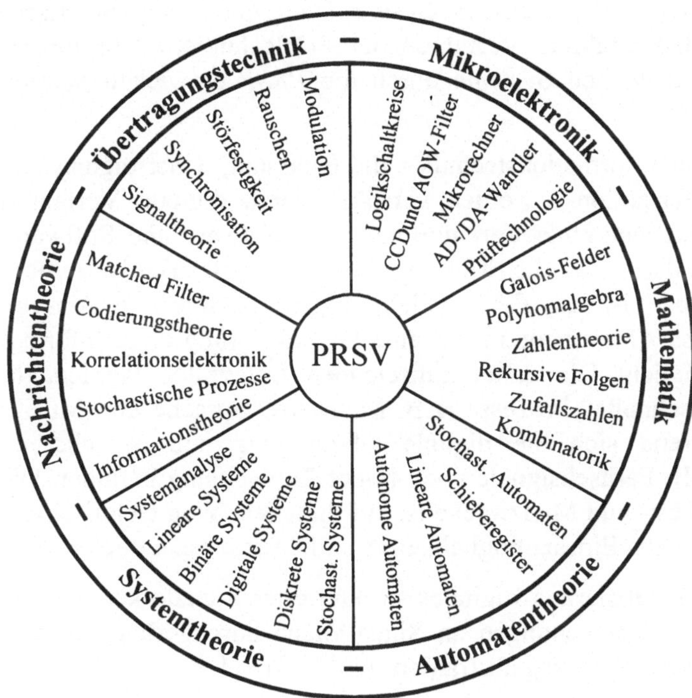

Bild 1.1 Zusammenhänge mit verschiedenen Fachgebieten

Der gegenwärtige Stand der Mikroelektronik erlaubt bereits relativ einfach die Erzeugung und Verarbeitung auch sehr langer Signalfolgen. Mittels integrierter Digital-Analog-Umsetzer (DAU) ist der Übergang zu quasianalogen Signalen leicht möglich. Die Vorteile der digitalen Signalverarbeitung sind über Analog-Digital-Umsetzer (ADU) nutzbar, sofern keine Einschränkungen von den Geschwindigkeitsforderungen her bestehen. Dies gilt auch für die Mikrorechner-Anwendungen, wo die Ablösung von "klassischen" analogen Verfahren der Signalverarbeitung, z.B. der Demodulation, voranschreitet. Neuartige Möglichkeiten sind vor allem dort gegeben, wo die Prozesse "nicht zu schnell" ablaufen.

Zwischen einigen Fachgebieten, nach Bild 1.1, ist eine teilweise Überdeckung zu beobachten, so daß es oft vom persönlichen Standpunkt und der gegebenen Zielstellung abhängt, ob eine Problemstellung mehr der Systemtheorie, der Automaten- bzw. Informations- oder Codierungstheorie zugerechnet wird.

Neben der bereits genannten Bauelemente-Basis existiert ein Bezug zur Mikroelektronik dadurch, daß effektive Verfahren der Prüftechnologie für mikroelektronische Bauelemente und Systeme durch die *PRSV* entwickelt werden können (s. Abschn. 4.1).

Die Hauptaufgaben der Informationstechnik - die Erfassung, Übertragung und Verarbeitung von Information - werden verstärkt durch digitale Verfahren realisiert. Dabei erfolgt eine enge Verknüpfung von Hardware und Software. Eine Tendenz besteht darin, daß die Struktur und Funktion der Hardware über Software "konfigurierbar" ist, z.B. FPGA (Field Programmmable Gate Arrays). Auf der Grundlage des Abtasttheorems ist eine Digitalisierung ohne Informationsverlust stets möglich. Die dabei auftretenden Datenraten werden für langsame und "mittelschnelle" Prozesse (z.B. Meßwerte, Sprache und Musik) gut beherrscht, während sich die digitale Übertragung und Speicherung schneller Prozesse, z.B. Fernsehsignale noch in der Entwicklung befindet. Die Signalerzeugung für Test- und Meßzwecke ist auf digitalem Weg technisch gut realisierbar und bietet neue Einsatzmöglichkeiten und Leistungsparameter.

Auf Grund der Zeitdiskretisierung digitaler strukturierter Signale können wesentliche theoretische Untersuchungen an Signalfolgen durchgeführt werden, bei denen vom konkreten Zeitbezug abstrahiert wird [1.3] - [1.7].

In vielen Anwendungen werden daher digitale strukturierte Signale durch Signalfolgen repräsentiert. Eine Folge, oft auch Sequenz[1)] genannt, von Elementen

$$\{a_i\} = \ldots a_{-1}, a_0, a_1, \ldots , a_i, a_{i+1}, \ldots \qquad (1.1)$$

kann bestimmte strukturelle Eigenschaften aufweisen. Der Wertebereich, dem die Folgenelemente entnommen sind, wird zumeist auf endliche Körper, sog. Galois-Felder GF(q) eingeschränkt (vergl. 2.2.1). Ein technisch und mathematisch wichtiger Sonderfall ist GF(2), d.h. Binärfolgen mit $a_i \in \{0,1\}$. Einer

1) Diese englischsprachige Bezeichnung wird oft noch mit anderer Bedeutung verwendet, z.B. bei WALSH-Funktionen (= halbe Anzahl der Nulldurchgänge) [1.2] und in der Genetik (Struktur der Erbinformation)

Folge ist zunächst noch kein kontinuierlicher Zeitverlauf zugeordnet, sondern es sind nur zu diskreten (Zeit-) Punkten Stützwerte definiert.

1.2 Klassifizierender Überblick

Zunächst soll ein Überblick zu den strukturierten digitalen Signalen gegeben werden, die im wesentlichen Quellen-, Kanal- und Korrelationscodes zugeordnet werden können.

Hohe Anforderungen, insbesondere von seiten der kosmischen und militärischen Nachrichtentechnik, in Verbindung mit den technologischen Fortschritten, brachten es mit sich, daß eine größere Anzahl von Codes, Signalfolgen u.a. entwickelt wurden, die hier unter der Bezeichnung *PR-Signale* zusammengefaßt werden sollen. Wie bereits erläutert, bestehen vielfältige Zusammenhänge und Querverbindungen zu anderen Fachdisziplinen hinsichtlich der theoretischen Beschreibung und technischen Anwendung (vergl. Bild 1.1).

Quellen- und Kanalcodierungen

Grundsätzlich kann die Übertragung und Verarbeitung von Informationen nur in codierter Form erfolgen. Zur technisch günstigen Lösung des Übertragungsproblems, was im weiteren Sinne auch die Speicherung mit einschließt, unter Beachtung der sehr unterschiedlichen praktischen Bedingungen und im Hinblick auf die theoretische Untersuchung wurde die Trennung in Quellen- und Kanalcodierung eingeführt, obwohl neuere Untersuchungen den gemeinsamen Entwurf zum Ziel haben [1.8]. Häufig werden in der Praxis die einzelnen Quellensignale vor der Übertragung zusammengefaßt (Multiplex, MUX).

Die Bezeichnung "Code" wird vielfältig und wenig einheitlich verwendet. Aus der Unterhaltungselektronik sind z.B. Stereo- und Farbcodierung bekannt, was aber dem Wesen nach spezielle Modulationsverfahren darstellt.

Damit ergibt sich eine Prinzipdarstellung der Informationsübertragung nach Bild 1.2. Die Hauptaufgaben der Quellencodierung bestehen in der Verringerung der Redundanz und der Irrelevanz, d.h. der Reduzierung des Informationsgehalts ohne merklichen Qualitätsverlust. Unter Ausnutzung der Eigenschaften des menschlichen Sehens und Hörens wurden in den letzten Jahren beachtliche Fortschritte in der Codierung von Audio- und Videosignalen erreicht, (MPEG-Standard als Grundlage des digitalen Fernsehens, [1.9]).

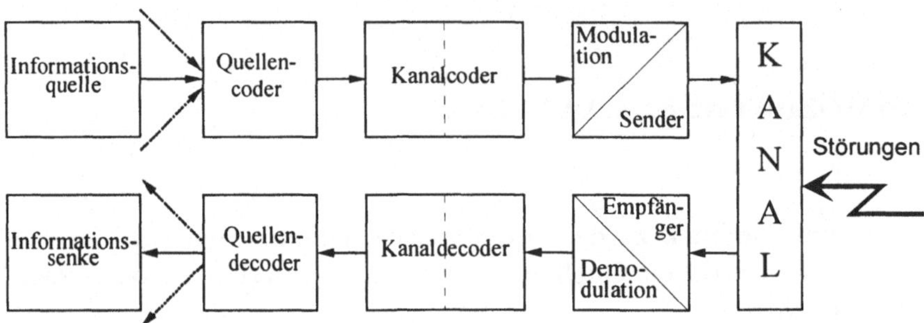

Bild 1.2
Informationsübertragungsschema

In der Kanalcodierung wird allgemein eine Anpassung der Signale an den Übertragungskanal vorgenommen mit dem Ziel der Optimierung nach gegebenen Kriterien, z.B. minimale Fehlerwahrscheinlichkeit. Im Hinblick auf die praktische Anwendung kann diese Anpassung im wesentlichen auf zwei Codeklassen verteilt werden, die Leitungs- oder Übertragungscodes [1.10] [1.11] und die störungsgeschützten Codierungen zur Fehlererkennung bzw. -korrektur [1.3] - [1.5] [1.12] [1.13].

Durch die Informationstheorie wurde theoretisch fundiert, daß über gestörte Kanäle eine Übertragung mit sehr kleiner Fehlerwahrscheinlichkeit möglich ist, sofern die Übertragungsrate kleiner als die Kanalkapazität ist. Danach setzten sich eine Vielzahl theoretischer Arbeiten die Entwicklung leistungsfähiger Codes zum Ziel, da die informationstheoretischen Begründungen keine konkreten Konstruktionsvorschriften für Codes enthalten. Der Grundgedanke besteht darin, daß die förderliche Redundanz in Form von Prüf- oder Kontrollsymbolen so hinzugefügt wird, daß möglichst viele Übertragungsfehler erkannt bzw. korrigiert werden können.

Allgemein kann festgestellt werden, daß bei den Kanalcodierungen die Decodierung einen wesentlich größeren Aufwand als die Codierung erfordert. Für die Verfahren der Quellencodierung trifft eher die umgekehrte Feststellung zu.

Zur theoretischen Beschreibung der zyklischen Blockcodes und auch der linearen rekursiven Folgen als theoretische Basis der *PRSV* dient die Polynomalgebra in Verbindung mit der Theorie endlicher Körper GF(q) (s. Abschn. 2.2).

Übertragungscodes und Binärsignale

Die Übertragungscodes werden mitunter als spezielle digitale Modulationsverfahren aufgefaßt, was in einigen Bezeichnungen zum Ausdruck kommt. Üblicher ist es jedoch, den Begriff der Modulation in Verbindung mit harmonischen Trägerschwingungen zu verwenden.

An die sog. Leitungscodes, die ursprünglich nur zur Datenübertragung über Telefonverbindungen vorgesehen waren, werden u.a. folgende Forderungen gestellt:

- Gleichstromfreiheit
- Konzentration der Energie bei niedrigen Frequenzen
- hinreichende Energie zur Taktrückgewinnung.

Allgemein sollen durch die Übertragungscodes die spektralen Eigenschaften der zu übertragenden Signale günstig beeinflußt werden.

Man unterscheidet binäre und mehrstufige Übertragungscodes. Eine wichtige Unterklasse stellen die Diphase- oder Dibitcodes dar, bei denen neben Pegelwechseln im Taktraster auch Übergänge zur halben Taktperiode möglich sind. Mit Hilfe dieses Freiheitsgrades kann auch bei langen 0- bzw. 1-Folgen die Taktsynchronisation aufrechterhalten werden, jedoch muß eine Erhöhung der Bandbreite in Kauf genommen werden. Ohne Vergrößerung der Bandbreite kann diese Aufgabe durch eine Form der *PRSV*, das sog. Scrambling, gelöst werden (s. Abschn. 4.4).

Auch hier würde ein detaillierter Vergleich der einzelnen Diphasecodes zu weit führen, z.B. wird eine Berechnung für den Miller-Code nach dem Modell der Markoffprozesse bereits recht kompliziert [1.14]. Die Codeauswahl insgesamt ist vielschichtig und kann nicht allein auf der Grundlage theoretischer Erwägungen erfolgen, sondern es sind auch internationale Empfehlungen und Standards zu berücksichtigen. In Bild 1.3 wurden wichtige Diphasecodes zusammengestellt. Die Codierungsregeln, auf die nicht im einzelnen eingegangen werden soll, sind aus der Zuordnung erkennbar.

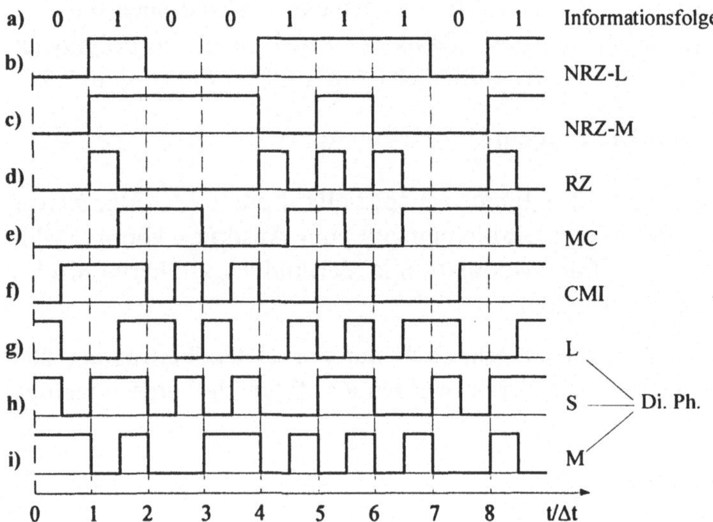

Bild 1.3
Diphase-Übertragungscodes

a) Binärinformation

b) NRZ-L (Non Return Zero Level):
1 ⇔ Hochpegel
0 ⇔ Tiefpegel o.u.

c) NRZ-M (NRZ-Mark) Differenzencodierung:
1 ⇔ Pegelwechsel
0 ⇔ konstant, Umkehrung möglich (NRZ-S)

d) RZ (Return Zero):
1 ⇔ positivem oder negativem Impuls der Breite Δt/2
0 ⇔ konstant

e) MC (Miller-Code) (Delay-Modulation):
1 ⇔ Übertragung in Bitmitte
0 ⇔ kein Pegelwechsel, wenn "1" folgt, sonst am Bitende

f) CMI (Coded Mark Inversion):
1 ⇔ alternierend Hoch- bzw. Tiefpegel
0 ⇔ Tiefpegel erste, Hochpegel zweite Bithälfte

g) L-Di Ph (Diphase- bzw. Biphase-Level) Splitphase Code (Manchester Code):
1 ⇔ Tiefpegel erste, Hochpegel zweite Bithälfte
0 ⇔ Umkehrung zu "1"

h) S-Di Ph (Diphase- bzw. Biphase-Space) (Conditioned Diphase Code):
   1 ⇔ Pegelwechsel an Bitgrenzen
   0 ⇔ Pegelwechsel an Bitgrenzen und in Bitmitte

i) M-Di Ph (Diphase- bzw. Biphase-Mark):
   1 ⇔ Pegelwechsel an Bitgrenzen und in Bitmitte
   0 ⇔ Pegelwechsel an Bitgrenzen

Bekanntlich dominieren die binären, d.h. zweiwertigen, Signale in weiten Bereichen der Informationstechnik auf Grund der verfügbaren elektronischen Bauelemente und der hohen Zuverlässigkeit und Störsicherheit. Für die technische Anwendung interessieren die zugeordneten Zeit- bzw. Impulsverläufe. Bild 1.4 zeigt als Beispiel verschiedene Möglichkeiten der Zuordnung bei binären Signalen. Von der Stützwertdarstellung im Bild 1.4a gelangt man zum idealisierten Binärsignal, das nur zu diskreten Zeitpunkten t_i seinen Amplitudenwert sprungförmig ändern kann, Bild 1.4b. Technisch reale Logikbauelemente bzw. Schaltkreise gestatten keine idealen Übergänge, die Signale weisen endliche Anstiegs- und Abfallzeiten t_A bzw. t_F auf, die nur dann nicht in Erscheinung treten, wenn t_A, $t_F \ll \Delta t$ gilt. Bei höheren Ablaufgeschwindigkeiten, d.h. kleiner Bitdauer Δt, treten Binärsignale nach Bild 1.4c auf, z.B. bei Taktfrequenzen ab einigen MHz in Standard-CMOS oder einigen ...zig MHz in schnellen TTL-Schaltkreisen, wobei die Binärwerte nicht exakt 0 oder 1, sondern Lowpegel A_L bzw. Highpegel A_H mit gewissen Toleranzen sind.

Eine für die Signalübertragung günstige Pegelzuordnung zeigt Bild 1.4d, da unter Voraussetzung nullsymmetrischer bipolarer Signale der beste Signal-Störabstand erreicht werden kann. Signale nach Bild 1.4d werden daher bei der Betrachtung der Eigenschaften von binären PR-Signalen, insbesondere der Korrelationseigenschaften zumeist vorausgesetzt. Es besteht aber auch die Möglichkeit, den binären 0-1-Symbolen eine beliebige Impulsfunktion g(t) zuzuordnen, die jeweils nur innerhalb des Zeitintervalls Δt definiert ist, z.B. können die Zeitfunktionen nach Bild 1.4d, e auf folgende Weise beschrieben werden:

$$b_i = 2\,a_i - 1 \qquad a_i \in \{0, 1\} \tag{1.2}$$

$$s(t) = \sum_{i=0}^{\infty} b_i\, g(t - \Delta t) \tag{1.3}$$

$$g(t) = \begin{cases} \sin^2\left(\dfrac{\pi t}{\Delta t}\right), & 0 < t < \Delta t \\ 0, & \text{sonst.} \end{cases} \tag{1.4}$$

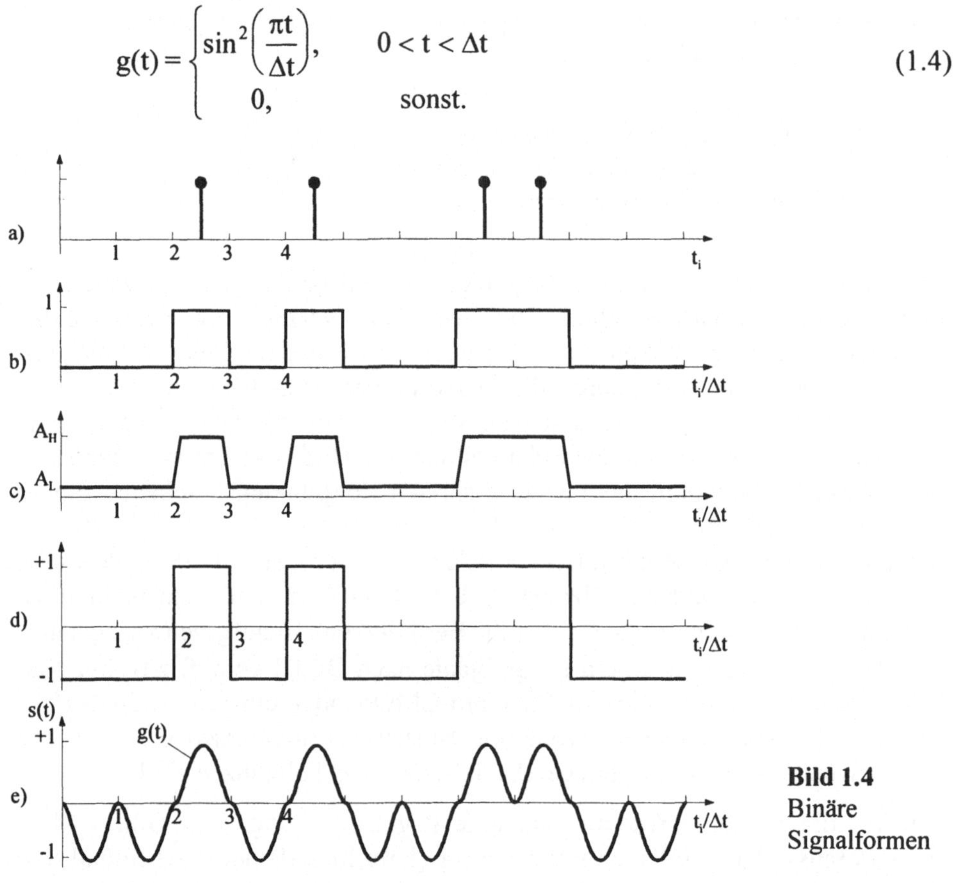

Bild 1.4
Binäre Signalformen

a) Stütz- oder Abtastwerte
b) idealisierter Verlauf, unipolar
c) Verlauf in realen Logikschaltungen
d) idealisiert, bipolar
e) geglätteter Verlauf

Es gilt allgemein, daß bei Signalformen ohne "scharfe" Übergänge, z.B. im Bild 1.4e, die höherfrequenten Spektralanteile rascher abklingen. Dies hat bei paralleler Übertragung eine geringere Nachbarkanal-Beeinflussung oder ein geringeres "Nebensprechen" zur Folge. Außer der Wahl spezieller Impulsformen gibt es die Möglichkeit zur Beeinflussung der spektralen Zusammensetzung von Datensignalen durch das bereits genannte Scrambling (s. Abschn. 4.4).

Zunächst ist zu unterscheiden, ob das Signal x(t) einem höherfrequenten Trägersignal f(t) aufmoduliert werden soll. Ohne Modulation spricht man von Basisband-Signalen, was im allgemeinen nicht gleichbedeutend ist mit niederfrequenten Signalen, z.B. erfolgt die Übertragung von Digitalsignalen in Nachrichtensystemen über Koaxial- und Lichtwellenleitern mit hohen Datenraten und somit hohen Frequenzen.

Korrelationscodes und Signalfolgen

Neben den Quellen- und Kanalcodierungen können Codes unterschieden werden, die sich nicht in die erstgenannten Klassen einordnen lassen. Diese Codes weisen als kennzeichnendes Merkmal besondere Korrelationseigenschaften auf. In der Übersicht nach Bild 1.5 wird veranschaulicht, daß die Korrelationscodes in enger Nachbarschaft zu Signalfolgen mit speziellen Korrelationseigenschaften stehen. Oft werden beide Bezeichnungen auf Grund der bestehenden Gemeinsamkeiten verwendet, z.B. Pseudorandom-Codes oder Pseudorandom-Folgen. Diese Codes, d.h Pseudorandom- und Pseudonoise-Folgen (PN-), werden einen Schwerpunkt der weiteren Betrachtungen bilden.

PR- bzw. PN-Folgen sind vom Wortsinn her periodische Folgen, die zum "binären Rauschen" - einem binären, statistisch unabhängigen Zufallssignal - weitgehende Verwandtschaft besitzen (s. Kriterien unter Abschn. 1.3.2 und Beispiel 2.1).

Eine wichtige Rolle spielen bei der *PRSV* die statistischen Bindungen zwischen den Elementen. Je nach Art der Information können die statistischen Abhängigkeiten sehr unterschiedlich sein und sich auf benachbarte oder weiter entfernte Elemente erstrecken. Eine zwar nicht vollständige, aber für viele Aufgabenstellungen ausreichende Beschreibung der statistischen Bindungen ist durch Korrelationsfunktionen möglich (s. Abschn. 2.1).

Bereits aus der Aufzählung im Bild 1.5 werden nachrichtentechnische Anwendungen deutlich. Große Bedeutung für die Nachrichten- und Meßtechnik besitzen auch die Orthogonalcodes bzw. Orthogonalsignale, die eine übergeordnete Klasse bilden.

Modulierte strukturierte Signale

Als dritte Säule in der Übersicht nach Bild 1.5 erscheinen die Signale mit Modulation. Der "natürliche" Weg, um modulierte Signale mit spezieller Struktur zu erhalten, ist die Aufprägung von strukturierten Basisband-Signalen auf ein hochfrequentes Trägersignal unter Anwendung der bekannten Modulationsverfahren. Grundsätzlich kann ein hochfrequentes Trägersignal

$$f(t) = A \cos (\omega_0 t + \Phi) \tag{1.5}$$

in jedem seiner drei veränderlichen Parameter: Amplitude A, Frequenz f_0 und Phase Φ mit einer "Struktur" versehen werden, wobei eine Vielzahl von Möglichkeiten bestehen und auch angewendet werden.

Im Zusammenhang mit nachrichtentechnischen Anwendungen der *PRSV,* insbes. der Spread-Spectrum-Technik, (s. Abschn. 4.6) werden oft spezielle Winkelmodulationsverfahren genannt, zumeist nur in in Form von Abkürzungen, so daß hier einige Erläuterungen gegeben werden sollen. Man verfolgt das Ziel, bandbreiten-effektive Modulationsverfahren zu entwickeln, die es gestatten, die Signalenergie des modulierten hochfrequenten Signales möglichst in einem vorgegebenen Frequenzband zu konzentrieren. Es ist hier eine Analogie zu den Leitungscodes erkennbar; außer der besseren Bandbreitenausnutzung verringert sich damit die Störbeeinflussung von Nachbarkanälen. Das Prinzip besteht darin, möglichst geglättete Signalübergänge zu erreichen.

Die bekanntesten digitalen Modulationsverfahren sind FSK (Frequency Shift Keying) und PSK (Phase Shift Keying), d.h. Frequenz- bzw. Phasenumtastung. Erfolgt die Phasenumtastung bei Modulation mit Binärsignalen (BPSK), mit einem Phasenhub $\Delta\Phi = \pi$, so entspricht dies einer Multiplikation der Trägerschwingung mit ± 1. In diesem Sonderfall, der auch Balancemodulation genannt wird, besteht kein Unterschied zwischen Amplituden- und Phasenmodulation [1.15]. Es sind nur die Seitenband-Spektrallinien vorhanden, so daß man oft einen geringeren Phasenhub, z.B. $\Delta\Phi = 1$ rad, verwendet, um eine nicht verschwindende Trägerkomponente zu erhalten. Letzteres ist für die Trägerrückgewinnung und damit für die kohärente Demodulation von Bedeutung. Eine höhere Bandbreiten-Effektivität, die als Verhältnis von Datenrate zu Kanalbandbreite definiert werden kann, bringt der Übergang zur Vierphasenmodulation, QPSK. Dabei kann die Trägerschwingung in die Inphase- und Quadraturkomponente, $a_I(t)$ bzw. $a_Q(t)$, zerlegt werden:

$$\cos[\omega_c t + \Phi(t)] = \frac{1}{\sqrt{2}} a_I(t) \cos(\omega_c t + \frac{\pi}{4}) + \frac{1}{\sqrt{2}} a_Q(t) \sin(\omega_c t + \frac{\pi}{4}) \tag{1.6}$$

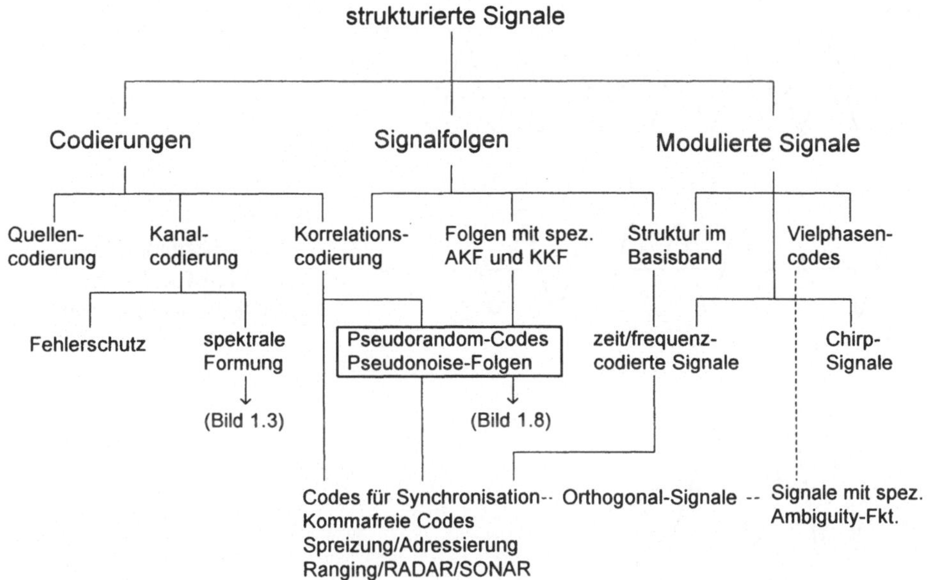

Bild 1.5
Gesamteinteilung der strukturierten Signale

Das modulierende Signal kann demzufolge auch aufgespalten und a_I bzw. a_Q zugeordnet werden, wobei sich die Bitgeschwindigkeit halbiert. Eine Modifizierung entsteht durch zeitliche Verschiebung der Quadraturkomponente, $a_Q(t - \Delta t/2)$. Diese Sonderform der QPSK wird daher als Offset-QPSK (OQPSK) oder "staggerered"-QPSK bezeichnet. Im Bild 1.6a, b sind die möglichen Signalübergänge am Beispiel dargestellt. Unter Einwirkung von Band- und Amplitudenbegrenzung zeigt die OQPSK Vorteile gegenüber QPSK, so daß der Einsatz vorwiegend bei kosmischen Nachrichtenverbindungen erfolgt [1.3] [1.16]. Moduliert man statt mit Rechteck- mit Sinusimpulsen, so lassen sich Phasensprünge vollständig vermeiden:

$$f(t) = a_I(t)\cos\left(\frac{\pi t}{2\Delta t}\right)\cos(\omega_c t) + a_Q(t)\sin\left(\frac{\pi t}{2\Delta t}\right)\sin(\omega_c t) \qquad (1.7)$$

Dieses als MSK (Minimum Shift Keying) bezeichnete Modulationsverfahren stellt eine Verbindung zwischen FSK und PSK dar ($f_C = k \cdot 1/4 \cdot \Delta t$).

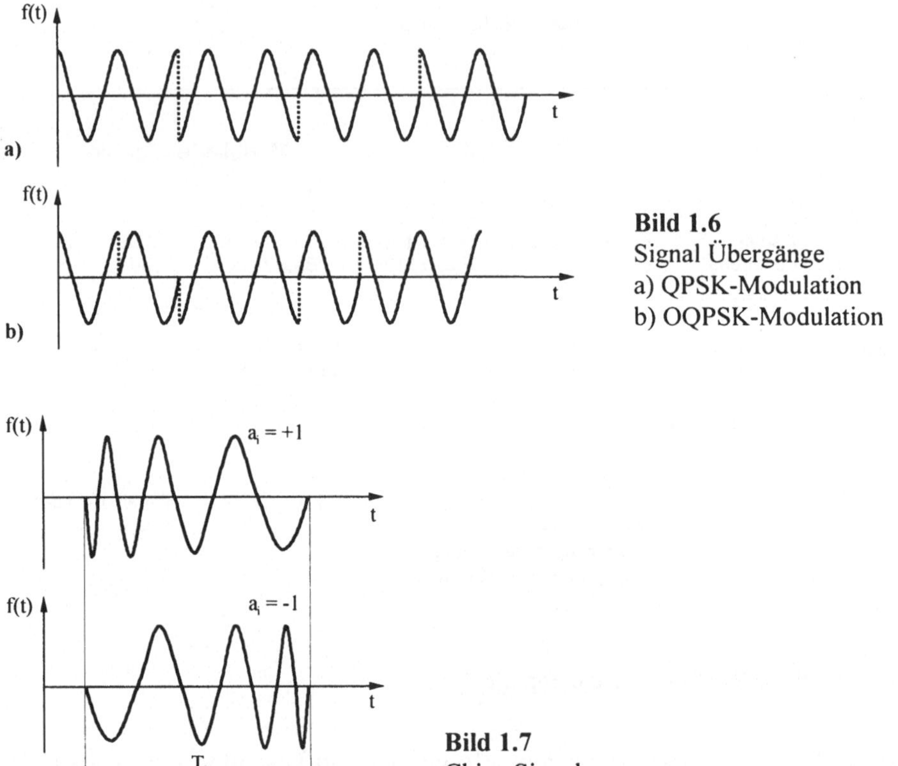

Bild 1.6
Signal Übergänge
a) QPSK-Modulation
b) OQPSK-Modulation

Bild 1.7
Chirp-Signale

Weitere Entwicklungen in dieser Richtung versuchen, auch die Knicke im Signalverlauf zu vermeiden und eine konstante "Betragseinhüllende" zu erreichen TFM (Tamed Frequency Modulation) [1.17], GMSK (Gaußsches Minimum Shift Keying), CPM (Continous Phase Modulation) [1.18].

Wird die Frequenz einer hochfrequenten harmonischen Schwingung während eines vorgegebenen Zeitintervalls T nach einer bestimmten, zumeist linearen Funktion verändert, so entsteht ein sog. Chirp-Signal. Im Bild 1.7 wird dargestellt, daß sich binäre Informationen in einfacher Weise durch Umkehrung des Frequenzverlaufes ausdrücken lassen. Eine solche Signalstrukturierung wird als Variante zur Realisierung des Prinzips der spektralen Spreizung diskutiert [1.19] (s. Abschn. 4.6). Anwendung finden Chirp-Signale in der RADAR-Technik und zur Erzeugung breitbandiger Testsignale für sog. Channel Sounder (Meßgerät für Mobilfunk-Kanäle). Chirp-Signale werden auch untersucht, um die Parameter der Infrarot-Datenübertragung zu verbessern. Die optimale Erkennung solcher Signale ist durch signalangepaßte Filter (Matched-Filter) möglich, die nach der Technologie der akustischen Oberflächenwellen (AOW) aufgebaut sind [1.20] [1.21]. Dabei ist ein besonderer Vorteil, daß die Signalverarbeitung in der Hochfrequenz- bzw. Zwischenfrequenzebene, d.h., vor der ansonsten erforderlichen Demodulation, mit relativ geringem Aufwand erfolgen kann.

Wird die Frequenz zu diskreten Zeitpunkten sprungförmig verändert, so erhält man die sog. frequenz-zeit-codierten Signale (Frequency Hopping). Als Bildungsgesetz der Frequenz-Zeit-Codierung verwendet man vorrangig PR-Folgen.

Zur Erzeugung von PR-Signalen im Basisband bieten sich allgemein bessere Möglichkeiten als für eine "unmittelbare" Signalsynthese im Originalfrequenzbereich. Man erreicht über Modulationsverfahren eine weitgehende Übertragung der Struktureigenschaften der Basisbandsignale in den interessierenden Frequenzbereich.

Charakterisierung von strukturierten Signalen

Signale können im Zeit- und im Frequenzbereich charakterisiert werden, wobei zwischen beiden die aus der Signaltheorie bekannten Zusammenhänge bestehen [1.1] [1.2]. In Abhängigkeit von den Besonderheiten der Signale und der Einsatzbedingungen wählt man zumeist die Beschreibungsmethode, die aussagekräftigere und anschaulichere Ergebnisse liefert. Im folgenden werden zur Charakterisierung von strukturierten Signalen vor allem die Korrelationskenngrößen herangezogen. Darüber hinaus existieren weitere Möglichkeiten, von denen zwei im Rahmen der Übersicht kurz betrachtet werden sollen. Ein Klassifizierungsprinzip, das für Basisband- und modulierte Signale gleichermaßen anwendbar ist, besteht in der Unterscheidung in "einfache" und "komplizierte" Signale. Das Produkt aus der Signaldauer T und dem zugehörigen Bandbreitenbedarf B wird als Basis ß des Signales, der Signalgesamtheit oder auch des Signal-Systems definiert [1.22]:

$$ß = B\,T \tag{1.8}$$

wobei die komplizierten, spektral gespreizten Signale durch $ß \gg 1$ gekennzeichnet sind. Wird ein Bit binärer Information durch einen Impuls der Dauer

T_B dargestellt, so handelt es sich um ein einfaches Signal. Als Bandbreitenbedarf kann wegen der Einschwingbedingung gesetzt werden $B \approx 1 / (1 \ldots 2)\, T_B$.

Wird das Informations-Bit z.B. durch eine Folge von m Binärimpulsen (in der Spread-Spectrum- und Codemultiplex-Technik als Chips bezeichnet, [1.18] [1.23], s. Abschn. 4.6) der Dauer $\Delta t = T_B / m$ dargestellt, so liegt ein kompliziertes Signal vor. Danach sind auch zeit-frequenz-codierte Signale, Chirp-Signale und Frequenzmodulation mit großem Hub komplizierte Signale oder Spread-Spectrum-Signale.

Eine weitere Charakterisierung von strukturierten Signalen ist durch die Ambiguity-, Unbestimmtheits- oder Mehrdeutigkeitsfunktion $X(\tau\Omega)$ gegeben. Sie beschreibt das Verhalten von Signalen, die auf Grund von Bewegungseffekten durch Dopplerverschiebung der Trägerfrequenz und durch Zeitverschiebung beeinflußt werden. Die Unbestimmtheitsfunktion ist daher eine geeignete Kenngröße zur Signalauswahl in der Ortungstechnik, insbesondere bei RADAR- und SONAR-Anwendungen [1.24].

Es existieren unterschiedliche mathematische Schreibweisen für die Unbestimmtheitsfunktion, z.B. auch $|X(\tau,\Omega)|$, da dies als räumliche Darstellung über der Zeitverschiebung τ und der Dopplerfrequenz Ω ein "Gebirge" ergibt. Wenn man Signalgesamtheiten betrachtet, ist die "gegenseitige" oder Kreuz-Unbestimmtheitsfunktion zweier Signale $x_i(t)$, $x_k(t)$ von Interesse [1.22]:

$$X_{i,k}(\tau,\Omega) = \frac{1}{2\sqrt{E_i E_k}} \int_{-\infty}^{\infty} x_i(t) x_k^*(t-\tau) e^{j\Omega t} dt \tag{1.9}$$

wobei E_i, E_k die Energie der Signale und * konjugiert komplex bedeuten. Auch über die Spektren der Signale ist die Darstellung möglich. Die Unbestimmtheitsfunktion stellt eine Verallgemeinerung der Kreuz- und Autokorrelationsfunktion dar, denn für $i = k$ und $\Omega = 0$ erhält man nach Gl. (1.8) bis auf einen Normierungsfaktor die AKF (vergl. Abschn. 2.1).

Ideal wäre eine Ambiguity-Funktion, die im Ursprung $\tau = 0$, $\Omega = 0$ ein scharf ausgeprägtes Maximum und im sonstigen Verlauf ein möglichst niedriges, konstantes Niveau aufweisen würde. Diese "thumbtack"-(Reißzwecken-) Ambiguity-Funktion ist nicht realisierbar, durch Optimierung sind jedoch gute Näherungen erreichbar [1.25] [1.26].

1.3 Digitale Signale mit vorgebbaren Korrelationseigenschaften

Im Bild 1.8 ist eine weitere Untergliederung dargestellt, die eine Anzahl von Unterklassen und Folgen-Typen enthält, deren Bezeichnungen von einer charakterisierenden Eigenschaft oder vom Namen des Entdeckers herrühren. Bezüglich der Erläuterung wird auf die weiteren Abschnitte verwiesen.

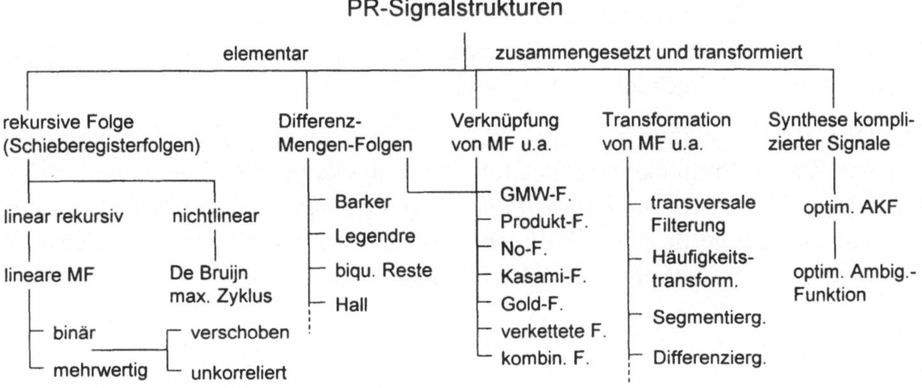

Bild 1.8
Übersicht der Folgen mit spezieller Korrelation

1.3.1 Syntheseproblem

Das Auffinden von periodischen und aperiodischen Signalfolgen einer gegebenen Länge N mit bestimmten Korrelationseigenschaften oder anderen erwünschten Merkmalen stellt ein zentrales Problem dar, das intensiv untersucht worden ist, z.B. [1.26] - [1.29]. Formal besteht die Aufgabe der Auswahl aus endlichen Mengen. Zunächst könnte man annehmen, daß durch Einsatz moderner Rechentechnik zur Abarbeitung von Suchalgorithmen eine Problemlösung möglich sei. Dies ist jedoch nur in sehr begrenztem Umfang der Fall, wie eine einfache Betrachtung zeigt. Die Anzahl Z aller möglichen Folgen steigt mit der Länge N sehr stark an:

$$Z = b^N \qquad b \Leftrightarrow \text{Codebasis} \tag{1.10}$$

so daß auch bei Ausnutzung einschränkender Kriterien und Existenzbedingungen durch die Rechenzeit rasch eine Grenze erreicht wird. Daher wurde die systematische Suche von Folgen mit speziellen Korrelationseigenschaften nur bis zu relativ kleinen Längen durchgeführt, z.B. $N \leq 80$ für periodische Folgen [1.30] [1.31] und $N \leq 40$ für aperiodische Folgen [1.32]. Die Suchmethoden zur Auffindung langer Signalfolgen mit erwünschten Eigenschaften scheint wenig erfolgversprechend zu sein. Mittels algebraischer Methoden können günstiger Ergebnisse erreicht werden. Ausgehend von Signalfolgen mit "guter" periodischer AKF können aperiodische Folgen mit günstiger AKF ermittelt werden, z.B. für $N \leq 997$. Familien von Sequenzen mit guter AKF haben in der Regel weniger gute KKF-Eigenschaften [1.26] [1.28] [1.29].

Die Wahl der Folgelänge N richtet sich nach der jeweiligen Anwendung. Der Grad der Zufallsähnlichkeit nimmt mit der Folgelänge im allgemeinen zu (s. Abschn. 1.3.2). Trotzdem ist es *nicht sinnvoll*, abgesehen vom technischen Aufwand, die Länge in jedem Fall sehr groß zu wählen. Für Testsignalanwendungen kann als grobe Schranke gelten [1.32]:

$$t_G < T_N \leq t_M \qquad \text{bzw.} \qquad t_G \ll T_N \leq t_M \tag{1.11}$$

wobei t_G die "Gedächtniszeit" eines Objekts bedeutet, d.h. die Zeit, innerhalb welcher mit statistischen Abhängigkeiten, Einschwing- und Totzeit o.ä. zu rechnen ist (s. Abschn. 4.3). T_N bezeichnet die Periodendauer und t_M die Meßzeit. Für einige Anwendungen sind relativ kurze Folgenlängen günstig, z.B. N = 15 ... 255 bei der Identifikation regelungstechnischer Systeme, während für andere meßtechnische und für nachrichtentechnische Zwecke Folgen großer Länge zum Einsatz kommen.

Aus der Mathematik sind keine allgemeingültigen Existenzbedingungen oder einfache Regeln bekannt, die eine umfassende Synthese von Signalfolgen mit vorgebbarer Struktur, z.B. einer zweiwertigen periodischen AKF oder einer nichtperiodischen AKF mit minimalen Nebenmaxima ermöglichen. Es besteht hier eine gewisse Ähnlichkeit zu Problemstellungen aus der Zahlentheorie, die sich durch Leichtverständlichkeit der Fragestellung auszeichnen, wo die Lösungen aber sehr schwierig und gegenwärtig teilweise noch offen sind. Aus der Zusammenstellung im Bild 1.8 wird deutlich, daß eine Anzahl unterschiedlicher Folgentypen bekannt ist. Bis zu großen und sehr großen Längen in einfacher Weise aufzustellen sind jedoch nur die *linearen rekursiven Folgen maximaler Länge*, oft auch als m-Sequenzen oder im folgenden auch als MF bezeichnet. Durch Verknüpfung und Signaltransformation besteht eine Vielzahl Möglichkeiten, zu Folgen mit neuen Eigenschaften zu kommen [1.26] - [1.33]. Es sind zwei Varianten zu unterscheiden:

a) Durch Kombination kürzerer optimaler Folgen werden Folgen größerer Länge mit brauchbaren Korrelationseigenschaften gebildet.

b) Die Folgenlänge N bleibt erhalten, durch Verknüpfung und Transformation entstehen Folgen mit veränderten bzw. verbesserten Eigenschaften.

Geht man dabei von MF aus, so besteht der Vorteil der sehr einfachen praktischen Erzeugung mittels mikroelektronischer Bauelemente. Im Falle binärer MF sind dies linear rückgekoppelte Schieberegister, was zu der Bezeichnung "Schieberegister-Folgen" (LFSR-Sequences) geführt hat [1.7].

Neben den Struktureigenschaften stellen die Fragen der technischen Erzeugung einen wichtigen Gesichtspunkt dar. Falls eine Signalfolge lediglich von ihrem mathematischen Aufbau her bekannt ist, muß zu ihrer Erzeugung eine gesonderte elektronische Schaltung oder eine Software-Realisierung entwickelt werden. Diese sind aber nicht von vornherein auch zur Erzeugung kürzerer oder längerer Folgen mit vergleichbaren Eigenschaften geeignet. Von besonderem Interesse für die Anwendung sind daher solche Signalfolgen, für die ein einheitliches effektives Verfahren zur technischen Erzeugung bekannt ist. Diese Bedingungen werden von den linearen MF und davon abgeleiteten Signalen gut erfüllt. Die Stufung der Folgenlänge, $N = 2^n - 1$ bei binären MF bzw. $N = q^n - 1$ bei mehrwertigen MF, ist relativ grob. Durch Kombination und Verwendung anderer Folgentypen nach Bild 1.8 bestehen weitere Freiheitsgrade bezüglich der Folgenlänge N.

1.3.2 Signale mit Pseudozufalls-Charakter

Periodische Signale x(t) = x(t + T) sind in ihrem Zeitverlauf vorhersagbar und somit vollständig determiniert. Das Vorhandensein von Ähnlichkeiten bei bestimmten Kennwerten mit Zufallssignalen berechtigt jedoch dazu, von Pseudozufalls-Signalen zu sprechen. Als wichtigstes Merkmal im Vergleich mit "echten" stochastischen Signalen wird die AKF und bei einer Signalmenge die KKF herangezogen. Geht man von zufälligen Binärfolgen aus, z.B. Münzwurf Zahl = 1, Wappen = −1 oder umgekehrt, so können folgende Kriterien der "Zufälligkeit" aufgestellt werden:

K 1: Die Binärsymbole treten etwa gleich häufig auf.

K 2: Reihen gleicher aufeinanderfolgender Symbole (runs) treten abwechselnd auf, wobei die Hälfte der runs die Länge 1, ein Viertel die Länge 2, ein Achtel die Länge 3, usw., aufweisen und +1- runs etwa gleichhäufig sind wie −1-runs.

K 3: Die periodische AKF ist zweiwertig (s. Abschn. 2.1 u. 2.4).

Diese Pseudozufalls-Kriterien beziehen sich auf periodische Signalfolgen $\{a_i\} = \{a_{i+N}\}$, i = 1, 2, ... und können einzeln oder auch gemeinsam erfüllt sein [1.7] [1.34].

Wenn periodische Folgen die Bedingungen K 1 - K 3 erfüllen, werden sie PN-Folgen (Pseudo Noise) genannt. Es liegt nahe, den Vergleich von Zufallssignalen und determinierten, in gewissen Parametern zufallsähnlichen Signalen nicht auf Binärfolgen mit gleichen Symbolhäufigkeiten zu beschränken. Eine sinnvolle Erweiterung ergibt sich durch die Ausdehnung auf statistisch unabhängige diskrete Signale und auf Markoffketten. Für diese Fälle bestehen günstige Realisierungsmöglichkeiten durch Transformation von MF (s. Abschn. 3.3.2) Prinzipiell ist eine sehr allgemeine Definition der Pseudozufalls-Eigenschaft möglich:

Ein determiniertes Signal soll dann pseudozufällig genannt werden, wenn zwischen seinen Eigenschaften und vorgegebenen Parametern eines Zufallssignals eine hinreichende Ähnlichkeit besteht.

Der Grad der Ähnlichkeit wird nicht generell, sondern im Hinblick auf den jeweiligen Anwendungsfall festzulegen sein. So kann unter Umständen von der strengen Forderung nach einer exakt zweiwertigen AKF abgegangen werden, z.B. bei Pseudozufalls-Signalen für Simulationszwecke zugunsten anderer Freiheitsgrade. Die Klasse der Pseudozufalls-Signale (Pseudorandom-) wird also größer sein als die der PN-Signale im engeren Sinne. Die Bezeichnungen werden in der Literatur nicht einheitlich verwendet, üblich sind auch "pseudostochastisch" und "pseudostatistisch". Weiterhin sind aus der Klasse der MF vorwiegend nur die binären MF bekannt. Eine Übersicht der PR-Folgen bzw. exakter der Folgen mit spezieller Korrelation zeigt Bild 1.8. Dort sind auch nichtperiodische Folgen mit aufgeführt. Bei nichtperiodischen Folgen, die bekanntesten sind die Barker-Codes, ist es nicht üblich, von Pseudozufalls-Signalen zu sprechen, obwohl ein Vergleich mit Proben oder Abtastwerten aus einem Zufallsprozeß möglich wäre. Ein Grund besteht darin, daß es bei relativ kurzen Signalfolgen wenig sinnvoll ist, von "Pseudozufalls-Charakter" zu sprechen. In der Tat kann die Zufallsähnlichkeit determinierter Signale mit zunehmender Länge günstiger gestaltet werden, z.B. [1.35]. Eine vereinfachte, qualitative Veranschaulichung der verschiedenen PR-Folgen als Mengendiagramm zeigt Bild 1.9.

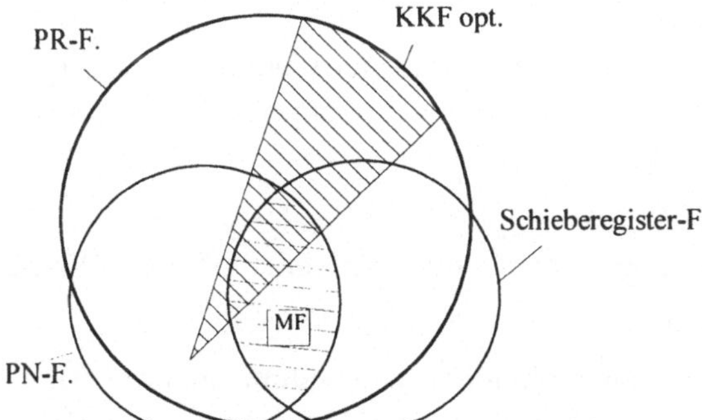

Bild 1.9 Mengendiagramm binärer PR-Folgen

Pseudozufalls-Signale und Zahlen weisen einige Gemeinsamkeiten auf, trotzdem ist eine Unterscheidung erforderlich. Die Erzeugung und Testung von Pseudozufalls-Zahlen, die auf digitalen Großrechnern für einige numerische Verfahren, z.B. die Monte-Carlo-Methode, und für Simulationsaufgaben benötigt werden, stellt eine gesonderte mathematische Spezialdisziplin dar, die hier nicht betrachtet werden soll, mit Ausnahme der Blum-Sequenzen (s. Abschn. 4.6.2) [1.36].

Zwar können Generatoren für Pseudozufalls-Signale (s. Abschn. 3.5) über geeignete Ausgabeumsetzer auch zur Erzeugung von Pseudozufalls-Zahlen dienen, ein wesentlicher Unterschied besteht jedoch in den mathematischen Voraussetzungen des Erzeugungsalgorithmus. Dieser besteht bei Digitalrechner-Anwendungen zumeist aus rekursiven Rechenvorschriften modulo m, wobei m sehr groß ist, z.B. $m = 2^{48}$ [1.36] - [1.38]. Die Basis der hier betrachteten Pseudozufalls-Generatoren für die *PRSV* wird durch die linearen rekursiven MF mit Elementen aus einem Galois-Feld GF(q) mit kleinen q-Werten gebildet.

2 Beschreibung von Signalfolgen

2.1 Korrelations-Kenngrößen

Viele nachrichten- und meßtechnische Probleme erfordern Mengen von Signalen, deren Struktur durch eine oder beide der folgenden Eigenschaften gekennzeichnet ist [2.1]:

1. Für jedes Signal x(t) aus der Signalmenge bzw. Signalgesamtheit ist eine "gute" Unterscheidbarkeit gegenüber dem zeitverschobenen Signal $x(t + \tau)$ gegeben.
2. Jedes Signal x(t) ist "leicht" unterscheidbar von jedem anderen Signal y(t) bzw. $y(t + \tau)$ aus der Signalmenge.

Diese Forderungen nach Unterscheidbarkeit führen über die mittlere quadratische Differenz als Abstandsmaß bei konstanter Signalenergie unmittelbar auf die AKF und KKF (Auto- bzw. Kreuzkorrelationsfunktion):

$$\lim_{T\to\infty} \frac{1}{T} \int_0^T [x(t) \pm y(t+\tau)]^2 dt = \overline{x^2}(t) + \overline{y^2}(t) \pm \overline{2x(t)\, y(t+\tau)} \tag{2.1}$$

Die Korrelationsbildung ist in unterschiedlichen Ausführungsvarianten als eine fundamentale Signaloperation bei technischen Anwendungen bekannt [1.27] [2.2].

Man kann Korrelationsfunktionen für analoge und digitale Signale definieren, wobei für die *PRSV* in erster Linie der digitale Fall von Interesse ist. Zunächst seien einige Zusammenhänge vorangestellt, die für analoge und diskrete AKF gelten.

2.1.1 Auto- und Kreuzkorrelationsfunktionen

Der dritte Term in Gl. (2.1) entspricht der KKF $R_{x,y}(\tau)$, die allgemein als Mittelwert definiert[1)] ist:

$$R_{x,y}(\tau) = \lim \frac{1}{2T} \int_{-T}^{T} x(t)y(t \pm \tau)dt \qquad (2.2)$$

Auch die Verknüpfung eines Signals x(t) mit seiner (zeit-)verschobenen Version $x(t \pm \tau)$ und Mittelwertbildung ist von besonderem Interesse für die Kennzeichnung von Signaleigenschaften und als Grundprinzip nachrichten- und meßtechnischer Anwendungen:

$$R_{x,x}(\tau) = \lim_{T \to \infty} \frac{1}{2T} \int_{-T}^{T} x(t)x(t+\tau)dt \qquad (2.3)$$

Im Bild 2.1a, b wird für ein angenommenes Signal x(t) Gl. (2.3) veranschaulicht. (Zur Vereinfachung der Schreibweise wird vereinbart $R_{xx}(\tau) = R(\tau)$, wo keine Verwechslung möglich ist.) Die AKF nach Gl. (2.3) weist eine Reihe allgemeiner Eigenschaften auf, deren wichtigste hier genannt werden [1.1] [1.2]:

$$R(-\tau) = R(\tau) \qquad (2.4)$$

$$R(0) = \overline{x(t)^2} = R_{max}(\tau) \qquad (2.5)$$

$$R(\infty) = \overline{x(t)}^{\,2} \qquad (2.6)$$

Für $\tau \to 0$ geht die AKF in die mittlere Signalleistung und für $\tau \to \infty$ in das Quadrat des zeitlichen Mittelwertes über. Einleuchtend ist auch die leicht nach-

1) Die Definition Gl. (2.2) ist für "$+\tau$ " oder für "$-\tau$ " in der Literatur zu finden.

zuweisende Eigenschaft, daß Periodizitäten des Signals x(t) in der AKF zum Ausdruck kommen. Vollständig periodische, d.h. also determinierte und damit vorhersagbare Signale spielen für die *PRSV* eine wichtige Rolle. Es können weitgehende Ähnlichkeiten der Parameter im Vergleich zu stochastischen Signalen erreicht und nichtperiodische Folgen mit günstigen Korrelationseigenschaften abgeleitet werden (s. Abschn. 1.3 und die Beispiele 2.1 und 2.4).

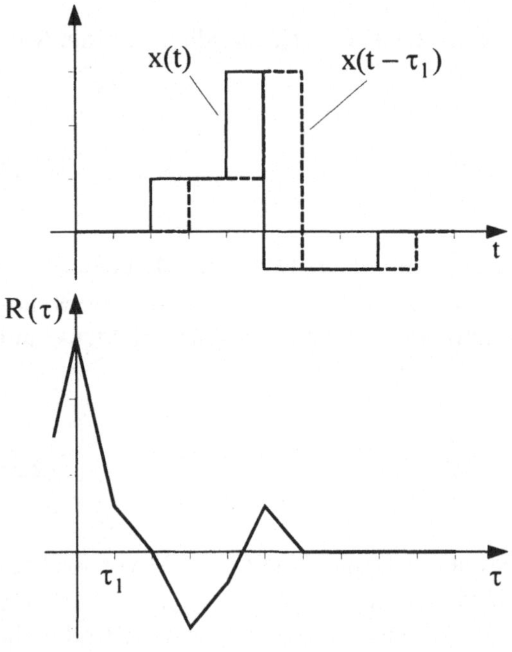

Bild 2.1
Bildung der AKF

Für die AKF nach Gl. (2.3) kann unter Voraussetzung der Periodizität, d.h.,

$$x(t) = x\,(t + kT_X), \qquad k = 1, 2, \ldots \tag{2.7}$$

$T_X \Rightarrow$ Periodendauer, geschrieben werden:

$$R(\tau) = R(\tau \pm T_X)$$

$$R(\tau) = \frac{1}{T_x} \int_{t_0}^{t_0 + T_X} x(t)x(t+\tau)dt. \tag{2.8}$$

Auch die KKF periodischer Signale x(t) und y(t) kann in analoger Form geschrieben werden:

$$R_{x,y}(\tau) = \frac{1}{T} \int_{t_0}^{t_0+T} x(t)y(t+\tau)dt. \tag{2.9}$$

Für die Periodendauer T ist in Gl. (2.9) die gemeinsame oder Gesamtperiode der Signale x(t) und y(t) einzusetzen:

$$T = \mathrm{kgV}\,(T_X, T_Y) \le T_X T_Y \tag{2.10}$$

(kgV $\Rightarrow$ kleinstes gemeinsames Vielfaches).

Für den Fall gleicher Periode gilt $T_X = T_Y = T$.

Erstreckt man die Mittelung nicht über die gesamte Periode, so entsteht die sog. partiale AKF bzw. KKF, die abhängig von der Anfangsbedingung t_0 ist.

Die Normierung der AKF auf ihren Maximalwert erlaubt eine einheitliche Darstellung als Korrelationsfaktor.

$$r(\tau) = \frac{R(\tau)}{R(0)}. \tag{2.11}$$

Wählt man die Integrationszeit so, daß sie gleich oder gleich einem Vielfachen der Periodendauer ist, so kann $t_0 = 0$ gesetzt werden. Ein zweiter entscheidender Faktor für die Festlegung der Integrations- und damit der Korrelationszeit ist die erforderliche Störunterdrückung, die sich über die zeitliche Mittelung und die damit verbundene Informationsreduktion erreichen läßt [1.2]. Es sei noch vermerkt, daß die betrachteten Signale als reellwertig vorausgesetzt werden; eine Ausdehnung der Formeln auf den komplexen Wertebereich ist zumeist leicht möglich [1.27] [2.1].

2.1.2 Korrelation diskreter periodischer Signale

Aus Gründen der einfacheren Erzeugung und Signalverarbeitung kommen amplituden- und zeitdiskrete Signale und von diesen wiederum die Binärsignale in der Korrelationstechnik vorrangig zur Anwendung.

Wird die Schreibweise nach Gl. (1.3) verwendet, d.h., die Signale werden als Überlagerung von Strukturfunktion x_i und Impulsfunktion $g_x(t)$ dargestellt:

$$x(t) = \sum_{i=-\infty}^{\infty} x_i g_x(t - i\Delta t), \tag{2.12}$$

$$y(t) = \sum_{i=-\infty}^{\infty} y_i g_x(t - i\Delta t) \tag{2.13}$$

so können die AKF und KKF ebenfalls durch die Überlagerung eines Struktur- und eines Impulsanteiles beschrieben werden [2.4] [2.5]:

$$R_{x,y}(\tau) = R_{x,y}(s)\Psi_{x,y}(\varepsilon), \qquad \tau = (s+\varepsilon)\Delta t. \tag{2.14}$$

Für den Impulsanteil gilt:

$$\Psi_{x,y}(\varepsilon) = \frac{1}{\Delta t}\int_0^t g_x(t) g_y(t - \varepsilon\Delta t)dt, \tag{2.15}$$

wobei $0 \le \varepsilon \le 1$ die laufende normierte Zeit innerhalb des Taktrasters $k\Delta t$[1)] bedeutet.

Der Strukturanteil ist identisch mit der Korrelation der Folge:

$$R_{x,y}(s) = \lim_{N\to\infty} \frac{1}{2N+1} \sum_{i=-N}^{N} x_i y_{i+s}. \tag{2.16}$$

$R_{x,y}(s)$ und $R_{x,x}(s)$ werden auch als Kreuz- bzw. Autokorrelationsfolge bezeichnet. Hier soll jedoch dafür weiterhin die Bezeichnungen KKF bzw. AKF beibehalten werden, da durch den Strukturanteil das "Korrelationsverhalten" im wesentlichen bestimmt wird. Falls die Impulsform durch einen Rechteckimpuls der Breite Δt gebildet wird, so läßt sich leicht nachweisen, daß der Verlauf der AKF und KKF zwischen den Punkten $\tau = s\Delta t$ linear sein muß. Die AKF und KKF von Signalen mit sprungförmiger Änderung der Amplitudenwerte sind somit stets als Polygonzug mit Stützstellen an den Punkten $\tau = s\Delta t$ gegeben (s.a.

[1)] $\Delta t = T_C = 1 / f_C$ wird oft auch als Taktperiode oder Chipdauer bezeichnet (s. Abschn. 4.6)

Bild 2.1). Auch andere, im Intervall (0, Δt) definierte, Impulsformen beeinflussen vorwiegend nur die "höherfrequenten" Spektralanteile und sind daher nicht typisch für die *PRSV*.

Im Falle periodischer Signale vereinfacht sich Gl. (2.16) zu

$$R_{x,y}(s) = \frac{1}{N}\sum_{i=1}^{N} x_i y_{i+s} \bmod N. \tag{2.17}$$

Die Zahl N ist die gemeinsame Periodenlänge

$$N = \text{kgV}\left\{N_x, N_y\right\} \tag{2.18}$$

mit $T_x = N_x\Delta t$, $T_y = N_y\Delta t$.

Gln. (2.14) bis (2.17) gelten sinngemäß für die AKF, wenn y(t) = x(t) gesetzt wird. Auch aus Gl. (2.9) folgt Gl. (2.17), die unmittelbar definiert werden kann, wenn von vornherein periodische Signalfolgen betrachtet werden [1.7] (vgl. Beispiel 1.1).

Da die AKF eine gerade Funktion ist, Gl. (2.4), gelten die Beziehungen [1.33]:

$$R(s) = R(s \pm N) \tag{2.19}$$

$$s = \begin{cases} 0 \cdots \frac{N}{2} & \text{für N gerade} \\ 0 \cdots \frac{N-1}{2} & \text{für N ungerade} \end{cases}$$

$$R(s) = R(N - s) \tag{2.20}$$

Die AKF periodischer Signale ist daher vollständig bekannt, wenn man den Verlauf innerhalb einer Periodenhälfte kennt, da dieser in der anderen Hälfte spiegelbildlich verläuft.

Die o.g. zwei Problemstellungen reduzieren sich damit für eine große Klasse von Signalen auf periodische Folgen, bei gegebener Periodenlänge N, mit den Eigenschaften:

1. Für jede Folge $\{x_i\}$ der Signalmenge ist $|R_{x,x}(s)|$ möglichst klein für alle $s \neq 0 \bmod N$.
2. Für jedes Folgenpaar $\{x_i\}$, $\{y_i\}$ aus der Signalmenge ist $|R_{x,y}(s)|$ möglichst klein für alle s.

Dies läßt sich als Forderung nach möglichst kleiner Korrelationsdauer innerhalb eines Zeitabschnittes bzw. nach minimaler Korrelation der verschiedenen Signale einer Signalgesamtheit interpretieren; letzteres ist bei Codemultiplex-Nachrichtensystemen (CDMA) von Bedeutung (s. Abschn. 4.6.2).

Eine vollständige oder geschlossene Lösung dieser Problemstellung wird kaum möglich sein bzw. existiert nicht. Es wurden dazu jedoch zahlreiche und hervorragende Beiträge geleistet, die vor allem durch die Anwendungsmöglichkeiten in kosmischen und störfesten Nachrichtensystemen motiviert wurden, z.B. [1.27] - [1.29], [2.3].

Die bereits in der Einführung (Abschn. 1.3.2) genannten Kriterien K 1 - K 3 der Zufallsähnlichkeit können nun durch ein Beispiel präzisiert werden.

Beispiel 2.1 a):

$\{ a_i \} = + + + + - - - + - - + + - + - \ldots$

$(+ \Leftrightarrow +1, - \Leftrightarrow -1), \qquad N = 15, \; a_i = a_{i+15}$

K 1: Häufigkeit von "+" $\Leftrightarrow H(+) = 8, H(-) = 7, H(+) \approx H(-)$

K 2: Häufigkeit der run "+", $H(+) = 2 = H(-); H(++) = H(--) = 1$

K 3: AKF $$R(s) = \frac{1}{N}\sum_{i=1}^{N} a_i a_{i+s} = \begin{cases} 1, & s \equiv 0 \bmod 15 \\ -\frac{1}{15}, & \text{sonst} \end{cases}$$

Im folgenden Beispiel werden dagegen K1 und K2 nicht erfüllt:

Beispiel 2.1 b):

$\{ a_i \} = + + + + + - + + + - - + - \ldots$

$N = 13, \; a_i = a_{i+13}$

$H(+) = 9 \neq H(-) = 4, \; H(+) = 1 \neq H(-) = 2$

K 3: AKF $$R(s) = \begin{cases} 1, & s \equiv 0 \bmod 13 \\ \frac{1}{13}, & \text{sonst} \end{cases}$$

Der Einsatz von Korrelationscodes bzw. Signalfolgen bietet den Vorteil, daß zur Signalerkennung ein Ensemble von aufeinanderfolgenden Elementarsignalen herangezogen werden kann und über anschließende Mittelwertbildung bzw. Schwellwertentscheidung hohe Störabstände erreichbar sind.

2.1.3 Aperiodische Korrelationsfunktionen

Neben den periodischen Signalen sind für wichtige nachrichten- und meßtechnische Anwendungen, z.B. Signalverarbeitung mittels Matched-(signalangepaßter) Filter [1.27] [2.2], auch ("einmalige" und damit) nichtperiodische Signalfolgen von Bedeutung. Die zugehörige aperiodische KKF $\varphi_{x,y}(s)$ (bzw. AKF für $x = y$) ist definiert:

$$\varphi_{x,y}(s) = \frac{1}{N} \begin{cases} \sum\limits_{i=0}^{N-1-s} x_i y_{i+s}, & 0 \le s \le N-1 \\ \sum\limits_{i=0}^{N-1+s} x_{i-s} y_i, & 1-N \le s < 0 \\ 0 \quad , & |s| \ge N \end{cases} \tag{2.21}$$

Gl. (2.21) beschreibt die Korrelation zwischen zwei nichtperiodischen Folgen oder Vektoren $\mathbf{x} = (x_0, x_1, \dots, x_{N-1})$ und $\mathbf{y} = (y_0, y_1, \dots, y_{N-1})$. (Wegen der einfacheren Schreibweise soll eine Unterscheidung in Zeilen- bzw. Spaltenvektoren in der Form $\mathbf{x}^T$ bzw. $\mathbf{x}$ nur dort getroffen werden, wo es erforderlich ist.) Beiträge aus Verschiebungen $s \ge N$ werden nach Gl. (2.1) stets mit Null bewertet. Dies läßt sich einfach veranschaulichen, indem die Vektoren **x** und **y** beiderseits mit 0-Elementen fortgesetzt werden:

$$\dots 0\,0\,0\,0\,0\,(x_0, x_1, \dots, x_{N-1})\,0\,0 \dots$$

$$\dots 0\,0\,(y_0, y_1, \dots, y_{N-1})\,0\,0\,0 \dots$$

Offensichtlich stimmen für $s = 0$ die periodische KKF $R_{x,y}(0)$ bzw. AKF $R_{x,x}(0)$ mit der aperiodischen KKF $\varphi_{x,y}(0)$ bzw. AKF $\varphi_{x,x}(0)$ überein. Für Verschiebungen im Intervall $0 \le s \le N$ läßt sich leicht ein allgemeiner Zusammenhang zwischen aperiodischer und periodischer KKF bzw. AKF angeben:

$$R_{x,y}(s) = \varphi_{x,y}(s) + \varphi_{x,y}(s - N). \tag{2.22}$$

Modifikationen der aperiodischen Korrelation nach Gl. (2.21) sind in der Weise denkbar, daß die "Nachbarschaft" oder die Fortsetzung der Vektoren **x** und/oder **y** nicht durch 0-Elemente, sondern durch weitere vorgegebene Vektoren $\mathbf{x}^{(\ell)}$, $\mathbf{y}^{(\ell)}$ und $\mathbf{x}^{(r)}$, $\mathbf{y}^{(r)}$ gebildet wird.

Der Wertebereich, dem die Elemente der Signalvektoren **x**, **y** entnommen sind, kann mehrwertig oder binär sein - wobei letzterer in der Praxis die größte Bedeutung besitzt.

Von praktischem Interesse für Anwendungen in Funksystemen zur Datenübertragung [2.5] und bei einer speziellen Form der Laufzeitmessung für Ortungszwecke [2.6] sind folgende Bedingungen ($+ \Leftrightarrow +1$, $- \Leftrightarrow -1$):

a) $\mathbf{x}^{(\ell)} = (+ - + - \dots + -)$, $\quad \mathbf{x}^{(r)} = \mathbf{y}^{(\ell)} = \mathbf{y}^{(r)} = \mathbf{0}$, $\quad \mathbf{y} = \mathbf{x}$

$$\dots + - + - + - \quad x_0\, x_1 \dots x_{N-1}\; 0\; 0\; 0 \dots$$

$$\dots\; 0 \quad 0 \quad 0 \quad 0 \quad x_0\, x_1 \dots x_{N-1}\; 0\; 0\; 0 \dots$$

bzw. auch

b) $\mathbf{x}^{(\ell)} = \mathbf{x}^{(r)} = (+ - + - \dots + -)$, $\quad \mathbf{y}^{(\ell)} = \mathbf{y}^{(r)} = \mathbf{0}$, $\quad \mathbf{y} = \mathbf{x}$

Im Unterschied zur aperiodischen KKF nach Gl. (2.21) werden bei diesen Varianten über die Folgenlänge hinausgehende Elemente-Positionen nicht mit Null bewertet, sondern mit einer $+1$, -1-Folge verknüpft - im Fall a) nur bei linksseitiger und im Fall b) bei beidseitiger Verschiebung. Die physikalische Begründung zur Aufstellung dieser aperiodischen Korrelationsfunktion $\varphi_{M,x}(s)$ besteht darin, daß ein Codewort **x** der Länge N mit maximalem Störabstand erkannt werden soll, z.B. mittels eines Matched-Filters, wobei dem Vektor **x** eine 1, 0-Folge zeitlich vorangestellt ist. Der $+1$, -1-Folge entspricht als Signalverlauf eine Mäanderschwingung, die auf Grund der maximalen Anzahl von Pegelwechseln eine optimale Taktsynchronisation ermöglicht [2.5]. Ein empfohlenes Startcodewort x der Länge N = 16 lautet z.B. [2.6]:

$$\dots 1\,0\,1\,0\,(1\;1\;0\;0\;0\;1\;0\;0\;1\;1\;0\;1\;0\;1\;1\;1).$$

Die zugehörige Funktion $\varphi_{M,x}(s)$ zeigt Bild 2.2, wobei $1 \rightarrow +1$, $0 \rightarrow -1$ gilt oder die Korrelationsbildung durch Äquivalenzverknüpfung erfolgt.

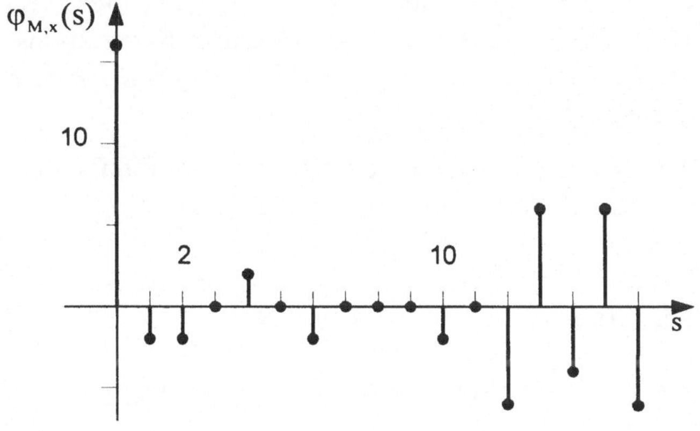

Bild 2.2
Korrelation eines Startcodes

Die KKF $\varphi_{M,x}(s)$ läßt sich als Summe zweier aperiodischer Komponenten darstellen:

$$\varphi_{M,x}(s) = \varphi_{x,x}(s) + \varphi_{x,M}(N - s). \tag{2.23}$$

Die erste Komponente entspricht der nach Gl. (2.21) definierten AKF und erfaßt alle Koinzidenzen zwischen Elementen von **x** und dem verschobenen **x**-Vektor. Die zweite Komponente entspricht der aperiodischen KKF nach Gl. (2.21) zwischen dem Vektor **x** und einem Vektor **M** = (+, –, ...) gleicher Länge.

Der Zeitpunkt des Eintreffens (time of arrival) eines strukturierten Signals x(t) soll bei der Laufzeitmessung möglichst genau bestimmt werden (s.a. Abschn. 4.5.1).

Steht die Taktinformation zur Verfügung, so sind binäre bzw. digitale Schiebeketten zur Verzögerung einsetzbar, und damit sind suboptimale technische Realisierungen von Matched-Filtern relativ einfach möglich. Zur Auswahl der unter Voranstellung einer Mäanderschwingung günstigsten aperiodischen, binären Signale wurden in [2.5] Untersuchungen für $N \leq 64$ durchgeführt.

2.1.4 Weitere Kenngrößen und Zusammenhänge

Es existieren umfangreiche Abhandlungen zum theoretischen Fundament von Korrelationssequenzen (z.B. [1.27] [2.1]). Hier sollen noch einige Korrelationskenngrößen eingeführt und ausgewählte Zusammenhänge angegeben werden, jedoch ohne vollständige Darlegung der Beweisführung.

Wird zunächst formal in Gl. (2.22) die Subtraktion statt der Addition vorgenommen, so entsteht eine weitere Korrelationsfunktion, die als *ungerade* KKF bezeichnet wird:

$$\hat{R}_{x,y}(s) = \varphi_{x,y}(s) - \varphi_{x,y}(s-N) \qquad \text{für} \qquad 0 \leq s \leq N. \tag{2.24}$$

Setzt man x = y, so definiert Gl. (2.24) sinngemäß die ungerade AKF. Wegen der Bedingung

$$R_{x,y}(N-s) = R_{y,x}(s) \tag{2.25}$$

kann die KKF nach Gl. (2.17) auch als "gerade" KKF bezeichnet werden, während für die KKF nach Gl. (2.24) gilt:

$$\hat{R}_{x,y}(N-s) = -\hat{R}_{y,x}(s), \tag{2.26}$$

woraus sich die Bezeichnung "ungerade" erklärt.

Im Falle der "geraden" KKF wird die Ergänzung im allgemeinen weggelassen. Obwohl die ungerade KKF relativ wenig bekannt ist, hat sie doch praktische Bedeutung für die Signalverarbeitung, insbesondere in Vielfachzugriffs-Systemen mit spektraler Spreizung. Plausibel wird diese Eigenschaft, wenn man eine Vorzeichenumkehr von Teilen des Empfangssignales in Betracht zieht, was bei binärer Informationsübertragung ein typischer Fall ist [1.18].

Durch unterschiedliche Ausbreitungsbedingungen von Funksignalen, vor allem in bebauten Gebieten, treten häufig Reflexionen auf, die zu Mehrwegeempfang führen. Dadurch entstehen komplizierte Signalüberlagerungen, wo außer Verzögerungen auch unterschiedliche Vorzeichen der Signalkomponenten auf Grund von Phasendrehungen zu beobachten sind. Für diese Verhältnisse werden mit der ungeraden AKF und KKF weitere Kriterien zur Auswahl geeigneter *PRSV* bereitgestellt [1.18] [1.27] [2.7].

Setzt man in Gl. (2.24) wieder x = y, so wird damit eine "ungerade" AKF $\hat{R}_{x,x}(s)$ definiert, für die Gl. (2.4) nicht gilt. $\hat{R}_{x,x}(s)$ setzt sich aus zwei (aperiodischen) Teilkorrelationen zusammen, die z.B. beim Korrelationsempfang in Verbindung mit Mehrwegeausbreitung von Funksignalen entstehen können.

Aus der Theorie der störungsgeschützten Codierungen ist die diskrete Verschiebung von Codevektoren bekannt. Handelt es sich um periodische digitale Signale, so führen diskrete Verschiebungen stets zu Überdeckungen von Elementen, die innerhalb einer Periode vorhanden sind. Die Beschreibung der Verschiebeoperation und die Auswirkung auf die Korrelationsfunktionen ist Gegenstand der folgenden Betrachtungen.

Zyklische Verschiebung von Vektoren

Eine zyklische Verschiebung der Elemente eines Vektors **x** nach rechts bzw. links soll mittels Verschiebe- oder Verzögerungsoperator D definiert werden, der zur Beschreibung linearer sequentieller Schaltungen eingeführt wurde (erstmals in [2.7]):

$$\mathbf{x} = (x_0, x_1, \dots, x_{N-1}), \qquad D\,\mathbf{x} = (x_{N-1}, x_0, x_1, \dots, x_{N-2})$$

$$, \quad D^{-1}\mathbf{x} = (x_1, x_2, \dots, x_{N-1}, x_0). \tag{2.27}$$

Die Verschiebeoperation kann mehrfach angewendet werden, z.B.:

$$D^{-k}\mathbf{x} = (x_k, x_{k+1}, \dots, x_{N-1}, x_0, x_1, \dots, x_{k-1}) \qquad (0 \le k \le N) \tag{2.28}$$

$$D^{-N}\mathbf{x} = D^{N}\mathbf{x} = \mathbf{x} \tag{2.29}$$

$$D^{-k}\mathbf{x} = D^{N-k}\mathbf{x} \tag{2.30}$$

Mit Hilfe des Verschiebeoperators lassen sich Beziehungen zwischen den Korrelationsfunktionen bei zyklischer Verschiebung der Vektoren formulieren

$$R_{Dx,y}(s) = R_{x,y}(s+1) \tag{2.31}$$

bzw. in allgemeinerer Form:

$$R_{D^k x D^i y}(s) = R_{x,y}(s+k-i). \tag{2.32}$$

Die AKF $R_{x,x}(s)$ ist invariant gegenüber der Operation nach Gl. (2.31), da hierdurch nur die Reihenfolge der Summierung verschoben wird:

$$R_{Dx,Dx}(s) = R_{x,x}(s) \tag{2.33}$$

Im Falle der aperiodischen KKF läßt sich leicht herleiten:

$$\varphi_{x,Dy}(s) = \begin{cases} \varphi_{x,y}(s-1) - x_{N-s}y_{N-1} & \text{für} \quad 0 \le s \le N-1 \\ \varphi_{x,y}(s-1) + x_{-s}y_{N-1} & \text{für} \quad 1-N \le s \le 0 \end{cases} \tag{2.34}$$

und für die aperiodische AKF folgt:

$$\varphi_{Dx,Dx}(s) = \begin{cases} \varphi_{x,x}(s) - (x_{N-1-s} - x_{s-1})x_{N-1} & \text{für} \quad 0 \le s \le N-1 \\ \varphi_{x,x}(s) - (x_{N+s-1} - x_{-s-1})x_{N-1} & \text{für} \quad 1-N \le s \le 0 \end{cases} \tag{2.35}$$

Da sich die ungerade KKF nach Gl. (2.24) aus zwei aperiodischen KKF zusammensetzt, kann wegen Gl. (2.34) geschrieben werden:

$$\hat{R}_{x,Dy}(s) = \hat{R}_{x,y}(s-1) - 2x_{N-s}y_{N-1}. \tag{2.36}$$

Die entsprechende Beziehung für die ungerade AKF lautet:

$$\hat{R}_{Dx,Dx}(s) = \hat{R}_{x,x}(s) - 2x_{N-1}(x_{N-1-s} - x_{s-1}). \tag{2.37}$$

Die angegebenen Beziehungen können zur Untersuchung und Optimierung von periodischen und aperiodischen PR-Signalen angewandt werden. An Hand von Beispiel 2.2 sollen einige Beziehungen veranschaulicht werden.

Beispiel 2.2: Korrelationsfunktionen N = 5

Aperiodische Folge:

x(i): ..00000 **+0−+−** 00000.. y(i): ..00000 **−+0+−** 00000..

Periodische Folge:

$\tilde{x}(i)$: ..+0−+− **+0−+−** +0−+−.. $\tilde{y}(i)$: ..−+0+− **−+0+−** −+0+−..

Alternierend periodische Folge:

$\tilde{x}(i)$: ..−0+−+ **+0−+−** −0+−+.. $\tilde{y}(i)$: ..+−0−+ **−+0+−** +−0−+..

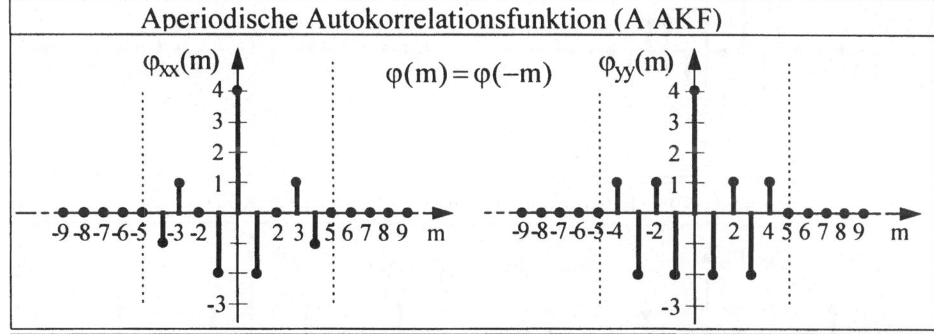

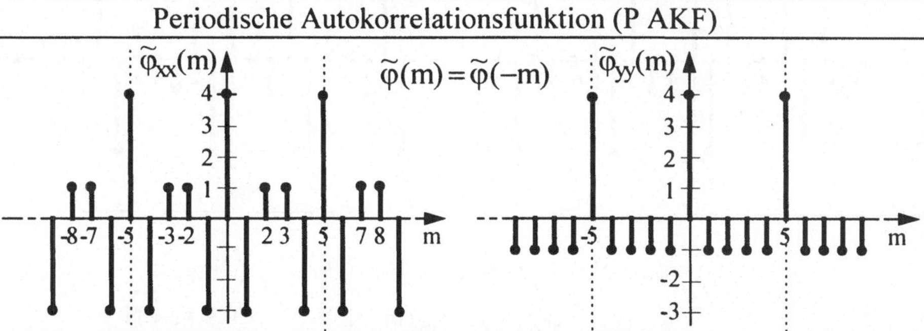

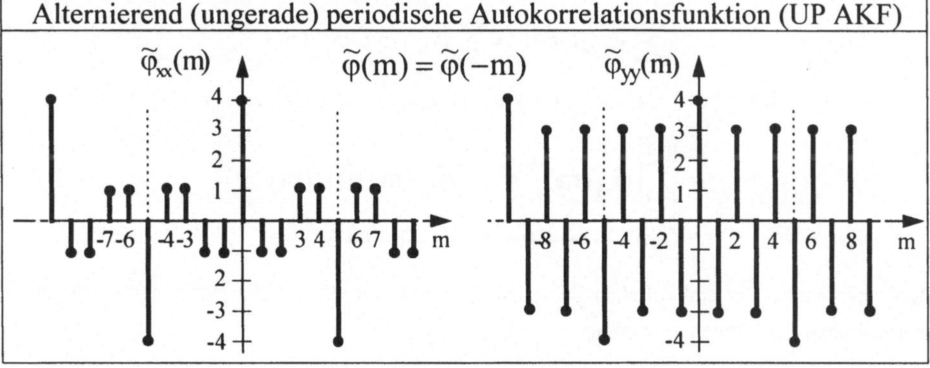

$$\varphi_{xy}(m) = \frac{1}{N} \cdot \sum_{i=0}^{N-1} x(i) \cdot y(i+m)$$

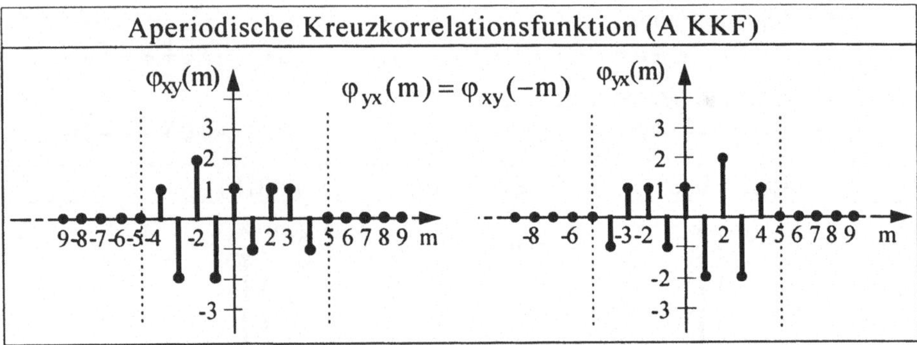

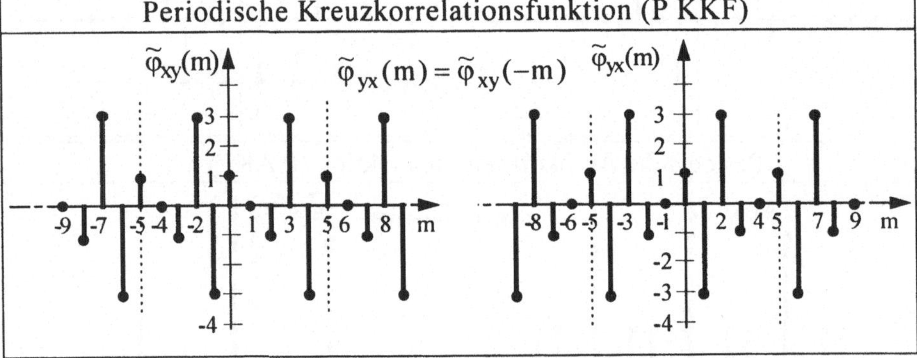

$$\tilde{\varphi}_{xy}(m) = \varphi_{xy}(m) + \varphi_{xy}(m-N),$$

$$\tilde{\varphi}_{yx}(m) = \varphi_{yx}(m) + \varphi_{yx}(m-N) \qquad 0 \le m < N$$

$$\sum_{m} \left|\varphi_{xy}(m)\right|^2 = \sum_{m} \varphi_{xx}(m) \cdot \varphi_{yy}(m)$$

$$1+1+1+1+1+4+4+4+1 = -1-2+0+4+16+4+0-2-1$$

$$\sum_{m=0}^{N-1} \left|\tilde{\varphi}_{xy}(m)\right|^2 = \sum_{m=0}^{N-1} \tilde{\varphi}_{xx}(m) \cdot \tilde{\varphi}_{yy}(m)$$

$$1+0+1+9+9 = 16+3-1-1+3$$

Hinweis: Wegen der einheitlichen Schreibweise wurde die oft übliche Bezeichnung $\tilde{\varphi}$ für die periodischen Funktionen verwendet.

Alternierende und inverse Signalfolgen

Zur Analyse und Synthese in der *PRSV* können die zwei folgenden Transformationen von Bedeutung sein:

1. Vorzeichenumkehr alternierender Elemente

Durch Gl. (2.38) wird diese Operation, angewendet auf zwei gegebene Vektoren **x**, **y**, formal beschrieben:

$$u_i = (-1)^i x_i, \qquad 0 \le i \le N-1 \tag{2.38}$$

$$v_i = (-1)^i y_i, \qquad 0 \le i \le N-1.$$

Einsetzen von Gl. (2.38) in Gl. (2.21) und Umformen liefert:

$$\varphi_{u,v}(s) = (-1)^{|s|} \varphi_{x,y}(s) \quad \text{für alle s.} \tag{2.39}$$

Folglich wird die aperiodische KKF und auch die AKF, d.h. **u** = **v**, betragsmäßig nicht verändert, wenn das Vorzeichen alternierender Elemente umgekehrt wird.

2. Zeitliche Invertierung der Elemente

Werden die Elemente zweier gegebener Folgen bzw. Vektoren **x**, **y** in umgekehrter Reihenfolge geschrieben:

$$\mathbf{w} = (x_{N-1}, x_{N-2}, \ldots, x_1, x_0)$$

$$\mathbf{z} = (y_{N-1}, y_{N-2}, \ldots, y_1, y_0) \tag{2.40}$$

so kann der Zusammenhang der aperiodischen AKF wieder in allgemeiner Form erhalten werden:

$$\varphi_{x,z}(s) = \varphi_{x,y}(-s) \quad \text{für alle s.} \tag{2.41}$$

Im Falle der AKF folgt wegen der Beziehungen

$$\varphi_{x,y}(-s) = \varphi_{y,x}(s)$$

$$\varphi_{x,x}(-s) = \varphi_{x,x}(s) \tag{2.42}$$

die Gleichheit der aperiodischen AKF von Original- und inverser Folge:

$$\varphi_{w,w}(s) = \varphi_{x,x}(s). \tag{2.43}$$

Daher bietet die Folgen-Inversion keine geeigneten Möglichkeiten zur Erweiterung einer Signalmenge mit günstigen Korrelationseigenschaften.

Summen und Schranken

Obwohl die Korrelationsbildung selbst bereits eine Mittelung beinhaltet, können durch Summierungen und Mittelwertbildungen von Korrelationswerten weitere Einsichten erhalten werden [1.27] - [1.29] [2.8]. Einen in dieser Hinsicht wichtigen Zusammenhang zwischen periodischer KKF und AKF stellt Gl. (2.44) dar:

$$\sum_{s=0}^{N-1} \left| R_{x,y}(s) \right|^2 = \sum_{s=0}^{N-1} R_{x,x}(s) R_{y,y}(s). \tag{2.44}$$

Aus Gl. (2.44) erhält man über die Cauchy-Ungleichung die Schranke:

$$\sum_{s=0}^{N-1} |R_{x,y}(s)|^2 \le R_{x,x}(0) R_{y,y}(0) + \left(\sum_{s=0}^{N-1} |R_{x,x}(s)|^2 \right)^{\frac{1}{2}} \left(\sum_{s=0}^{N-1} |R_{y,y}(s)|^2 \right)^{\frac{1}{2}} \tag{2.45}$$

Die Gln. (2.44) und (2.45) gelten auch für die ungeraden Korrelationsfunktionen.

Für Anwendungen in Nachrichtensystemen mit Adressencodierung u.a. interessiert der Maximalwert R_{KKF} der Kreuzkorrelation nach Gl. (2.17) für alle möglichen Paare **x**, **y** einer Signalmenge ***L*** bei allen Werten der Verschiebung s:

$$R_{KKF} = \max \left\{ |R_{x,y}(s)| :\ 0 \le s \le N-1, \mathbf{x}, \mathbf{y} \in \boldsymbol{L}, \mathbf{x} \ne \mathbf{y} \right\} \tag{2.46}$$

Dieser Maximalwert soll möglichst klein sein. Ferner wird angestrebt, daß die Werte der AKF außerhalb des Nullpunktes - die sog. AKF-Nebenzipfel - möglichst gering sind.

$$R_{AKF} = \max \left\{ |R_{x,x}(s)| :\ 1 \le s \le N-1, \mathbf{x} \in \boldsymbol{L} \right\} \tag{2.47}$$

Die Maximalwerte nach Gln. (2.46) (2.47) sind voneinander und von der Länge N und der Anzahl L der verschiedenen Folgen abhängig [2.8]. Mit der Definition der KKF bzw. AKF nach Gl. (2.17) gilt:

$$N \cdot R_{KKF}^2 + \frac{N-1}{L-1} R_{AKF}^2 \geq 1. \tag{2.48}$$

Auch für die aperiodische KKF können analoge Schranken und Beziehungen angegeben werden:

$$\sum_{s=1-N}^{N-1} |\varphi_{x,y}(s)|^2 \leq \varphi_{x,x}(0)\varphi_{y,y}(0) + 2\left(\sum_{s=1}^{N-1} |\varphi_{x,x}(s)|^2\right)^{\frac{1}{2}} \left(\sum_{s=1}^{N-1} |\varphi_{y,y}(s)|^2\right)^{\frac{1}{2}} \tag{2.49}$$

Definiert man für die aperiodische KKF bzw. AKF Maximalwerte analog Gl. (2.46) bzw. (2.47), so gilt unter Beachtung von Gl. (2.21) [2.8]:

$$(2N-1)\varphi_{KKF}^2 + 2\frac{N-1}{L-1}\varphi_{AKF}^2 \geq 1. \tag{2.50}$$

Korrelations-Spektren

Für Anwendungen ist es oft nicht erforderlich, die genauen Werte der KKF oder der AKF zu kennen, sondern nur deren Häufigkeitsverteilung. In Analogie zur Signalbeschreibung im Frequenzbereich ist die Bezeichnung als Korrelations-Spektrum zweier Folgen **a, b** sinnvoll:

$$S_{a,b}(k) := \{\text{Häufigkeit von } R_{a,b}(\ell) = k,\ \ell = 0, 1, \ldots, N-1\} \tag{2.51}$$

In Gl. (2.51) können auch andere der oben definierten KKF oder AKF eingesetzt werden.

Besonders zur Beurteilung langer Signale ist das Korrelations-Spektrum eine geeignete Kenngröße. Im Falle der periodischen AKF $R_{x,x}(s)$ ist ein zweiwertiges Korrelations-Spektrum von besonderem Interesse (s. Abschn. 2.4). Allgemeine Aussagen können über die Kreuzkorrelations-Spektren von linearen Maximalfolgen gemacht werden.

2.1.5 Korrelation binärer Signale

In den Anwendungen von PR-Signalen dominieren die Binärsignale aus Gründen der einfachen Erzeugungs- und Verarbeitungsmöglichkeiten mittels zweiwertiger logischer Bauelemente und wegen des maximal erreichbaren Störabstandes. Zunächst ist der Wertebereich der Binärsignale $x_i \in \{0, 1\}$ bzw. $x_i \in \{+1, -1\}$ zu beachten (vgl. Bild 1.7a, d). Die Korrelationsbildung ist für unipolare und bipolare Pegelzuordnungen möglich, wobei die Ergebnisse ineinander überführt werden können. Erfolgt die Bewertung der Korrelationsergebnisse mittels Schwellwerterkennung, so ist über die Wahl des Schwellwertes eine Anpassung an die Signalpegel leicht möglich. Wie bereits erwähnt, ist bezüglich des Störabstandes das bipolare 0-symmetrische Signal günstiger. Nur unter dieser Voraussetzung gilt die bekannte Rechenvorschrift bezüglich der Korrelation binärer Signale [1.7]:

$$R_{x,y}(s) = \frac{A_s - D_s}{A_s + D_s}, \qquad x, y \in \{+1, -1\} \tag{2.52}$$

wobei mit A_s die Anzahl der bitweisen Übereinstimmungen (Agreements) und mit D_s die Anzahl der Nichtübereinstimmungen (Disagreements) bezeichnet werden, jeweils für eine gegebene Verschiebung $\tau = s\Delta t$. Gl. (2.52) ist auch für die AKF gültig, wenn man $x = y$ setzt.

Für den Fall periodischer Signale entspricht der Nenner in Gl. (2.52) der Periodenlänge N. Statt der periodischen KKF oder AKF kann die Rechenvorschrift nach Gl. (2.52) auch zur Bestimmung der aperiodischen KKF und AKF binärer Signale dienen. Formal kann Gl. (2.52) auf Binärfolgen mit $a_i \in \{0, 1\}$ angewendet werden, wobei zu beachten ist, daß das Ergebnis entweder für eine Folge $\{x_i\}$, $x_i \in \{+1, -1\}$ nach Gl. (1.2) gilt oder daß bei der Korrelationsbildung keine Multiplikation, sondern eine Äquivalenzverknüpfung, d.h. Mod-2-Addition der Elemente erfolgt. Den Zusammenhang der periodischen KKF und AKF bipolarer und unipolarer Binärsignale erhält man in einfacher Weise:

$$R_{x,y}(s) = \frac{1}{N}\sum_{i=0}^{N-1}(2a_i - 1)(2b_{i-s} - 1)$$

$$R_{x,y}(s) = 4R_{a,b}(s) - 2(\bar{a}_i + \bar{b}_i) + 1$$

$$\text{mit } x_i = 2a_i - 1, \quad y_{i\text{-}s} = 2b_{i-s} - 1 \tag{2.53}$$

und für x = y folgt die AKF:

$$R_{x,x}(s) = 4R_{a,a}(s) - 4\bar{a}_i + 1. \tag{2.54}$$

An Hand des folgenden Beispiels sollen die Verhältnisse überprüft werden:

Beispiel 2.3:

Die Vektoren $\mathbf{x} = (+++--+-)$

$\mathbf{y} = (+---+++-)$ nach Beispiel 2.2

lauten in unipolarer Form: $\mathbf{a} = (1110010)$

$\mathbf{b} = (1001110)$

$$R_{x,y}(0) = \frac{3-4}{7} = -\frac{1}{7}, \quad R_{a,b}(0) = \frac{1}{7}(1+0+0+0+0+1+0) = \frac{2}{7}$$

$$R_{x,y}(0) = 4 \cdot \frac{2}{7} - 2\left(\frac{4}{7} + \frac{4}{7}\right) + 1 = -\frac{1}{7}.$$

Hinsichtlich der Optimierung bezüglich minimaler KKF- bzw. AKF-Werte (s = 0) bestehen Unterschiede für bipolare und unipolare Binärsignale. Die bekannten optimalen Korrelationsverläufe, z.B. die der binären MF-Signale nach Bild 2.9, erhält man nur unter den Bedingungen $x_i \in \{+1, -1\}$. Es kann leicht nachgewiesen werden, daß eine Vertauschung der Zuordnung, d.h., $0 \rightarrow -1$, $1 \rightarrow +1$ oder umgekehrt, auf die KKF und AKF keinen Einfluß hat:

$$(2a_i - 1)(2b_{i\text{-}s} - 1) = (-1)^2 (1 - 2a_i)(1 - 2b_{i\text{-}s}). \tag{2.55}$$

Modulieren die binären Signalfolgen einen hochfrequenten Träger, z.B. nach den Verfahren der Phasen- oder Frequenzumtastung, so geht man ebenfalls von der bipolaren Zuordnung aus. Es können jedoch auch Binärfolgen $a_i \in \{0, 1\}$ zur physikalisch realen Verknüpfung mit optischen oder hochfrequenten Signalen herangezogen werden, z.B. zur Tastung eines RADAR-Strahles. Während der 0-Elemente des Codes wird kein Signal und während der 1-Elemente ein hochfrequenter Impuls ausgesendet. Unter dieser Voraussetzung ist eine Klasse von aperiodischen Binärfolgen von Interesse mit der Eigenschaft, daß nicht mehr als eine Koinzidenz (von 1-Impulsen) auftritt. Enthält eine solche Folge $\{a_i\} = a_0, a_1, \ldots, a_{N-1}$, mit $a_0 = 1$, N_1 1-Elemente, so wird die Zusatzbedingung angestrebt, daß die Folge möglichst kompakt sein soll [1.26].

Dies bedeutet, daß unter Einhaltung der Eigenschaft "nicht mehr als eine Koinzidenz", d.h.,

$$N\varphi_{a,a}(s) = \begin{cases} N_1 & \text{für } s = 0 \\ 1 \text{ oder } 0 & \text{für } s \neq 0 \end{cases} \tag{2.56}$$

und gegebener Anzahl 1-Elemente die Folgenlänge N minimal sein soll. Dabei ist N durch das letzte Element ungleich Null definiert, d.h., $a_{N-1} = 1$, $a_i = 0$ mit $i \geq N$.

Möglichkeiten zur Aufstellung von im genannten Sinne optimalen Binärfolgen bestehen durch die Anwendungen von Differenzmengen und erweiterten Galois-Feldern (s. Abschn. 2.2.1).

Beispiel 2.4:

$N_1 = 8$, $N = 35$

$a_i = [\ 10000001001000001010000000000001 10001\ ]$

Die (nicht-zyklische) Verschiebung für $s = 1 \ldots 35$ ergibt, daß höchstens je ein Fall $a_i a_{i+s} = 1$ und ansonsten stets $a_i a_{i+s} = 0$ auftritt. Bild 2.3 zeigt die grafische Darstellung dieser aperiodischen AKF, die offensichtlich Gl. (2.56) erfüllt.

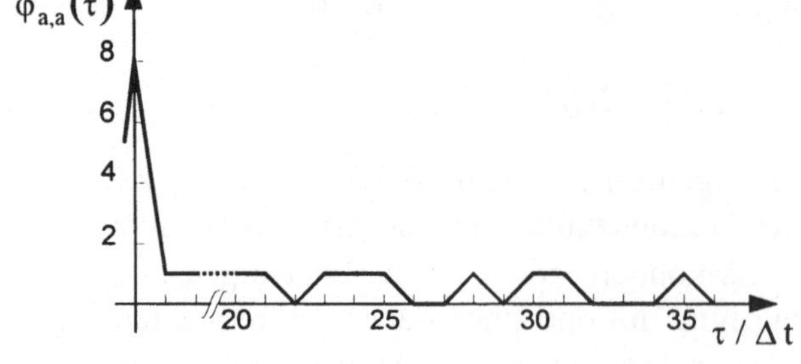

Bild 2.3
AKF bei maximal einer Koinzidenz, Beispiel 2.4

Es leuchtet ein, daß für die Folge nach Beispiel 2.4 bei einer Zuordnung $0 \rightarrow -1$, $1 \rightarrow +1$ die nach Gl. (2.52) berechnete AKF in keiner Weise optimal wäre.

Die Korrelation von Binärfolgen $a_i \in \{0, 1\}$ mit dem Ziel, daß maximal eine Koinzidenz auftritt, ist nicht auf den Fall der Autokorrelation beschränkt, sondern es können Mengen von Signalen betrachtet werden, für welche o.g. Eigenschaft gefordert wird. Solche Signalsysteme sind z.B. für Zeit-Frequenz-Codierungen in FH-CDMA-Nachrichtensystemen (s. Abschn. 4.6) von Bedeutung [1.3] [1.22] [1.23] [1.25].

Impulssignale mit einer AKF nach Gl. (2.56) weisen eine günstige Unbestimmtheitsfunktion auf und können daher in RADAR-Systemen zur optimalen Entfernungs- und Geschwindigkeitsmessung eingesetzt werden [1.25].

Eine grundlegende Operation zwischen Binärsignalen, bzw. genauer zwischen Binärvektoren, ist die Modulo-2-Addition, auch Addition mod 2. (Während der Signalübergangszeiten, s. Bild 1.7c ist die Verknüpfung nicht definiert !) Der Addition mod 2 entsprechen die logische Funktion Antivalenz, Gl. (2.58), die rechentechnische Operation "Binäraddition ohne Übertrag" und die Addition in endlichen Körpern GF(2) bzw. GF(2^m) (s. Abschn. 2.2.1).

Liegen die Binärsignale in der bipolaren Form vor, d.h. $x_i \in \{+1, -1\}$, so wird die Modulo-2-Verknüpfung durch die Multiplikation repräsentiert, was technisch von Vorteil sein kann. Im Bild 2.4a, b sind die beiden Varianten der Modulo-2-Verknüpfung dargestellt.

+	0	1
0	0	1
1	1	0

a)

×	+1	−1
+1	+1	−1
−1	−1	+1

b)

Bild 2.4
Modulo-2-Verknüpfung
a) additiv
b) multiplikativ

Die Modulo-2-Addition zweier n-stelliger Vektoren oder Codeworte **a**, **b** ist in der Codierungstheorie als elementeweise Verknüpfung definiert:

$$\mathbf{a} \oplus \mathbf{b} = (a_0 \oplus b_0, a_1 \oplus b_1, \ldots, a_{N-1} \oplus b_{N-1}) \tag{2.57}$$

$$a_i \oplus b_i = (a_i \wedge \overline{b}_i) \vee (\overline{a}_i \wedge b_i), \qquad a_i, b_i \in \{0, 1\} \tag{2.58}$$

Die Berechnung der AKF und KKF nach Gl. (2.51) kann auch über die Addition mod 2 erfolgen:

Beispiel 2.5:

Vektoren **a**, **b** nach Beispiel 2.3 (1110010)

$\oplus$ (1001110)

$\mathbf{c} = \mathbf{a} \oplus \mathbf{b} =$ (0111100)

Anzahl der 1-Elemente in **c** $\Leftrightarrow$ Gewicht von **c**, W(**c**)

Anzahl der "Nichtübereinstimmungen" bei s = 0: D_0

$D_0 = W(\mathbf{c}) = 4$

$A_0 = N - D_0 = 3$ $\qquad R_{x,y}(0) = \frac{1}{7}(3-4) \neq R_{a,b}(0)$

Das Ergebnis bezieht sich jedoch auf bipolare Binärsignale. Im Beispiel 2.5 wurde eine in der Codierungstheorie [1.5] [1.13] definierte Größe benutzt, das Gewicht W(**x**) eines binären Vektors oder eines Codewortes **x**:

W(**x**) $\Leftrightarrow$ Anzahl der 1-Elemente in **x**.

2.1.6 Orthogonalität und Hamming-Abstand

Zwei Signale werden als orthogonal bezeichnet, wenn für die KKF $R_{x,y}(s) = 0$ gilt, für alle Werte s der diskreten Verschiebung [2.1]. Diese Bedingung muß genauer betrachtet werden, da gewisse Unterschiede bestehen im Hinblick auf die Orthogonalität von Funktionen und Vektoren.

Aus der Mathematik sind orthogonale Funktionssysteme $\{E_i(\alpha), E_k(\alpha)\}$ bekannt [1.38]:

$$\int_{-\pi}^{\pi} E_i(\alpha) E_k(\alpha)\, d\alpha = \begin{cases} 0 & \text{für } i \neq k \\ P & \text{für } i = k. \end{cases} \tag{2.59}$$

Sind die Signale in der Weise normiert, daß in der Orthogonalitäts-Bedingung Gl. (2.59) P = 1 gilt, so spricht man auch von orthonormalen oder orthonormierten Funktionen.

Besondere Bedeutung für die Signalanalyse haben bekanntlich die Fourierreihen mit Entwicklungsfunktionen: $E_i(\alpha)$, $E_k(\alpha)$: 1, sin α, cos α, sin 2α, cos 2α, ... Die Integrationsgrenzen in Gl. (2.59) sind in Abhängigkeit von den Funktionen zu wählen. Hier soll auf diese Fragen und auch auf andere zur Approximation von Zeitfunktionen geeignete orthogonale Funktionssysteme, z.B. die WALSH-Funktionen [1.2], nicht weiter eingegangen werden. Die Korrelationsfunktionen sind für beliebige Werte τ definiert und können zwischen den Stützstellen $\tau = s\Delta t$ in Abhängigkeit von der Impulsform interpoliert werden. Die AKF und u.U. auch die KKF bleiben bei PR-Signalen auch für die Zwischenwerte der Verschiebung τ zumeist erhalten. Im Falle einer Menge orthogonaler Vektoren ist über das Verhalten bei Verschiebung zunächst nichts ausgesagt. Die Orthogonalitäts-Eigenschaft kann also bei Verschiebung verlorengehen oder zumindest "schlechter" werden. Diese, vom mathematischen Standpunkt aus noch unpräzise Fragestellung hat durchaus technische Konsequenzen, z.B. die Forderung nach strenger Synchronität.

Beispiel 2.6:

$$\mathbf{x} = (++--++--), \qquad + \Leftrightarrow +1$$

$$\mathbf{y} = (+--++--+), \qquad - \Leftrightarrow -1$$

x und **y** sind offensichtlich orthogonal als Zeilen einer Hadamard-Matrix (s. Abschnitt 2.5.2, Beispiel 2.26).

Die zyklische Verschiebung von **y** um eine Position nach rechts bzw. links ergibt mit der Schreibweise nach Gl. (2.27):

$D\mathbf{y} = \mathbf{x}$, $D^{-1}\mathbf{y} = -\mathbf{x}$ und damit maximale Korrelation.

Auch kleinere Verschiebungen, z.B. um ein halbes Bit nach rechts, führen bereits zum Verlust der Orthogonalität:

$$R_{x,y}\left(\tau = \frac{\Delta t}{2}\right) = \frac{1}{2}.$$

In anderen Fällen kann das Verhalten bezüglich der Verschiebung anders, evtl. weniger "empfindlich", sein. Beispiel 2.6 zeigt jedoch, daß diese Frage Beachtung verdient.

Ein in der Theorie der störungsgeschützten Codes häufig verwendetes Abstandsmaß zwischen Codevektoren ist die Hamming-Distanz oder der Hamming-Abstand [1.5]:

$$d(\mathbf{a}, \mathbf{b}) = W(\mathbf{a} \oplus \mathbf{b}). \tag{2.60}$$

Die Hamming-Distanz zweier binärer Vektoren ist also gleich der Anzahl der Positionen, in denen sich die Komponenten der Vektoren unterscheiden. Die sich unterscheidenden Binärstellen führen bei der Modulo-2-Addition gerade auf 1-Elemente, und deren Anzahl im Codevektor wurde bereits als Gewicht W definiert. Der Hamming-Abstand d zwischen zwei Codevektoren **a**, **b** kann somit auch zur Bestimmung der Korrelation binärer Signale dienen. Man kann Gl. (2.52) danach in der Form schreiben (s. Beispiel 2.5):

$$R_{x,y}(s) = 1 - 2\frac{d(\mathbf{a},\mathbf{b})}{N}. \tag{2.61}$$

Es soll noch auf einen Unterschied hingewiesen werden, der in der Frage der Orthogonalität von Vektoren besteht. In der Theorie der korrigierbaren Codes werden zwei Vektoren **a**, **b** als zueinander orthogonal definiert, wenn das innere oder Skalarprodukt Null ergibt [1.5]:

$$(a_1, \dots, a_n) \cdot (b_1, \dots, b_n) = a_1 b_1 + \dots + a_n b_n = 0. \tag{2.62}$$

Diese Definition entspricht formal der KKF nach Gl. (2.17) (abgesehen von der Normierung) und der Orthogonalitätsbedingung Gl. (2.59). Der Unterschied besteht jedoch darin, daß die Summierung bei der Korrelationsbildung im arithmetischen, herkömmlichen Sinn erfolgt, während die Addition in Gl. (2.62) mod 2 zu verstehen ist. Dies erkennt man z.B. leicht aus einer in der Codierungstheorie bekannten Aussage, daß ein von Null verschiedener Vektor über einem endlichen Körper (s. Abschn. 2.2.1) zu sich selbst orthogonal sein kann, z.B. $\mathbf{x} = (101011)$. Die Zusammenhänge bei orthogonalen Binärvektoren lassen sich gut an der Aufstellung linearer Blockcodes verdeutlichen [1.5] [1.12] [1.13].

Ohne auf die Theorie der störungsgeschützten Codierungen näher einzugehen, soll als Beispiel ein kurzer zyklischer Code mit der Minimaldistanz $d_{min} = 3$ betrachtet werden. Ein solcher Code kann zur Korrektur aller Einfach-Fehler oder zur Erkennung aller Ein- und Zweifach-Fehler dienen.

Beispiel 2.7:

Zyklischer (7, 4)-Linear-Code

Blocklänge n = 7, davon sind m = 4 bit frei wählbar als Information, und k = 3 Stellen werden als Prüf- oder Kontrollstellen angefügt. Die Vorschrift zur Bildung der Kontrollstellen ist durch die Prüf- oder Kontrollmatrix **K** gegeben:

$$\mathbf{K} = \begin{pmatrix} 1110100 \\ 0111010 \\ 1101001 \end{pmatrix}$$

in dem genau die Informations-Bits mod 2 addiert werden, die in der Matrix **K** mit "1" markiert sind:

1. Kontrollstelle: $a_5 = a_1 \oplus a_2 \oplus a_3$

2. Kontrollstelle: $a_6 = a_2 \oplus a_3 \oplus a_4$

3. Kontrollstelle: $a_7 = a_1 \oplus a_2 \oplus a_4$

Die Menge aller auf diese Weise gebildeten Codevektoren kann man aus einer Menge Basis-Codevektoren erhalten, die zusammengefaßt die Zeilen der sog. Generatormatrix **G** bilden:

$$\mathbf{G} = \begin{pmatrix} 1000101 \\ 0100111 \\ 0010110 \\ 0001011 \end{pmatrix}$$

Es gilt nun die in der Codierungstheorie bewiesene Bedingung:

$$\mathbf{G} \cdot \mathbf{K}^{T} = \mathbf{0} \quad (\text{mod } 2) \tag{2.63}$$

Gl. (2.63) ist offensichtlich im Beispiel 2.7 erfüllt, wie man durch Nachrechnen feststellen kann.

Damit sind die Codeworte des Hamming-Codes nach Beispiel 2.7 orthogonal zu den Zeilenvektoren der Matrix **K** im Sinne der Codierungstheorie, nicht jedoch im Sinne der KKF nach Gl. (2.52) oder Gl. (2.61). Aus Gl. (2.61) erkennt man, daß die Folgen- oder Blocklänge N geradzahlig sein muß, um der Bedingung $R_{x,y} = 0$ zu genügen.

2.2 Polynom-Algebra und rekursive Folgen

Die mathematische Beschreibung der linearen rekursiven Folgen stützt sich auf Ergebnisse der höheren Algebra, insbesondere auf die Eigenschaften von Polynomen über endlichen Körpern. Da die linearen rekursiven Folgen als übergeordnete Klasse die Basis der linearen MF bilden (s. Bild 1.8), ist es erforderlich, einige der wichtigen algebraischen Grundlagen bereitzustellen [1.5] [1.26] [1.38] [2.3] [2.9] - [2.12].

2.2.1 Galois-Felder

Die algebraischen Strukturen Gruppe *G*, Ring *R* und Körper *K* sind durch Axiome definiert, durch die Verknüpfungen zwischen den Elementen der algebraischen Struktur festgelegt werden. Betrachtet man zunächst eine Verknüpfungs-Operation O, die im konkreten Fall die Addition (additive Gruppe) oder die Multiplikation (multiplikative Gruppe) sein kann, so definieren die folgenden vier Axiome die Gruppe:

1. $a \circ b = c \quad a, b, c \in G$ Abgeschlossenheit

2. $(a \circ b) \circ c = a \circ (b \circ c)$ Assoziativ-Gesetz

3. $a \circ e = a$ Eins-Element

4. $a \circ a^{-1} = e$ inverses Element (2.64)

Beispielsweise bildet die Menge aller Binärvektoren einer gegebenen Länge n eine Gruppe, wenn die Addition eine mod 2 Verknüpfungs-Operation ist. Das

Eins-Element wird in diesem Fall durch den 0-Vektor (0 0 … 0) repräsentiert, und man kann leicht nachprüfen, daß die vier Axiome nach Gl. (2.64) erfüllt sind. Werden zwei Verknüpfungs-Operationen zwischen den Elementen der algebraischen Struktur definiert, so erhält man einen Ring. Werden die Rechenoperationen mit Addition und Multiplikation bezeichnet, was nicht notwendig die "gewöhnliche" Form sein muß, so gelten die vier Axiome nach Gl. (2.64) und noch vier weitere:

5. $a + b = b + a = c$ kommutative Gruppe

6. $a \cdot b = d$ Abgeschlossenheit

7. $(a \cdot b) \cdot d = a \cdot (b \cdot d)$ Assoziativ-Gesetz

8. $a \cdot (b + h) = a\,b + a\,h$ Distributiv-Gesetz

$a, b, e, d, h \in R$ (2.65)

Nach Gl. (2.65) ist zwischen den Elementen des Ringes keine Division erklärt. Sollen alle Rechenoperationen, wie sie aus der gewohnten Zahlenrechnung bekannt sind, erlaubt sein, so sind noch drei weitere Axiome erforderlich, womit dann die algebraische Struktur Körper *K* definiert ist:

9. $a \cdot b = b \cdot a$ kommutative Multiplikation

10. $a \cdot 1 = a$ Eins-Element

11. $a \cdot a^{-1} = 1, \quad a \neq 0$ inverses Element (2.66)

Jeweils abgeschlossene Rechenbereiche, wo die Axiome 1. … 11. gelten, bilden die reellen Zahlen, die rationalen Zahlen und die komplexen Zahlen. Diese Körper enthalten unendlich viele Elemente. Die Frage, ob auch bei einer endlichen Anzahl von Elementen sämtliche Körper-Axiome erfüllt werden können, wird durch die Algebra positiv beantwortet. Wie bereits erwähnt, sind diese endlichen Körper, die zumeist als Galois-Felder GF(q) bezeichnet werden, für die Aufstellung von PR-Signalen von entscheidender Bedeutung.

Das einfachste Galois-Feld ist demnach GF(2), es enthält die Elemente {0, 1} und die Modulo-2-Addition und die Modulo-2-Multiplikation als Rechenoperationen. Das Problem der Konstruktion von Galois-Feldern mit einer größeren Anzahl von Elementen läßt sich in zwei Stufen lösen. Die erste und einfachere besteht darin, daß für jede Primzahl p ein Galois-Feld GF(p) mit den Elementen $\{0, 1, 2, \dots, p-1\}$ in einfacher Weise dadurch aufgestellt werden kann, daß als Rechenoperationen zwischen diesen Elementen die Addition mod p und die Multiplikation mod p erklärt werden.

Beispiel 2.8:

GF(3), $\{0, 1, 2\}$

Addition mod 3 nach Bild 2.5a

z.B. $2 + 2 = 1 \bmod 3$, wegen $3 = 0$

Multiplikation mod 3 nach Bild 2.5b

+	0	1	2
0	0	1	2
1	1	2	0
2	2	0	1

a)

×	0	1	2
0	0	0	0
1	0	1	2
2	0	2	1

b)

Bild 2.5
Rechenoperationen im GF(3)
a) Addition
b) Multiplikation

Alle Axiome 1. bis 11., Gln. (2.64) bis (2.66) sind erfüllt.

Für größere Primzahlen p können die Additions- und Multiplikations-Tafeln ohne Schwierigkeiten aufgestellt werden unter Anwendung der Regel zur "mod p-Reduktion":

$$0 \leq (a \pm ip) = r < p, \qquad r \equiv a \bmod p \tag{2.67}$$

z.B. $(23 \cdot 28) \bmod 31 \equiv (24 + 20 \cdot 31) \bmod 31 \equiv 24 \bmod 31$.

Die Addition und Multiplikation mod m, $m \neq p$ nach Gl. (2.67), ist durchaus möglich, nur kann damit kein endlicher Körper aufgestellt werden. Dies leuchtet z.B. für den Fall $m = 4$ leicht ein, da $2 \cdot 2 = 0 \bmod 4$ und $2 + 2 = 0 \bmod 4$ sind und damit die Verknüpfung von Null verschiedener Elemente Null ergeben würde ("Nullteiler").

Eine plausible, oft vorteilhafte Rechenregel gilt für die Addition mod p:

$$a \oplus (p-1)a = 0 \tag{2.68}$$

(Das Zeichen $\oplus$ werde vorzugsweise zur Kennzeichnung der Addition mod 2 und ggf. auch -mod p verwendet - bzw. soll vereinbart werden, daß die mod p Bezeichnung weggelassen wird, sofern keine Verwechslungen möglich sind.) Mit Hilfe von Gln. (2.67) (2.68) kann man Gleichungen über GF(p) leicht umformen.

Die Beziehung Gl. (2.67) ist gleichbedeutend mit der Zuordnung des Rests r, der sich bei der Division einer ganzen Zahl a durch p ergibt, zu dieser Zahl p. Ordnet man in einem Schema nach Bild 2.6 alle Zahlen, die den gleichen Rest ergeben, in einer Zeile an, so bildet diese Menge eine sog. Restklasse, die eindeutig durch den zugehörigen Rest $r = 0, \ldots, p-1$ repräsentiert wird. Werden nun die Restklassen selbst als Elemente aufgefaßt, zwischen denen eine Addition und Multiplikation definiert ist:

$$\{a\} \oplus \{b\} = \{a \oplus b\}$$

$$\{a\} \otimes \{b\} = \{a \cdot b\}, \tag{2.69}$$

so bilden diese Elemente einen Ring - den Restklassenring. Für die "Brauchbarkeit" der Definition nach Gl. (2.69) ist Voraussetzung, daß, unabhängig welche Restklassenelemente zur Addition bzw. Multiplikation herangezogen werden, sich stets dieselbe Restklasse auf der rechten Seite von Gl. (2.69) ergibt.

Diese Bedingung ist tatsächlich erfüllt [1.5] und läßt sich leicht an konkreten Beispielen nachprüfen:

Beispiel 2.9:

$p = 5$, Restklassen $\{0\}, \{1\}, \{2\}, \{3\}, \{4\}$

z.B. $\{2\} + \{3\} = \{0\}$

$\{12\} + \{28\} = \{40\} = \{0\}$

z.B. $\{2\} \cdot \{3\} = \{6\} = \{1\}$

$\{12\} \cdot \{28\} = \{366\} = \{336 - 67 \cdot 5\} = \{1\}$

Ebenso wie die ganzen Zahlen mod p, bilden die Restklassen bezüglich einer Primzahl p mit den nach Gl. (2.69) definierten Rechenoperationen einen endlichen Körper GF(p) mit p Elementen; dieser wird auch Primkörper oder einfaches Galois-Feld genannt. *Es bestehen außer der Benennung der Elemente keine strukturellen Unterschiede zwischen den aus Restklassen oder ganzen Zahlen mod p aufgebauten endlichen Körpern* [1.5] [2.9]. Das Restklassen-Schema nach Bild 2.6 kann jedoch als Ausgangspunkt zur Konstruktion sog. erweiterter Galois-Felder GF(q) dienen. Die Elementeanzahl q bei erweiterten endlichen Körpern muß stets gleich einer Primzahlpotenz sein:

$$q = p^m, \qquad p \ldots \text{Primzahl} \tag{2.70}$$

Rest	Restklasse
0	$\{0, \pm p, \ldots, \pm ip, \ldots\}$
1	$\{1, 1 \pm p, \ldots, 1 \pm ip, \ldots\}$
⋮	⋮
p − 1	$\{p-1, (p-1) \pm p, \ldots, (p-1) \pm ip \ldots\}$

Bild 2.6
Restklassenschema bei ganzen Zahlen

Für andere q, z.B. q = 6, existieren keine Galois-Felder. Im Falle $q = 4 = 2^2$ kann z.B. ein $GF(2^2)$ aufgestellt werden. Wie bereits erwähnt, ist dies aber nicht möglich, indem die ganzen Zahlen mod 4 als Elemente aufgefaßt werden. Geht man vom GF(2) aus und bildet ein Restklassen-Schema nach Bild 2.7, so kann die Konstruktion des GF(4) nach Beispiel 2.10 erfolgen.

Rest	Restklassen
0	$\{0,\ x^2 + x + 1,\ x^3 + x^2 + x, \ldots\}$
1	$\{1,\ x^2 + x,\ x^3 + x^2 + x + 1, \ldots\}$
x	$\{x,\ x^2 + 1,\ x^3 + x^2, \ldots\}$
x+1	$\{x+1,\ x^2,\ x^3 + x^2 + 1, \ldots\}$

Bild 2.7
Polynom-Restklassen

Beispiel 2.10:

$p(x) = x^2 + x + 1 \pmod 2$

Restklassen: $\{0\}, \{1\}, \{x\}, \{x + 1\} \in GF(2^2)$

$\{0\} = \{x^2 + x + 1\}$,

d.h., wegen Gl. (2.69): $x^2 + x + 1 = 0$

und mit Gl. (2.68): $x^2 = x + 1$

folgt: $\{x^2\} = \{x + 1\}$, so daß die additive und multiplikative Verknüpfung für alle vier Elemente "Nullteiler-frei" erklärt ist. Die Zusammenstellung enthält Bild 2.8.

+	0	1	a	b
0	0	1	a	b
1	1	0	b	a
a	a	b	0	1
b	b	a	1	0

a)

×	0	1	a	b
0	0	0	0	0
1	0	1	a	b
a	0	a	b	1
b	0	b	1	a

b)

Bild 2.8
Addition und Multiplikation im GF(4)

Das einfache Beispiel 2.10 demonstriert bereits wichtige Eigenschaften von Polynomen über endlichen Körpern, d.h., die Polynomkoeffizienten sind Körperelemente. Ähnlich wie die ganzen Zahlen mod p ein GF(p) bilden, können in geeigneter Weise gebildete Polynom-Restklassen zur Konstruktion eines Erweiterungskörpers $GF(p^m)$ dienen. Die dazu notwendige und hinreichende Bedingung ist ein über dem Grundkörper irreduzibles Polynom p(x) und die Aufstellung der Polynom-Restklassen durch Rechnung modulo p(x). Dies wird bereits im Beispiel 2.10 verdeutlicht; dort hat p(x) den Grad n = 2, und daher sind alle möglichen Reste r(x), die bei der Polynomdivision eines beliebigen Polynoms a(x) (jedoch stets mit Körperelementen als Koeffizienten) durch p(x) auftreten können: 0, 1, x, x + 1. In allgemeinerer Form kann die Rechnung mod p(x) durch Gl. (2.71) beschrieben und ein Restklassen-Schema analog Bild 2.7 aufgestellt werden:

$$a(x) \equiv r(x) + i(x)\, p(x), \quad \text{mod } p(x) \tag{2.71}$$

wobei für die Grade der Polynome r(x) und p(x) gilt: $n_r < n_p$. *Irreduzibel ist ein Polynom p(x) über einem Körper GF(q) dann, wenn es sich nicht in Faktoren aufspalten läßt.*

$$p(x) \neq g(x) \cdot h(x) \tag{2.72}$$

wobei der Grad n_g von g(x) bzw. n_h von h(x): n_g, $n_h > 1$ und die Koeffizienten der Polynome g(x), h(x) wiederum aus GF(q) sind. Für p(x) wird i.allg. eine normierte Form vorausgesetzt:

$$p(x) = p_0 + p_1(x) + \ldots + p_n x^n, \quad p_0 \text{ oder } p_n = 1, \quad p_0 p_n \neq 0 \tag{2.73}$$

Als Grundkörper kann ein einfaches Galois-Feld GF(p), wie z.B. GF(2) im Beispiel 2.10, oder bereits ein erweitertes Galois-Feld $GF(p^{m1})$ dienen, so daß ein $GF(p^m)$ auch in der Form $GF(p^{m_1})^{m_2}$, $m = m_1 \cdot m_2$ aufgestellt werden kann. Vom mathematischen Standpunkt aus besitzen alle endlichen Körper mit derselben Anzahl von Elementen die gleiche Struktur und unterscheiden sich nur durch die Bezeichnungsweise, sie werden daher *isomorph* genannt. Vom technischen Standpunkt kann man jedoch Unterschiede in bezug auf die Zuordnung der Amplitudenstufen feststellen.

Eine für die *PRSV* wichtige Eigenschaft ist die zyklische Darstellungsmöglichkeit aller von Null verschiedenen Elemente α_i eines $GF(p^m)$ [1.5] [1.13]:

$$\alpha_i = \vartheta^S, \qquad \alpha_i \in GF(p^m), \tag{2.74}$$

Das Element ϑ wird primitives (einfaches) Element genannt, da seine Potenzen für $s = 0, 1, \ldots, p^m - 2$ alle α_i des $GF(p^m)$ ergeben (in "ungeordneter" Reihenfolge).

Beispiel 2.11:

$GF(3^2)$, p = 3, m = 2

primitives Polynom über GF(3); (s. Abschn. 2.3.2):

$p(x) = x^2 + 2x + 2$.

Die 0-Restklasse ist: $\{0\} = \{p(x)\}$ und damit:

$0 = x^2 + 2x + 2$

$x^2 = -2x - 2 = x + 1$ nach Gl. (2.67).

Für die Körperelemente α_i - repräsentiert durch die Restklassen - findet man die Darstellung nach Gl. (2.74):

$\alpha_0 = \{0\}$		z.B. $(2x)^2 = 4x^2$
$\alpha_1 = \{1\} = \vartheta^0$		$= x^2$
$\alpha_2 = \{2\} = \vartheta^4$		$= x + 1$
$\alpha_3 = \{x\} = \vartheta^5$	also	$\vartheta^2 = \{x + 1\} = \alpha_4$
$\alpha_4 = \{x + 1\} = \vartheta^2$		$2x\,(x + 1) = 2x^2 + 2x$
$\alpha_5 = \{x + 2\} = \vartheta^3$		$= 2x + 2 + 2x$
$\alpha_6 = \{2x\} = \vartheta$		$= 4x + 2$
$\alpha_7 = \{2x + 1\} = \vartheta^7$		$= x + 2$
$\alpha_8 = \{2x + 2\} = \vartheta^6$	also	$\vartheta^3 = \{x + 2\} = \alpha_5$
		usw.

Die Elemente jedes endlichen Körpers können somit in "Vektoren-Schreibweise" oder als Potenzen eines primitiven Elementes dargestellt werden, wie z.B. in Tafel 2.1 für das $GF(2^4)$.

2.2.2 Differenzengleichungen und Potenzreihen

Eine lineare homogene Differenzengleichung hat die Form:

$$c_0 a_i + c_1 a_{i-1} + \ldots + c_n a_{i-n} = 0, \quad i = n, n+1, \ldots, \qquad c_0 c_n \neq 0 \tag{2.75}$$

und definiert damit eine unendliche Folge $\{a_i\}_0^\infty = a_0, a_1, a_2, \ldots$ von Elementen. Rekursiv werden diese Folgen genannt, weil jedes Element a_i sich aus den n vorhergehenden Elementen berechnet, wie man durch Umstellung von Gl. (2.75) leicht sieht:

$$a_i = -\frac{1}{c_0} \sum_{\nu=1}^{n} c_\nu a_{i-\nu}, \quad c_\nu, a_i \in GF(q). \tag{2.76}$$

Exponentendarstellung	Komponentendarstellung	Binäre Schreibweise
ϑ^0	1	0001
ϑ^1	ϑ	0010
ϑ^2	ϑ^2	0100
ϑ^3	ϑ^3	1000
ϑ^4	$\vartheta^3 + 1$	1001
ϑ^5	$\vartheta^3 + \vartheta + 1$	1011
ϑ^6	$\vartheta^3 + \vartheta^2 + \vartheta + 1$	1111
ϑ^7	$\vartheta^2 + \vartheta + 1$	0111
ϑ^8	$\vartheta^3 + \vartheta^2 + \vartheta$	1110
ϑ^9	$\vartheta^2 + 1$	0101
ϑ^{10}	$\vartheta^3 + \vartheta$	1010
ϑ^{11}	$\vartheta^3 + \vartheta^2 + 1$	1101
ϑ^{12}	$\vartheta + 1$	0011
ϑ^{13}	$\vartheta^2 + \vartheta$	0110
ϑ^{14}	$\vartheta^3 + \vartheta^2$	1100
ϑ^{15}	1	0001

Tafel 2.1
Elemente des $GF(2^4)$
mit $p(x) = x^4 + x^3 + 1$

Die Bezeichnung "linear" rührt daher, daß die Rekursionsvorschrift eine lineare Beziehung darstellt.

(Der Vorschlag, die Bezeichnungen "linear" oder "nichtlinear" nur für Folgen-Generatoren und nicht für Folgen zu verwenden [2.13], hat sich nicht durchgesetzt.) Die Elemente der betrachteten Folgen und die Rekursivkoeffizienten werden einem Galois-Feld entnommen. Diese Festlegung bringt Vorteile in der theoretischen Beschreibung bei nur geringfügiger Einschränkung des zulässigen Wertebereiches, z.B. $q = 2, 3, 4, 5, 7, 8, 9, \dots$ und $q \neq 6, 10, \dots$ Einer Folge $\{a_i\}_0^\infty$ kann eine formale Potenzreihe eindeutig zugeordnet werden:

$$G(D) = a_0 + a_1 D + a_2 D^2 + \dots + a_i D^i + \dots \tag{2.77}$$

Diese wird erzeugende Funktion, Generatorfunktion oder auch D-Transformierte einer Folge genannt [1.5] [1.7] [2.14]. In den Gln. (2.27) bis (2.30) wurde mit Hilfe des D-Operators bereits die zyklische Verschiebung von Vektoren definiert.

Über die Differenzengleichung Gl. (2.76) sind die Anfangsbedingung und das Bildungsgesetz der Folge festgelegt, letzteres kann wieder durch die Polynom-Zuordnung eindeutig beschrieben werden.

Es sind zwei Varianten möglich:

$$c_0 + c_1 x + c_2 x^2 + \ldots + c_n x^n = c(x) \tag{2.78}$$

$$c_0 x^n + c_1 x^{n-1} + \ldots + c_{n-1} x + c_n = \bar{c}(x)\,. \tag{2.79}$$

Zwischen beiden Polynomen besteht offensichtlich der Zusammenhang, daß sie zueinander reziprok sind:

$$\bar{c}(x) = x^n\, c\left(\frac{1}{x}\right). \tag{2.80}$$

Mit der Definitionsgleichung des auf eine Folge $\{a_i\}$ angewandten Verschiebeoperators D

$$a_{i-\nu} = D^\nu a_i, \qquad i \geq \nu \tag{2.81}$$

ergibt sich Gl. (2.75) in der Form:

$$a_i(c_0 + c_1 D + \ldots + c_n D^n) = 0, \qquad i \geq n. \tag{2.82}$$

Die Polynome nach Gl. (2.78) oder auch Gl. (2.79) werden das *charakteristische Polynom* der linearen rekursiven Folge $\{a_i\}$ genannt, die durch die Differenzengleichung Gl. (2.75) definiert ist. Die wesentlichen Eigenschaften von $c(x)$ und $\bar{c}(x)$ sind identisch (s. Abschn. 2.3.2). Auch Gl. (2.82) entspricht dem charakteristischen Polynom $c(x)$, da die Bezeichnung der Variablen ebenfalls nicht entscheidend ist.

Man kann nun auf verschiedene Weise den Zusammenhang zwischen $c(x)$, Gl. (2.78), $G(D)$, Gl. (2.77) und der Differenzengleichung Gl. (2.75) zeigen. Er besteht darin, daß für ein beliebiges Polynom $s(D)$ über GF(q), Grad $n_s < n_c$ die Potenzreihe der Folge durch formale Division darstellbar ist [1.6]:

$$G(D) = \frac{s(D)}{c(D)}. \tag{2.83}$$

Die Menge der durch Gl. (2.83) beschriebenen Folgen umfaßt alle Folgen, die Gl. (2.75) erfüllen. Diese fundamentale Eigenschaft linearer rekursiver Folgen kann durch Einsetzen von Gl. (2.76) in Gl. (2.77) und Umformung nachgewiesen werden:

$$G(D) = \frac{\frac{1}{c_0}\sum_{\nu=1}^{n} c_\nu D^\nu \left[a_{-\nu}D^{-\nu}+\ldots+a_{-1}D^{-1}\right]}{1+\frac{1}{c_0}\sum_{\nu=1}^{n} c_\nu D^\nu}. \tag{2.84}$$

Gl. (2.84) entspricht damit Gl. (2.83), und man erkennt, daß durch das Polynom s(D) die Start- oder Anfangsbedingung beschrieben wird [1.5] - [1.7]. Im Binärfall besteht zwischen "+" und "–" kein Unterschied, so daß Gl. (2.84) weiter vereinfacht werden kann, wenn alle Anfangselemente gleich Null gesetzt werden, außer $a_{-n} = 1$:

$$G(D) = \frac{1}{1+c_1 D+\ldots+c_n D^n}. \tag{2.85}$$

Eine mathematisch strenge Theorie der linearen rekursiven Folgen findet sich in [1.6] [Niederreiter], und auch in [2.9] werden verschiedene Eigenschaften bewiesen, z.B. die Beziehung Gl. (2.83) als Lösung von Gl. (2.75):

$$G(x)\, c(x) = s_0 + s_1 x + s_2 x^2 + \ldots + s_{n-1}x^{n-1} + 0x^n + 0x^{n+1} + \ldots \tag{2.86}$$

d.h., alle Koeffizienten ab x^n auf der rechten Seite von Gl. (2.86) sind gleich Null:

$$c_0 a_n x^n + c_1 x a_{n-1} x^{n-1} + \ldots + c_n x^n a_0 = 0 \tag{2.87}$$
$$\vdots$$

Gl. (2.87) ist aber nach Division durch x^n mit Gl. (2.75) identisch.

Beispiel 2.12:

lineare rekursive Folge mit charakteristischem Polynom über GF(2):

$c(x) = 1 + x + x^4$, Anfangswert-Polynom $s(x) = 1 + x + x^2 + x^3$

formale "lange" Division liefert:

$$1 + x + x^2 + x^3 : (1 + x + x^4) = 1 + 0x + x^2 + 0x^3 + x^4 + x^5 + 0x^6 + 0x^7 + x^8 + 0x^9 + 0x^{10} + 0x^{11} + x^{12} + x^{13} + x^{14} + \ldots$$

```
0 1 2 3
0 1     4
    2 3 4          (nur Exponentendarstellung)
    2 3   6
        4 6
        4 5  8     Differenzengl. :  a_i = a_{i-1} + a_{i-4}
          :
        14 16 17
          :
```

(nur Exponentendarstellung)

Differenzengl. : $a_i = a_{i-1} + a_{i-4}$

Die Koeffizienten des Divisions-Polynoms sind identisch mit den Elementen der Folge, sie genügen der Differenzengleichung, wie man durch Einsetzen nachprüfen kann:

$\{a_i\} = 1\ 0\ 1\ 0\ 1\ 1\ 0\ 0\ 1\ 0\ 0\ 0\ 1\ 1\ 1 \ldots$

2.3 Lineare Maximallängen-Folgen

Die linearen Maximallängen-Folgen (MF) stellen eine für die *PRSV* besonders wichtige Unterklasse der Pseudozufalls-Folgen dar (s. Bilder 1.8, 1.9).

2.3.1 Bedingungen für maximale Periode

Lineare rekursive Folgen, die nach Gln. (2.75) (2.76) gebildet werden, sind stets periodisch. Dies leuchtet unmittelbar ein, wenn man sich die Erzeugung durch ein rückgekoppeltes Schieberegister vorstellt (s. Abschn. 3.2).

Ohne besonderen Beweis ist daraus und aus Gl. (2.76) ersichtlich, daß eine Anfangsbedingung

$$(a_{-n}, a_{-n+1}, \dots, a_{-1}) = (0, 0, \dots, 0) \tag{2.88}$$

sich nur "selbst" wiederholt und somit die Periode N = 1 hat. Für die maximal mögliche Periodenlänge folgt daher

$$N = N_{max} = q^n - 1, \tag{2.89}$$

da es genau $q^n - 1$ verschiedene n-stellige Vektoren $\mathbf{s} \neq \mathbf{0}$ mit Elementen aus GF(q) gibt. Eine lineare rekursive Folge, die Gl. (2.75) genügt und eine Periodenlänge nach Gl. (2.89) hat, wird eine q-wertige MF vom Grad n genannt. Zwei wichtige Eigenschaften können sofort festgestellt werden:

1. *Die Periodenlänge einer MF ist unabhängig von der Anfangsbedingung.*
2. *Alle MF, die ein und derselben Differenzengleichung genügen, unterscheiden sich nur durch Verschiebung.*

Daraus resultieren unmittelbar als Vorteile in bezug auf praktische Anwendungen z.B. in Signalgeneratoren (s. Abschn. 3.5), daß keine besonderen Startbedingungen, selbstverständlich außer $\mathbf{s} \neq \mathbf{0}$, erforderlich sind und kurzzeitige Störungen keinen Einfluß auf die Struktur der erzeugten Folge haben - es sei denn, sie führen auf den **0**-Vektor.

Auf Grund dieser und einer Reihe weiterer Vorteile ist man daher interessiert, aus der Menge der linearen rekursiven Folgen vorzugsweise die MF zu erzeugen. Die Frage nach den dazu notwendigen und hinreichenden Bedingungen wird durch die Polynom-Algebra beantwortet.

Unter Beachtung der Periodizität kann Gl. (2.77) in der Form geschrieben werden:

$$G(D) = \left[1 + D^N + D^{2N} + \dots\right] \sum_{i=0}^{N-1} a_i D^i. \tag{2.90}$$

Mit der Identität:

$$1 = (1 - D^N)(1 + D^N + D^{2N} + \dots) \tag{2.91}$$

kann für den speziellen Binärfall nach Gl. (2.84) weiter geschrieben werden [1.7]:

$$\frac{1-D^N}{c(D)} = \sum_{i=0}^{N-1} a_i D^i. \tag{2.92}$$

Aus Gl. (2.92) folgt die Erkenntnis, daß das charakteristische Polynom c(x) Teiler eines Binoms $(1 - D^e)$ ist, wenn der Exponent e gleich der Periodenlänge N ist. Da im Falle maximaler Periode alle Anfangsbedingungen $\mathbf{s} \neq \mathbf{0}$ "gleichberechtigt" sind, bedeutet ein spezieller Anfangswert keine Einschränkung. Es kann weiter gezeigt werden, daß für c(x) die Bedingung Gl. (2.72) gelten muß, d.h., eine notwendige Bedingung für maximale Periodenlänge ist ein irreduzibles charakteristisches Polynom. Die kleinste Zahl e, für die $(1 - x^e)$ ohne Rest durch ein Polynom f(x) teilbar ist, wird Exponent oder Periode des Polynoms f(x) genannt [1.5] [2.9].

Somit gilt allgemein, daß ein Polynom mit maximalem Exponenten $e = N_{max}$, Gl. (2.88), irreduzibel sein muß [1.7]. Die Umkehrung ist nicht in allen Fällen möglich, z.B. ist das über GF(2) irreduzible Polynom $f(x) = x^4 + x^3 + x^2 + x + 1$ bereits ein Teiler von $(1 - x^5)$. Zusammenfassend kann gesagt werden:

Notwendige und hinreichende Bedingung für maximale Periodenlänge einer linearen rekursiven Folge ist ein primitives charakteristisches Polynom.

Definition:

Ein Polynom f(x) vom Grad n werde dann und nur dann primitiv[1)] genannt, wenn $(x^N - 1)$ durch f(x) ohne Rest teilbar ist, für $N = q^n - 1$, jedoch für *kein* $N < q^n - 1$.

Mit dieser Definition läßt sich die Bedingung für maximale Periodenlänge durch Nachweis eines Widerspruchs beweisen. Würde die durch f(x) erzeugte Folge eine Periode N' < N aufweisen, so müßte N ein Vielfaches von N' sein und Gl. (2.92) wäre bereits für N' erfüllt, dies widerspricht jedoch der Voraussetzung für ein primitives Polynom [2.9]. Ist das charakteristische Polynom reduzibel, d.h. in Faktoren zerlegbar, so kann grundsätzlich keine MF erzeugt werden, sondern es entstehen die sog. Nicht-MF. Auch in diesem Fall lassen sich weitgehende Aussagen über das Zyklusverhalten treffen, d.h. über die ver-

1) Die Bezeichnungsweise ist nicht einheitlich, in [2.16] werden daher die primitiven Polynome Index-Polynome genannt.

schiedenen Periodenlängen und deren Häufigkeiten (s. Abschn. 3.1.2) [1.6] [2.10] [2.15].

Die Klasse der Nicht-MF ist für die *PRSV* von untergeordneter Bedeutung, so daß darauf nicht weiter eingegangen werden soll - mit Ausnahme der sog. Gold-Folgen. Diese Nicht-MF entstehen jedoch auch aus der Verknüpfung zweier MF (s. Bild 4.20).

Beispiel 2.13:

Die Folge $\{a_i\}$ aus Beispiel 2.12 ist eine binäre MF mit der Periode $N = 2^4 - 1 = 15$. Das charakteristische Polynom ist primitiv, so daß der Divisionsalgorithmus eine Folge mit maximaler Periode liefert.

2.3.2 Primitive Polynome

Die Kenntnisse primitiver Polynome über GF(q) ist für die Erzeugung von MF und davon abgeleiteten PR-Sequenzen Voraussetzung. Außerdem spielen irreduzible und primitive Polynome eine wichtige Rolle bei der Konstruktion leistungsfähiger störungsgeschützter Kanalcodierungen. Daher findet sich die z.Z. umfangreichste Zusammenstellung binärer irreduzibler Polynome in einem Standardwerk über fehlerkorrigierende Codes [1.5]. Bevor ein Überblick des bekannten Standes der Bestimmung binärer und mehrwertiger primitiver Polynome gegeben wird, sollen einige Bemerkungen zu deren Anzahl und Darstellung gemacht werden.

Anzahl der primitiven Polynome

Neben den bereits genannten Eigenschaften über GF(q) primitiver Polynome ist stets ihre Wurzel-Darstellung nach dem Fundamentalsatz der Algebra möglich:

$$f(x) = (x - \vartheta_1)(x - \vartheta_2) \dots (x - \vartheta_n). \tag{2.93}$$

Die Wurzeln $\vartheta_1, \dots, \vartheta_n$ in Gl. (2.93) werden durch ein primitives Körper-Element ϑ repräsentiert (s. Beispiel 2.11), da sich alle Wurzeln als Potenzen einer Wurzel ausdrücken lassen [1.5] [2.16]:

$$\vartheta_1 = \vartheta, \quad \vartheta_2 = \vartheta^q, \ldots, \vartheta_n = \vartheta^{q^{n-1}}. \tag{2.94}$$

Da es im GF(q^n) mindestens ein primitives Element gibt, existieren auch für jeden Grad n primitive Polynome.

Aus der Zyklus-Eigenschaft der von Null verschiedenen Elemente eines endlichen Körpers (multiplikative zyklische Gruppe) kann die Anzahl ξ der primitiven Polynome vom Grad n abgeleitet werden [1.7] [1.26] [2.15].

$$\xi(n,q) = \frac{\Phi(q^n - 1)}{n}. \tag{2.95}$$

Die Funktion im Zähler ist die aus der Zahlentheorie bekannte Eulersche Φ-Funktion, die für alle positiven ganzen Zahlen k definiert ist als Anzahl der zu k relativ primen Zahlen ℓ, $0 \leq \ell < k$. $\Phi(k)$ ist daher über die Anzahl der Zahlen, die die Bedingung ggT(ℓ, k) = 1 erfüllen, leicht berechenbar. Die Eigenschaften der Φ-Funktion sind offensichtlich:

$$\Phi(p) = p - 1$$

$$\Phi(p^i) = p^i\left(1 - \frac{1}{p}\right), \quad p \mathrel{\hat{=}} \text{Primzahl} \tag{2.96}$$

$$\Phi(k) = k\left(1 - \frac{1}{p_1}\right) \ldots \left(1 - \frac{1}{p_r}\right)$$

$$k = p_1^{\ell_1} \ldots p_r^{\ell_r} \mathrel{\hat{=}} \text{Primfaktoren}. \tag{2.97}$$

Ein Polynom $(1 - x^{N'})$ *ist ein Faktor von* $(1 - x^N)$, $N' < N$, *dann und nur dann, wenn N' ein Faktor von N ist* [1.5] [1.6]. Die Anzahl der primitiven Elemente ist daher durch die Anzahl der Zahlen k < N gegeben, die relativ prim zu $N = N_{max}$ sind. Dies entspricht gerade der Φ-Funktion, und da jedem primitiven Polynom vom Grad n nach Gln. (2.93) (2.94) n verschiedene Wurzeln genügen, folgt Gl. (2.95).

Beispiel 2.14:

GF(q^n) = GF(3^2) nach Beispiel 2.11

primitive Elemente: $\vartheta, \vartheta^3, \vartheta^5, \vartheta^7$

$f_1(x) = (x - \vartheta)(x - \vartheta^3) = x^2 + x + 2$

$f_2(x) = (x - \vartheta^5)(x - \vartheta^7) = x^2 + 2x + 2 = p(x)$ in Beispiel 2.11

$$\xi(2,3) = \frac{\Phi(3^2 - 1)}{2} = \frac{2^3 \cdot \frac{1}{2}}{2} = 2 \mathrel{\hat{=}}$$ Anzahl der über GF(3) primitiven Polynome vom Grad n = 2

Weiteren Einblick in die Zusammenhänge der Polynom-Algebra erhält man durch die Zerlegung des Binoms $(x^N - 1)$ in Polynom-Faktoren. Dies soll hier nur an Hand eines einfachen Beispiels betrachtet werden, in Fortführung von Beispiel 2.14.

Beispiel 2.15:

Zerlegung von $(x^8 - 1)$ über GF(3)

$(x - 1)$, $(x^2 - 1)$, $(x^4 - 1)$ sind in $(x^8 - 1)$ enthalten, weil die Zahlen 1, 2, 4 Teiler von 8 sind.

$$\Psi_1(x) = x - 1 \qquad \Psi_2(x) = \frac{x^2 - 1}{x - 1} = x + 1$$

$$\Psi_4(x) = \frac{x^4 - 1}{\Psi_1(x)\Psi_2(x)} = x^2 + 1 \qquad \Psi_8(x) = \frac{x^8 - 1}{\Psi_1(x)\Psi_2(x)\Psi_4(x)} = x^4 + 1$$

$$x^4 + 1 = (x^2 + x + 2)(x^2 + 2x + 2) = x^4 + 3x^3 + 6x^2 + 6x + 4 \pmod 3$$

Die Polynome $\Psi_k(x)$ in Beispiel 2.15 heißen Kreisteilungs- oder cyclotomische Polynome. Aus Beispiel 2.15 geht hervor, daß $\Psi_N(x)$ das Produkt der über GF(q) primitiven Polynome darstellt. *Zu beachten ist, daß die Eigenschaften irreduzibel und primitiv an den Grundkörper gebunden sind*, z.B. ist nach Beispiel 2.10 das Polynom $x^2 + x + 1$ über GF(2) primitiv; jedoch über GF(3) reduzibel, wegen $(x + 2)^2 = x^2 + (4 - 3)\,x + (4 - 3) \bmod 3$. Die Anzahl der primitiven Polynome nach Gl. (2.95) ist für ausgewählte Werte p, q, n in Tafel 2.2a bzw. Tafel 2.2b angegeben.

n	p: 2	3	5	7
1	1	1	2	2
2	1	2	4	8
3	2	44	20	36
4	2	8	48	160
5	6	22	280	1120
6	6	48	720	6048
7	18	156	5580	37856
8	16	320	14976	192000

a)

n	p^m: 2^2	2^3	3^2	5^2
1	2	6	4	8
2	4	18	16	96
3	12	144	96	1440
4	32	432	640	29952
5	120	5400	5280	582400
6	288	23328	27648	

b)

Tafel 2.2
Anzahl primitiver Polynome
a) über GF(p)
b) über GF(q), $q = p^m$

Binäre primitive Polynome

Zur Auffindung primitiver Polynome existiert kein elementares, einfaches Verfahren, wie aus o.g. algebraischen Eigenschaften hervorgeht. Vom Prinzip her wäre die Zerlegung über Polynomdivision nach Beispiel 2.15 möglich. Für größere Periodenlängen ist dieses Verfahren vom Aufwand her nicht durchführbar. Das gleiche gilt für die Methode der Erzeugung rekursiver Folgen in Hardware oder Software bei systematischer Änderung der Rückführungsbedingungen und Prüfung auf maximale Periodenlänge. Der Suchalgorithmus kann mittels spezieller digitaler Schaltungen oder durch Rechnersimulation realisiert werden [2.17].

Effektivere Methoden nutzen die algebraischen Eigenschaften der primitiven Polynome aus, kommen jedoch auch nicht ohne Rechnereinsatz aus. Wenn bereits ein primitives Polynom vom Grad n bekannt ist, bestehen günstige Möglichkeiten, auch die übrigen zu finden, insbesondere für ungerade n [2.18]. Hier soll darauf nicht weiter eingegangen werden, da die bekannten Polynomtabellen für die meisten Anwendungen ausreichen dürften. Auf einige allgemeine Eigenschaften sei noch hingewiesen.

Zu jedem primitiven Polynom kann nach Gl. (2.79) sofort das dazu reziproke aufgestellt werden, das ebenfalls primitiv ist. Dies folgt unmittelbar aus der

Überlegung, daß durch das reziproke Polynom eine Differenzengleichung in umgekehrter "Reihenfolge" definiert ist und daher eine (zeitlich) inverse MF erzeugt wird. Die formale Begründung ist durch die primitiven Elemente ϑ und ϑ^{-1} gegeben, die nach Gln. (2.93) (2.94) das Polynom c(x), Gl. (2.78) bzw. $\bar{c}(x)$, Gl. (2.79) bestimmen. Die Hälfte aller primitiven Polynome ist daher redundant und braucht in Tabellen, z.B. [1.5], nicht mit aufgeführt zu werden. Für binäre primitive Polynome können einige allgemeine Bedingungen aufgestellt werden, die die Suche vereinfachen. Aus der Voraussetzung, daß ein primitives Polynom irreduzibel sein muß, folgt [1.7]:

Ein Polynom f(x) ist über GF(2) nur dann irreduzibel, wenn es a) nicht aus einer geraden Anzahl von Elementen besteht und b) nicht nur geradzahlige Exponenten aufweist.

Beide Eigenschaften sind leicht nachzuweisen. Besteht f(x) aus einer geraden Anzahl von Elementen, so gilt offensichtlich f(1) = 0, und daher ist nach der Produktdarstellung Gl. (2.93) (x − 1) = (x + 1) ein Faktor von f(x). In einem Körper $GF(p^m)$ gilt wegen Gl. (2.68) die Beziehung:

$$(a + b)^p = a^p + b^p. \qquad (2.98)$$

Wendet man Gl. (2.98) für p = 2 sukzessive an, so ist die Produktbildung bei nur geradzahligen Exponenten erkennbar, z.B. $(x^n + x^k + 1)^2 = x^{2n} + x^{2k} + 1$.

Den minimalen Aufwand in bezug auf die Rückführungslogik erfordern *trinomische primitive Polynome*, d.h., f(x) besteht nur aus drei Gliedern. Binäre trinomische Polynome, $f(x) = x^n + x^k + 1$, werden ausgiebig untersucht [1.7]. Daraus geht hervor, daß z.B. für $n = \ell \cdot 8$, $\ell = 1, 2, \ldots$ keine über GF(2) irreduziblen Polynome existieren. Der Aufwand an Modulo-2-Addern ist beim derzeitigen Stand der elektronischen Bauelemente unerheblich, es sei denn, die MF-Erzeugung erfolgt mit sehr hoher Taktrate (s. Abschn. 3.2.3). Die Periodenlänge binärer MF, $N = 2^n - 1$, kann die Besonderheit aufweisen, daß N eine Primzahl ist. Primzahlen dieser Form werden *Mersenne-Primzahlen* genannt und spielen in der Zahlentheorie eine wichtige Rolle. Aber auch für die Erzeugung binärer MF ist dieser Sonderfall von Bedeutung. Die Anzahl der primitiven Polynome ist in diesem Fall mit der Anzahl der irreduziblen Polynome identisch und nimmt relative Maxima an. Ohne Rechenaufwand kann das primitive Polynom $F(x) = (x^{127} + x + 1)$ gefunden werden.

Ein Polynom c(x) nach Gl. (2.78) ist primitiv, wenn das zugeordnete Polynom

$$F(x) = c_n x^{q^n - 1} + \ldots + c_1 x^{q-1} + c_0 \tag{2.99}$$

irreduzibel ist [1.6]. Da das Polynom $c(x) = x^7 + x + 1$ primitiv ist, muß das zugeordnete Polynom F(x) irreduzibel und wegen der Primzahl-Eigenschaft von $q^n - 1 = 2^7 - 1$, sogar primitiv sein. Mersennesche Primzahlen sind gleichzeitig die größten bekannten Primzahlen (z.Z. $N = 2^{216091} - 1$ [2.19] [2.20]). Damit eine Zahl $N = 2^n - 1$ Primzahl ist, muß der Exponent ebenfalls eine Primzahl sein, z.B. n = 3, 5, 7, 13, 17, 19, 31, 61, 89, 107, 127, die Umkehrung gilt nicht, z.B. $2^{11} - 1 = 23 \cdot 89$.

Die bekanntesten Tabellen irreduzibler und primitiver Polynome mit Elementen aus GF(2) finden sich in [1.5]. Für n = 3, ... , 16 sind sämtliche (außer den reziproken) und für n = 17, ... , 34 ist eine Auswahl angegeben. Werden über GF(2) primitive Polynome höheren Grades benötigt, so enthält [2.21] je eines bis n = 100, sowie für n = 107, 127; die z.Z. verfügbaren höchsten Grade findet man in [2.22], wo ebenfalls je ein binäres primitives Polynom für $n \leq 168$ angegeben wurde.

Hier soll eine gewisse Auswahl binärer primitiver Polynome zusammengestellt werden. Tafel 2.3 enthält bekannte binäre trinomische primitive Polynome und einige "mittelgewichtige" Polynome:

$$W(\mathbf{c}) \approx \frac{n_c + 1}{2}. \tag{2.100}$$

Gl. (2.100) besagt, daß die Anzahl der von Null verschiedenen Elemente des primitiven Polynoms c(x) etwa gleich dem halben Grad n_c von c(x) ist. Die Auswahl "mittelgewichtiger" Polynome wird in Tafel 2.4 fortgesetzt. In verschiedenen Untersuchungen wurde gezeigt, daß MF mit charakteristischen Polynomen nach Gl. (2.100) sich durch günstige "Pseudozufalls"-Eigenschaften auszeichnen, wenn man Kenngrößen höherer Ordnung als Vergleichskriterium heranzieht [1.35] [2.23] - [2.25]. Hier ist ein Zusammenhang zur Codierungstheorie erkennbar, wo festgestellt wird, daß mittelgewichtige Generatorpolynome bei zyklischen Codes zur Fehlererkennung von Vorteil sind.

Grad n	$c_\nu \neq 0,\ \nu=1, \ldots, n-1$		
2			1
3			1
4			1
5			2
5	4	3	2
6			1
6	5	3	2
7			1
7			3
8	6	5	1
8	7	6	1
8	4	3	2
9			4
9	6	4	3
9	8	5	4
10			3
10	5	2	1
10	5	3	2
11			2
11	5	3	2
11	7	6	5
12	6	5	3
12	6	4	1
12	7	4	3
13	4	3	1
13	12	4	2
13	12	9	3
14	11	6	1
14	12	11	1
14	10	6	1
15			1
15	12	3	1
15	12	6	1

Grad n	$c_\nu \neq 0,\ \nu=1, \ldots, n-1$		
16	9	7	4
16	5	3	2
16	12	3	1
17			3
18			7
19	5	2	1
20			3
21			2
22			1
23			5
24	7	2	1
25			3
26	6	2	1
27	5	2	1
28			3
29			2
30	23	2	1
31			3
33			13
37	12	10	2
40	21	19	2
43	6	5	1
48	28	27	1
56	22	21	1
67	10	9	1
73			25
85	28	27	1
96	49	47	2
103			9
127			1
135			11
148			27
168	17	15	2

Tafel 2.3
Auswahl binärer primitiver Polynome [1.5] [2.21] [2.22]

$c_0 = c_n = 1$ z.B. $c(x) = x^{26} + x^6 + x^2 + x + 1$

Grad n	$c_\nu \neq 0,\ \nu=1, \ldots, n-1$					Grad n	$c_\nu \neq 0,\ \nu=1, \ldots, n-1$				
10			4	3	1	14	13	9	8	5	4
10			9	4	1	14	13	12	8	4	1
10			9	7	3	14	8	7	6	4	2
10			8	3	2	14	9	8	6	4	2
10			8	4	3	14	12	10	4	2	1
11			8	6	2	15	14	13	10	9	2
11			10	3	1	15	10	6	5	4	3
11			10	9	5	15	13	10	9	4	1
11			7	3	2	15	14	11	8	5	4
11			5	3	2	15	9	8	6	5	4
12			9	3	2	16	15	10	7	6	4
12			6	5	3	16	10	8	7	6	1
12			9	8	5	16	11	8	7	6	1
12			7	6	4	16	15	12	9	8	2
12	9	7	6	3	1	16	10	9	7	3	1
13	12	11	10	8	6	16	13	9	7	3	1
13	11	9	8	6	1	16	13	12	11	3	2
13	12	8	7	6	2	16	14	13	11	9	8
13	12	11	4	2	1	16	14	12	3	2	1

Tafel 2.4
Mittelgewichtige binäre primitive Polynome [1.5]

$c_0 = c_n = 1$

n	$c_\nu \neq 0,\ \nu=1, \ldots, n-1$												
17							10	9	8	6	5	3	2
17							15	13	12	11	9	3	1
17							13	10	7	5	4	3	1
17							15	11	10	8	7	6	5
17							14	13	9	7	6	4	3
17							14	13	12	6	5	2	1
17							13	12	11	9	7	5	3
17							12	9	7	6	4	3	2
17							13	10	9	8	5	4	2
17							15	14	11	9	8	7	1
18							15	12	11	9	8	7	6
18							13	11	9	8	7	6	3
19							17	15	14	13	12	6	1
19							16	13	11	10	9	4	1
20							17	14	10	7	4	3	2
23					17	13	12	11	9	8	7	5	3
24			22	20	18	16	14	11	9	8	7	5	4
26			24	21	17	16	14	13	11	7	6	4	1
27			24	21	19	16	13	11	9	6	5	4	3
27			22	21	20	19	18	17	15	13	12	7	5
29					20	14	12	11	7	5	4	3	2
30	27	25	24	22	20	19	16	12	16	10	7	6	1
30	24	21	20	18	15	13	12	9	7	6	4	3	1
30	25	24	23	19	18	16	14	11	8	6	4	3	1
31	27	23	19	15	11	10	9	7	6	5	3	2	1
32	22	21	20	18	17	15	13	10	10	8	6	4	1
32	26	23	22	16	12	11	10	8	7	5	4	2	1
34	32	31	29	28	27	11	10	9	8	6	4	2	1

Tafel 2.4
(Fortsetzung)

Mehrwertige primitive Polynome

Mehrwertige MF sind weit weniger bekannt als binäre MF, so daß auch zu mehrwertigen Polynomen weniger umfangreiche Ergebnisse vorliegen.

Mit den Fortschritten der Bauelemente-Technologie wird der technische Aufwand zur Erzeugung mehrwertiger MF immer weniger ein Hindernis bezüglich der Anwendung. Wie nachfolgend gezeigt wird, besitzen auch mehrwertige

MF-Signale günstige Korrelationseigenschaften (s. Abschn. 2.3.7), so daß sie eine Alternative oder Ergänzung zu den binären MF-Signalen darstellen. Für einige Anwendungen, z.B. bei Pseudozufalls-Signalgeneratoren, bieten die mehrwertigen MF größere Freiheitsgrade.

Zur Auffindung mehrstufiger primitiver Polynome führen elementare Divisions- und Prüfalgorithmen bei großen Periodenlängen nicht zum Ziel. Bis zu Periodenlängen $N \approx 10^6$ kann die Rechnersimulation zur Bestimmung primitiver Polynome Verwendung finden. Voraussetzung sind eine geeignete binäre Codierung der Folgenelemente und eine effektive Programmierung. In [2.17] wurden für $p = 3, 5, 7$ eine Reihe primitiver Polynome bestimmt.

Ebenso wie im Binärfall kann man auch zu jedem mehrwertigen primitiven Polynom sofort das dazu reziproke angeben, Gln. (2.78) bis (2.80). Als allgemeine, einschränkende Bedingung für die Primitivität eines normierten Polynoms $f(x) = x^n + c_{n-1}x^{n-1} + \ldots + c_0$, $c_\nu \in GF(q)$ gilt [2.16] [2.26]:

$$c_0 = (-1)^n \beta, \qquad \beta \Leftrightarrow \text{primitives} \in GF(q). \tag{2.101}$$

Durch die notwendige Bedingung Gl. (2.101) wird die Suche nach primitiven Polynomen mit Koeffizienten $c_\nu \in GF(q)$ vereinfacht. Soll statt c_n der Koeffizient $c_0 = 1$ normiert sein, so gilt offensichtlich mit Gln. (2.75) (2.78):

$$c_n = (-1)^n \beta^{-1}, \qquad \beta^{-1} = \alpha \Leftrightarrow \text{primitives} \in GF(q). \tag{2.102}$$

Die übrigen Polynomkoeffizienten müssen jedoch ebenfalls durch c_0, Gl. (2.101), dividiert werden, was beim Vergleich von Polynomtabellen zu beachten ist. Bereits 1935 wurden für die Parameter $p = 3$, $n \leq 7$, $p = 5$, $n \leq 5$, $p = 7$, $n \leq 4$ irreduzible und primitive Polynome veröffentlicht [2.26]. Weitere Ergebnisse der Bestimmung mehrwertiger primitiver Polynome findet man in [2.27] - [2.29]. Hier soll eine zusammenfassende Auswahl mehrwertiger primitiver Polynome aufgeführt werden, s. Tafel 2.5 und Tafel 2.6.

Zu unterscheiden ist zwischen mehrwertigen primitiven Polynomen über einem Primkörper $GF(p)$ und solchen über einem Erweiterungskörper $GF(q)$, $q = p^m$. Im letzteren Fall entstehen jedoch keine anderen Periodenlängen als bei einer MF mit Elementen aus $GF(p)$ und entsprechend größerem Grad.

p = 3:

Grad n	c_1	c_1	c_9	c_8	c_7	c_6	c_5	c_4	c_3	c_2	c_1	c_0
2											1	2
3										0	2	1
3										1	2	1
4									0	0	1	2
4									0	0	2	2
4									2	1	1	2
5								0	0	0	2	1
5								0	1	0	1	1
5								1	0	1	1	1
6							0	0	0	0	1	2
6							0	0	0	0	2	2
6							2	2	2	2	2	2
6							1	0	2	2	0	2
7						0	0	0	0	1	2	1
7						0	1	0	0	0	1	1
7						1	1	0	0	1	2	1
7						2	0	0	0	1	2	1
8					0	0	1	0	0	0	0	2
8					0	0	2	0	0	0	0	2
8					1	0	2	2	0	0	0	2
8					1	0	0	0	2	2	0	2
9				0	1	0	1	0	0	0	0	1
9				0	0	0	2	0	0	0	0	1
9				2	0	2	2	0	0	0	0	1
9				1	0	0	0	0	0	0	2	1
10			1	0	1	0	0	0	0	0	0	2
10			2	0	2	0	0	0	0	0	0	2
10			2	0	1	0	2	0	0	0	0	2
10			2	2	0	1	0	0	0	0	0	2
11		1	0	0	0	0	0	0	0	0	2	1
11		0	2	0	0	0	0	0	0	0	0	1
11		1	0	0	0	0	0	2	0	0	0	1
11		2	1	0	0	0	0	0	0	0	0	1
12	1	0	0	0	1	0	0	0	0	0	0	2
12	1	1	2	1	0	0	0	0	0	0	0	2
12	1	0	0	0	0	0	0	0	1	1	1	2
12	2	1	1	1	0	0	0	0	0	0	0	2

$c_n = 1$

p = 5:

Grad n	1	1	c_9	c_8	c_7	c_6	c_5	c_4	c_3	c_2	c_1	c_0
2											1	2
2											3	3
3										0	3	2
3										2	2	2
3										2	2	3
4									0	1	2	2
4									0	4	1	3
4									1	0	1	3
5								0	0	1	0	2
5								0	0	0	4	2
5								0	1	0	2	3
6							1	0	0	0	0	2
6							3	0	0	0	0	3
6							4	2	4	0	0	3
7						1	0	0	0	0	0	2
7						4	0	0	0	0	0	3
7						0	3	4	0	0	0	3
8					0	0	1	0	1	0	0	3
8					1	0	0	0	0	1	1	3
8					0	4	4	0	0	0	0	3
9				0	1	1	0	0	0	0	0	3
9				0	0	0	4	0	0	0	0	3
10			1	0	1	0	0	0	0	0	0	3
11		1	0	0	0	0	0	0	0	0	0	2
11		4	0	0	0	0	0	0	0	0	0	3
12	0	0	0	0	1	0	0	1	0	0	0	3

$c_n = 1$

Tafel 2.5
Auswahl primitiver Polynome über GF(p)
[2.16] [2.17] [2.26] [2.27]

p = 7:

Grad n	c_9	c_8	c_7	c_6	c_5	c_4	c_3	c_2	c_1	c_0
2									1	3
2									5	5
3								0	3	2
3								6	0	4
4							1	1	0	3
4							6	6	0	5
5						1	0	0	0	4
5						4	3	0	0	4
6					5	4	0	0	0	5
6					1	0	0	1	2	5
7				3	0	0	0	0	0	4
7				1	0	0	0	0	0	4
8			1	0	0	0	0	0	0	3
9		1	0	0	0	0	1	0	0	2
10	1	1	0	0	0	0	0	0	0	3

$c_n = 1$

p = 11:

Grad n	c_7	c_6	c_5	c_4	c_3	c_2	c_1	c_0
2							1	7
3						1	0	5
5				0	1	1	0	9
8	0	0	0	1	0	0	1	2

$c_n = 1$

p = 17:

Grad n	c_5	c_4	c_3	c_2	c_1	c_0
2					1	3
3				0	1	14
4			1	0	0	5
6	1	0	0	0	0	3

$c_n = 1$

p	Grad n	c_5	c_4	c_3	c_2	c_1	c_0
31	2					1	12
	3				0	1	28
	6	1	0	0	0	0	12
47	2					1	3
	3				1	0	42
67	2					1	12
	3				1	0	6
97	2					1	5
	3				1	0	5

Tafel 2.5
(Fortsetzung)

$q = 2^2$

Grad n	c_9	c_8	c_7	c_6	c_5	c_4	c_3	c_2	c_1	c_0
2									1	A
2									B	B
3								1	1	A
3								B	1	A
4							0	1	A	B
4							B	0	1	A
5						0	0	0	1	A
5						A	0	0	1	B
6					0	0	0	1	1	A
7				0	0	0	0	1	A	B
8			0	0	0	0	1	0	1	A
9		0	0	0	0	0	0	1	1	A
10	0	0	0	0	0	0	1	A	A	A

$c_n = 1$

q	Grad n	c_6	c_5	c_4	c_3	c_2	c_1	c_0
2^3	1							A
	2						A	A
	2						C	E
	3					0	1	A
	3					A	0	E
	4				0	0	1	C
	5			0	0	1	1	C
	6		0	0	0	0	1	A
	7	0	0	0	0	1	A	C
3^2	1							A
	2						1	A
	2						E	E
	3					0	1	A
	3					G	0	G
	4				0	0	A	A

Tafel 2.6
Auswahl primitiver Polynome über GF(q) [2.27] - [2.29]

Beispiel 2.16:

MF n = 3 über GF(4), $N = (2^2)^3 - 1 = 63$

primitives Polynom $c(x) = x^3 + x^2 + x + A$, [2.26]

Elemente des GF(4): $0 = \{0\}$, $1 = \{1\}$, $A = \{x\}$, $B = \{x + 1\}$

Die Addition und Multiplikation kann nicht mod 4 erfolgen, sondern nach den Regeln im Bild 2.8 gemäß Beispiel 2.10. Dem charakteristischen Polynom c(x) entspricht nach Gl. (2.76) die Differenzengleichung:

$$a_i = B(a_{i-3} + a_{i-2} + a_{i-1}).$$

Daraus folgt die 4-wertige MF $\{a_i\}$ unter Beachtung der Vorschriften nach Bild 2.8, die die Regeln für die Modulo-2-Addition mit einschließen:

$\{a_i\}$ = 1 1 1 B A 0 B B 0 0 A 1 A B 0 B 0 A B B 1 B B B A 1 0 A A 0 0 1
B 1 A 0 A 0 1 A A B A A A 1 B 0 1 1 0 0 B A B 1 0 1 0 B 1 1 A / ...

Aus Beispiel 2.16 ist zu erkennen, daß die Periodenlänge N = 63 mit der einer binären MF vom Grad n = 6 übereinstimmt.

2.3.3 Verschiebe- und Addiereigenschaft

Es sollen nun die wichtigsten Struktureigenschaften betrachtet werden, die für alle MF bei gegebenen Werten n und q gelten [1.6] [1.7]. Auf einige Eigenschaften wird erst bei der Behandlung von *PRSV*-Anwendungen näher eingegangen.

Von fundamentaler Bedeutung ist die Verschiebe- und Addiereigenschaft (shift and add property), die nur für die Klasse der linearen MF bekannt ist:

Für zwei lineare MF, die von ein und demselben charakteristischen Polynom abgeleitet sind und sich daher nur durch Verschiebung unterscheiden, gilt:

$$\{a_i\} \oplus \{a_{i+k}\} = \{a_{i+\ell}\}, \qquad k \neq 0 \bmod N. \tag{2.103}$$

Diese Eigenschaft ist auf Grund der Zusammenhänge, die zwischen den zugeordneten Polynomen und Potenzreihen bestehen, einleuchtend, z.B. ergibt die Addition zweier Anfangswertpolynome $s_0(x) + s_k(x) = s_\ell(x)$ nach Gl. (2.83) wieder ein Anfangswertpolynom, das einer MF vom gleichen Typ, aber neuer Phasenlage entspricht. Es besteht die Möglichkeit, beliebige diskrete Verzögerungen, d.h. auch sehr große Werte $\ell\Delta t$, auf der Grundlage von Gl. (2.103) zu erhalten (s. Abschn. 3.3.3). Dies ist für meß- und nachrichtentechnische Anwendungen von Bedeutung.

Beispiel 2.17:

Binäre MF nach Beispiel 2.12, 2.13: N = 15

$\{a_i\}$	1 0 1 0 1 1 0 0 1 0 0 0 1 1 1 ...	
$\{a_{i+k}\}$	1 0 1 1 0 0 1 0 0 0 1 1 1 1 0 ...	$k = 2$
$\{a_{i+\ell}\}$	0 0 0 1 1 1 1 0 1 0 1 1 0 0 1 ...,	$\ell = 9$

Die elementeweise Addition mod 2 ergibt

$a_i \oplus a_{i+2} = a_{i+9}$, $i = 0, 1, 2, \dots$, wie man durch Nachprüfen feststellt.

Welcher konkrete Wert der Verschiebung im Einzelfall auftritt, hängt mit vom charakteristischen Polynom der MF ab und kann ohne gewissen Rechenaufwand nicht vorausgesagt werden. Es sind eine Reihe von Verfahren bekannt, die auf der Polynomdivision oder auf Matrizenoperationen beruhen. Die Methode, wie in Beispiel 2.17 die Verzögerung durch direkten Vergleich zu bestimmen, ist zwar stets möglich, erfordert aber bei langen Folgen einen relativ großen Aufwand.

2.3.4 Häufigkeit kurzer Unterfolgen

Die Unterscheidung in "kurze" und "längere" Unterfolgen wird in Abhängigkeit vom Grad n des charakteristischen Polynoms der MF getroffen. Die Häufigkeitsverteilung ist für Unterfolgen mit Längen $k \leq n$ vollständig bekannt, während sich für $k > n$ kompliziertere und nicht mehr einheitliche Verhältnisse ergeben [1.35] [2.24] [2.25].

Es gilt allgemein für eine lineare MF $\{a_i\}$, $a_i \in GF(q)$ vom Grad n, daß innerhalb einer Periode für alle Unterfolgen der Form

$$(a_i, a_{i+1}, \dots, a_{i+k-1}) = (v_1, v_2, \dots, v_k), \quad i = 1, \dots, N, \quad k \leq n$$

folgende Häufigkeiten auftreten:

$$H(v_1, v_2, \dots, v_k) = q^{n-k},$$

$$H(0, 0, \dots, 0) = q^{n-k} - 1 \,. \tag{2.104}$$

Die Aussage von Gl. (2.104) läßt sich an Hand eines Beispiels am besten verdeutlichen.

Beispiel 2.18:

Die binäre MF aus Beispiel 2.17 hat den Grad n = 4. Durch Auszählen können sämtliche Häufigkeiten von Unterfolgen der Länge $k \leq n$ leicht bestimmt werden:

$k = 1$: $H(1) = 8 = 2^{n-1}$, $H(0) = 7 = 2^{4-1} - 1$

k = 2: $H(11) = H(10) = H(01) = 4 = 2^{4-2}$

$H(00) = 3 = 2^{4-2} - 1$

k = 3: $H(111) = H(110) = \ldots = H(001) = 2 = 2^{4-3}$

$H(000) = 1 = 2^{4-3} - 1$

k = 4: $H(1111) = \ldots = H(0001) = 1 = 2^{4-4}$

$H(0000) = 0 = 2^{4-4} - 1$

Diese Werte erhält man unmittelbar nach Gl. (2.104).

Aus Gl. (2.104) folgt also die für viele Anwendungen bedeutsame *Eigenschaft, daß alle k-stelligen Codevektoren, k < n, in einer linearen MF gleich verteilt sind*, abgesehen von der (bei längeren Folgen geringfügigen) Ausnahme des **0**-Vektors. Den Aufbau der Häufigkeitsverteilung nach Gl. (2.104) kann man sich so vorstellen, daß ein Fenster der Größe k über genau eine Periode der MF verschoben und geprüft wird, wie oft ein fester Vektor **v** im Fenster erscheint. Bei Überschreiten der Periodengrenze werden die Elemente des Anfangs der nächsten Periode gezählt, d.h., $a_\ell = a_{\ell-N}$, $N \leq \ell < 2N$. Wird in Gl. (2.104) k = n gesetzt, so erkennt man, daß alle möglichen n-stelligen Vektoren, mit Ausnahme des **0**-Vektors, je Periode einer linearen MF vom Grad n genau einmal auftreten. Dies folgt direkt aus der Bedingung für maximale Zykluslänge. In einem vollständigen Schema aller q^n Codewörter der Länge n gelten aber gerade die Häufigkeiten nach Gl. (2.104) bei Beachtung der Modifikation für den **0**-Vektor.

2.3.5 Häufigkeit von Elementepaaren

Aus der Differenzengleichung Gl. (2.75) einer linearen MF und aus der Häufigkeitsverteilung Gl. (2.104) folgt, daß man *Unterfolgen bis zu Längen* $k \leq n$ *als linear unabhängig* betrachten kann. Für k > n kann ohne Bezug auf das charakteristische Polynom der MF keine Aussage über Häufigkeitsverteilungen gemacht werden. Eine allgemeine Gesetzmäßigkeit, die der nach Gl. (2.104) sehr ähnlich ist, existiert jedoch für die Elementepaare $(a_i, a_{i+s}) = (v_1, v_2)$, $s \neq r_1$ einer linearen MF vom Grad n [1.6]:

$$H(v_1, v_2) = q^{n-2}, \qquad (v_1, v_2) \neq (0, 0)$$

$$H(0, 0) = q^{n-2} - 1. \tag{2.105}$$

Die Ausnahmen, für die Gl. (2.105) nicht zutrifft, sind alle Abstände:

$$r_l = \ell \cdot j, \qquad \ell = 1, 2, \ldots \qquad j = \frac{q^n - 1}{q - 1}. \tag{2.106}$$

Für binäre MF ist r_l identisch mit Vielfachen der Periodenlänge N. Bei mehrwertigen MF existiert im Aufbau eine zusätzliche Abhängigkeit in der Weise, daß sich eine Periode $\mathbf{a} = (a_0, a_1 \ldots, a_{N-1})$ als Funktion von Unterperioden $\mathbf{u}$ darstellen läßt [1.6] [2.29]:

$$\mathbf{u} = (a_0, a_1, \ldots, a_{j-1}), \qquad \mathbf{a} = \mathbf{u}, \vartheta\mathbf{u}, \ldots, \vartheta^{q-2}\mathbf{u}, \tag{2.107}$$

wobei mit ϑ ein primitives Element des GF(q) bezeichnet ist.

Beispiel 2.19:

q = 3, ternäre MF, n = 2

charakteristisches Polynom: $c(x) = x^2 + 2x + 2$

Differenzengleichung: $a_i = \frac{-1}{2}(a_{i-2} + 2a_{i-1})$

$(-0.5 = -2 + 3 \bmod 3)$: $a_i = a_{i-2} + 2a_{i-1}$

$\{a_i\} = 2\,2\,0\,2\,1\,1\,0\,1\,/\,2\,2 \ldots$

$\mathbf{u} = (2\,2\,0\,0)$,

$\mathbf{a} = \mathbf{u}, 2\mathbf{u}$

Jede ternäre MF zerfällt damit in zwei Teilperioden, die voneinander linear abhängig sind. Für q > 3 ergeben sich nach Gl. (2.107) entsprechend mehr Teilperioden. Die Häufigkeitsverteilung der Elementepaare $(a_i, a_{i+r1}) = (v_1, v_2)$ wird daher bestimmt durch die Paare der Form $(a_i, \vartheta' a_i) = (v_1, \vartheta' v_1)$:

$$H(v_1, v_1\vartheta') = q^{n-1}, \qquad v_1 = 0$$

$$H(0, 0) \quad = q^{n-1} - 1. \tag{2.108}$$

Über die Häufigkeitsverteilung der Elementepaare einer MF ist die Berechnung der AKF leicht möglich (s. Abschn. 2.3.7).

2.3.6 Abtastung und Dekomposition

Für die linearen MF gelten weitere Gesetzmäßigkeiten, die praktische Anwendung finden können.

Wird eine MF $\{a_i\}$ abgetastet im *Abtastabstand r*, d.h., es wird eine neue Folge $\{a_i^{(r)}\}$ gebildet durch *jedes r-te Element der Ursprungsfolge*, so entsteht wieder eine MF unter der (notwendigen und hinreichenden) Bedingung [1.6]:

$$\mathrm{ggT}\left\{r, q^n - 1\right\} = 1 : \left\{a_i^{(r)}\right\} = \left\{a_{ir}\right\} \mathrel{\hat=} \mathrm{MF}. \tag{2.109}$$

Ist die Bedingung in Gl. (2.109) erfüllt, d.h., die MF-Periode N und der Abtastabstand r sind relativ prim, so sind zwei Fälle zu unterscheiden:

1. Die Abtastung führt auf eine MF, die sich von der Ursprungsfolge nur durch Verschiebung unterscheidet:

$$\{a_{ir}\} = \{a_{i+\ell}\}. \tag{2.110}$$

Bei binären MF ist z.B. dieser Fall für r = 2, 4, 8, ... gegeben [1.7]. Der Wert der Verschiebung ℓ, der sich für eine gegebene MF nach Gl. (2.110) im Fall r = q ergibt, wird Index der MF genannt [1.6] [2.30]. Insbesondere existiert eine eindeutige Verschiebung mit dem Index Null. Es gibt also eine bestimmte Startbedingung für die Lösung einer linearen Differenzengleichung, die mit Gl. (2.83) geschrieben werden kann:

$$\frac{s'(D)}{c(d)} = G(D); \qquad G(D) = G(D^q). \tag{2.111}$$

Dieser charakteristische Anfangsvektor $\mathbf{s}' = (s_0, s_1, \dots, s_{n-1})$ kann zu jedem charakteristischen Polynom c(x) bestimmt werden. Aus der Menge der N MF, die zu jedem primitiven Polynom f(x) gehören und sich nur durch Verschiebung unterscheiden, ist somit eine "Phasenlage" durch die Eigenschaft nach Gl. (2.111) besonders gekennzeichnet. Man kann daher diese spezielle MF auch als *charakteristische MF* bezeichnen [2.31]. Je eine binäre charakteristische MF für alle Grade $n \leq 168$ wurde in [2.32] angegeben, d.h., es gilt:

$$\{a_i\} = \{a_{2i}\}, \qquad i = 0, 1, 2, \ldots \tag{2.112}$$

Beispiel 2.20:

binäre MF $n = 4$, $N = 15$

Differenzengleichung $\quad a_i = a_{i-4} + a_{i-3}$

$$s = (0\ 0\ 0\ 1)$$

$\{a_i\} = 0\ 0\ 0\ 1\ 0\ 0\ 1\ 1\ 0\ 1\ 0\ 1\ 1\ 1\ 1 \ldots$

$\{a_{2i}\} = 0\ 0\ 0\ 1\ 0\ 0\ 1\ 1 \ldots = \{a_i\}$

2. Die Abtastung einer gegebenen MF nach Gl. (2.109) kann auf eine andere MF führen, die sich nicht durch Verschiebung mit der Ursprungsfolge in Übereinstimmung bringen läßt und daher zu einem anderen charakteristischen Polynom gehört. Es gilt sogar der interessante Sachverhalt, daß *alle* in dieser Weise *verschiedenen MF* vom Grad n sich *durch Abtastung von einer gegebenen MF* ableiten lassen [1.6]. Damit ist ein Ansatz zur Bestimmung primitiver Polynome gegeben, wenn ein primitives Polynom bekannt ist. Aus 2n-Elementen der Abtastfolge $\{a_i^{(r)}\}$ kann über die Lösung eines linearen Gleichungssystems die lineare Rekursionsbeziehung Gl. (2.75) und damit das charakteristische Polynom bestimmt werden. Die Abtastabstände r müssen dazu in geeigneter Weise gewählt werden, damit man "wesentlich" verschiedene MF erhält, d.h. solche, die nicht durch zyklische Verschiebung ineinander überführt werden können. Es sind dies Abtastabstände der Form:

$$\mathrm{ggT}\left\{r, q^n - 1\right\} = 1, \quad r \neq \ell q^k (\mathrm{mod}\, N), \quad k, \ell = 1, 2, \ldots \tag{2.113}$$

Beispiel 2.21:

binäre MF nach Beispiel 2.20

$r \neq 2, 3, 4, 5, 6, 8, 9, 10, 12, 14$

$r = 7, 11, 13$

$\{a_{7i}\} = \{a_{11i}\} = \{a_{13i}\} = 0\ 1\ 1\ 1\ 1\ 0\ 1\ 0\ 1\ 1\ 0\ 0\ 1\ 0\ 0\ / \ldots$

Wegen $7 \cdot 8 = 11 \bmod 15$, $13 \cdot 2 = 11 \bmod 15$, $7 \cdot 4 = 13 \bmod 15$ ergibt sich in allen drei Fällen die gleiche Abtast-MF, die mit der nach Beispiel 2.12 bis auf eine Verschiebung identisch ist. Da nur zwei über dem GF(2) primitive Polynome vom Grad $n = 4$ existieren, kann durch die Abtastung nur eine wesentliche verschiedene MF entstehen.

Bisher wurden Abtastabstände r betrachtet, die relativ prim zur Periode N der MF waren. Ist diese Bedingung nicht erfüllt, d.h.,

$$q^n - 1 = \ell \cdot m \qquad \ell, m > 1, \tag{2.114}$$

so führt die Abtastung auf weitere interessante Gesetzmäßigkeiten, die unter den Bezeichnungen Dekomposition[1)] [2.33] bzw. Verschachtelung [2.34] bekannt sind. Im Falle binärer MF, d.h. $q = 2$, darf die Periodenlänge N keine Primzahl sein, wenn eine Verschachtelung erfolgen soll. Es sind verschiedene theoretische Ansätze bekannt. In [2.33] besteht die Dekomposition in der Darstellung der $(2^n - 1)$-Elemente einer binären MF in Form einer $(\ell \times m)$-Matrix, unter der Voraussetzung

$$2^n - 1 = \ell \cdot m, \qquad \mathrm{ggT}\{\ell, m\} = 1 \tag{2.115}$$

Die Spalten dieser Matrix sind dann MF der Länge ℓ oder 0-Folgen. Eine Verschachtelung ist jedoch nach [2.34] für beliebige Faktoren der Periodenlänge N einer binären rekursiven Folge möglich, sofern diese durch ein irreduzibles Generatorpolynom erzeugt wird.

Hier soll nur die Verschachtelung von MF interessieren. Diese erfolgt so, daß die Folge $\{a_i\}$ mit der Periode $N = \ell \cdot m$ aus der Folge $\{b_i\}$ mit der Periode ℓ durch Abtastung im Abstand m erhalten wird; m rekursive Folgen $\{b_i^{(m)}\}$ ergeben, ausgehend von geeigneten Anfangswerten, die Folge $\{a_i\}$. Bei der Verschachtelung können auch mehrfach die gleiche Folge und die 0-Folge auftre-

1) Der Begriff wird auch verwendet zur Kennzeichnung von Kombinationsfolgen, die aus der Mod-2-Verknüpfung kürzerer Folgen hervorgehen [2.35].

ten. Mit der Schreibweise nach Gl. (2.83) für die Folge $\{a_i\}$ als Potenzreihe gilt [2.34]:

$$G(D) = \frac{s(D)}{c(D)} \sum_i \frac{h_i(D^m)}{g(D^m)} D^i. \tag{2.116}$$

n	N = $2^n - 1$		n	N = $2^n - 1$	
3	7		18	262143	3 · 3 · 3 · 7 · 19 · 73
4	15	3 · 5	19	524287	N
5	31	N	20	1048575	3 · 5 · 5 · 11 · 31 · 41
6	63	7 · 9	21	2097151	7 · 7 · 127 · 337
7	127	N	22	4194303	3 · 23 · 89 · 683
8	255	3 · 5 · 17	23	8388607	47 · 178481
9	511	7 · 73 · 31	24	16777215	3 · 3 · 5 · 7 · 13 · 17 · 241
10	1023	3 · 11 · 31	25	33554431	31 · 601 · 1801
11	2047	23 · 89	26	67108863	3 · 2731 · 8191
12	4095	3 · 3 · 5 · 7 · 13	27	134217727	7 · 73 · 262657
13	8191	N	28	268435455	3 · 5 · 29 · 43 · 113 · 127
14	16383	3 · 43 · 127	29	536870911	233 · 1103 · 2089
15	32767	7 · 31 · 151	30	1073741823	3 · 3 · 7 · 11 · 31 · 151 · 331
16	65535	3 · 5 · 17 · 257	31	2147483647	N
17	131071	N			

Tafel 2.7
Primfaktoren von $N = 2^n - 1$

Das Polynom g(D) ist das charakteristische oder Erzeugerpolynom der Folge $\{b_i\}$. Durch die Variable D^m wird die Abtastung bzw. Spreizung beschrieben, d.h., zwischen jedes Element der Folge $\{b_i\}$ sind (m – 1) Nullen einzuschieben. Die verschiedenen Anfangsbedingungen (u.U. auch der 0-Vektor) der durch g(D) erzeugten Folgen werden durch die Polynome $h_i(D)$ festgelegt. Zwischen c(D) und g(D) in Gl. (2.116) gibt es einen eindeutigen Zusammenhang. Als wichtigste Anwendung der Verschachtelung gilt die Zeitmultiplex-Erzeugung längerer binärer MF aus kürzeren [2.33] [2.34] (s. Abschn. 3.2.3 und Beispiel 3.3). Weitere Anwendungen beziehen sich auf die Synchronisation und Fehlererkennung in Datenübertragungssystemen. Hier sei noch ein Beispiel angefügt, das die prinzipielle Möglichkeit der Verschachtelung auch mehrwertiger MF demonstriert.

Beispiel 2.22:

$q = 5, n = 2, N = 5^2 - 1 = \ell \cdot m = 4 \cdot 6 = 24$

$a_i = 2(a_{i-2} + a_{i-1}) \bmod 5$

$\{a_i\} = 4\,4\,1\,0\,2\,4\,2\,2\,3\,0\,1\,2\,1\,1\,4\,0\,3\,1\,3\,3\,2\,0\,4\,3\,/ \ldots$

$\{b_i\} = 4\,2\,1\,3 \ldots, \; b_i = 3b_{i-1}$

Die Verschachtelung der Folgen $\{b_i\}$, $\{b_i\}$, $\{b_{i+2}\}$, $\{0\}$, $\{b_{i+1}\}$, $\{b_i\}$ ergibt die Folge a_i, d.h.:

$\{a_i\} = b_0\, b_0\, b_2\, 0\, b_1\, b_0,\, b_1\, b_1\, b_3\, 0\, b_2\, b_1, \ldots$

Ferner können an Hand der Folge $\{a_i\}$ die Unterperioden-Eigenschaft Gl. (2.107) und die Index-Eigenschaft Gl. (2.111) überprüft werden:

$\mathbf{u} = (4\,4\,1\,0\,2\,4)$: $\{a_i\} = \mathbf{u}, 3\mathbf{u}, 4\mathbf{u}, 2\mathbf{u} \ldots$

$\{a_{5i}\} = 4 ---- 4 ---- 1 ---- 0 ---- 2 \ldots = \{a_i\}$.

Auch die Eigenschaft, daß die Abtastung in einem bestimmten Abstand stets Null ergibt, ist vorhanden:

$a_3 = a_{3+6i} = 0, \qquad i = 1, 2, 3 \ldots$

2.3.7 Autokorrelationsfunktionen von MF-Signalen

Die AKF der MF-Signale ist nach Gln. (2.105) (2.108) vollständig bestimmbar. Der konkrete Verlauf hängt außer von den Häufigkeiten $H(a_i, a_{i+s})$ noch von der Wahl der den Elementen des GF(q) zugeordneten Amplitudenwerte A_i ab. Hier ist vor allem die bei Binärsignalen bereits als 0-symmetrisch bezeichnete Möglichkeit (s. Bild 1.4d) für die Anwendung von Bedeutung. Im allgemeinen, mehrwertigen Fall kann in Analogie zu diskreten, stochastischen Signalen festgelegt werden:

$$\sum_{i=0}^{q-1} H(A_i)A_i = 0, \quad \{0, 1, \ldots, q-1\} \Rightarrow \{A_0, A_1, \ldots, A_{q-1}\}. \tag{2.117}$$

Sind die Symbol- und Übergangswahrscheinlichkeiten diskreter stochastischer Signale symmetrisch und die Amplitudenverteilung 0-symmetrisch, so werden diese Signale "negativ gleichwahrscheinlich" genannt. Im Leistungsspektrum sind unter diesen Voraussetzungen keine diskreten Linien vorhanden. Im Falle determinierter Signale entsteht zwar stets ein Linienspektrum, das aber unter Voraussetzung von Gl. (2.117) Ähnlichkeit mit dem stochastischer Signale aufweist. Insbesondere erfüllt die AKF von MF-Signalen nach Gl. (2.117) sehr gut die sog. Pseudozufalls-Kriterien (s. Abschn. 1.3.2).

Für binäre MF läßt sich Gl. (2.117) mit 0-symmetrischer Zuordnung: $0 \rightarrow A_0$, $1 \rightarrow A_1$, $A_0 = -A_1$ nur näherungsweise erfüllen, während dies für mehrwertige MF mit $q = p$ exakt möglich ist:

$$0 \rightarrow A_0, \quad \sum_{i=1}^{p-1} H(A_i)A_i = p^{n-1}\sum_{i=1}^{p-1} A_i = 0. \tag{2.118}$$

Für die AKF mehrwertiger MF-Signale, $p = 3, 5, 7, \ldots$, kann daher allgemein mit Gln. (2.105) (2.106) und unter Voraussetzung von Gl. (2.118) geschrieben werden:

$$R_{x,x}(s) = \frac{1}{N}\sum_{i=0}^{N-1} x_i x_{i+s} = \frac{1}{N}\left[H(0,0)A_0^2 + \sum_{i=1}^{p-1}\sum_{j=1}^{p-1} H(v_i, v_j)A_i A_j\right]$$

$$R_{x,x}(s) = 0 \qquad \text{für } s = 0, r_\ell \bmod N \tag{2.119}$$

Die bekannte AKF binärer MF-Signale lautet mit der Zuordnung $A_0 = -1$, $A_1 = +1$, $x_i \in \{A_0, A_1)$

$$R_{x,x}(s) = \begin{cases} 1 & s \equiv 0 \bmod N \\ -\dfrac{1}{2^n - 1} & \text{sonst.} \end{cases} \tag{2.120}$$

Die grafische Darstellung zeigt Bild 2.9. Man erkennt, daß die AKF für alle Werte $s = 0 \bmod N$ konstant ist und mit dem Grad n der MF rasch nach Null strebt. Soll jedoch in Gl. (2.120) die Korrelation außerhalb des Nullpunktes exakt Null sein, so ist dies über eine "Orthonormierung" zu erreichen. Die Amplitudenstufen A_0, A_1 sind dann geringfügig unsymmetrisch, wobei in der praktischen Realisierung das Toleranzproblem zu beachten ist.

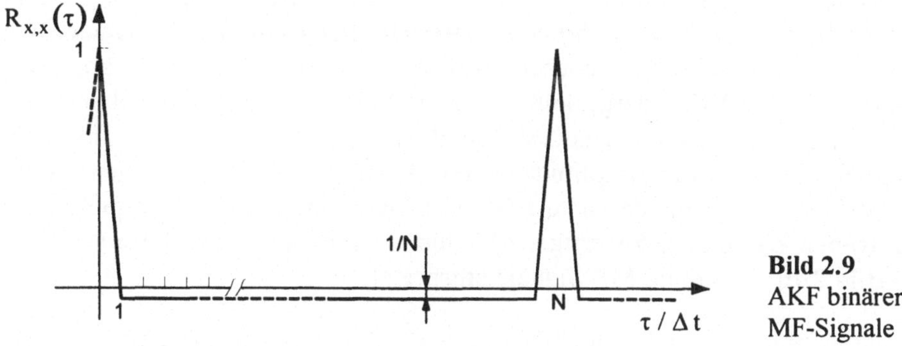

Bild 2.9
AKF binärer MF-Signale

Die Herleitung von Gl. (2.120) ist nach Gl. (2.105) und auch über die Verschiebe- und Addiereigenschaft Gl. (2.103) leicht möglich. Die zur Korrelationsbildung erforderliche Multiplikation $x_i \cdot x_{i+s}$, $x_i \in \{+1, -1\}$ entspricht nach Bild 2.4a, b der Addition mod 2 und damit einem Element der gleichen, nur phasenverschobenen MF:

$$x_\ell = x_i \cdot x_{i+s}, \qquad s \neq 0 \bmod N. \tag{2.121}$$

Bei der Summation sind die Nichtübereinstimmungen durch Elemente $x_\ell = 1$ gekennzeichnet, so daß aus Gl. (2.52) die AKF nach Gl. (2.120) folgt.

Die Werte der AKF mehrwertiger MF-Signale für Verschiebungen $s = r_\ell$, d.h., dort, wo nach Gl. (2.107) Unterperioden auftreten, können über die Häufigkeitsverteilung der Elementepaare nach Gl. (2.108) berechnet werden. Für ternäre MF-Signale ergibt sich damit folgende Beziehung [1.33]:

$$A_0 = 0, \quad A_1 = +1, \quad A_2 = -1, \quad x_i \in \{A_0, A_1, A_2\}$$

$$R_{x,x}(s) = \begin{cases} 2\dfrac{3^{n-1}}{N} & \text{für } s \equiv 0 \bmod N \\ -2\dfrac{3^{n-1}}{N} & \text{für } s \equiv \dfrac{N}{2} \bmod N \\ 0 & \text{sonst} \end{cases} \tag{2.122}$$

Eine Vertauschung der für die Elemente 1 und 2 getroffenen Zuordnung bringt keine Änderung der AKF, während die Vertauschung mit dem 0-Element den Verlauf der AKF geringfügig ändert. Im Bild 2.10 ist die AKF der ternären MF-Signale nach Gl. (2.122) dargestellt, die unabhängig von der Periodenlänge $N = 3^n - 1$ bei allen Verschiebungen $s \neq 0 \bmod N/2$ exakt den Wert Null annimmt. Bezüglich der Wahl der Amplitudenstufen A_i, die Gl. (2.118) genügen, bestehen noch Freiheitsgrade, deren Anzahl mit p zunimmt. So ergibt beispielsweise die folgende Zuordnung 5-wertiger MF-Signale eine AKF, deren Verlauf dem nach Bild 2.10 für ternäre MF-Signale entspricht.

$$A_0 = 0, \quad A_1 = 1, \quad A_2 = 2, \quad A_2 = -2 \quad A_4 = -1 \quad x_i \in \{A_i\}$$

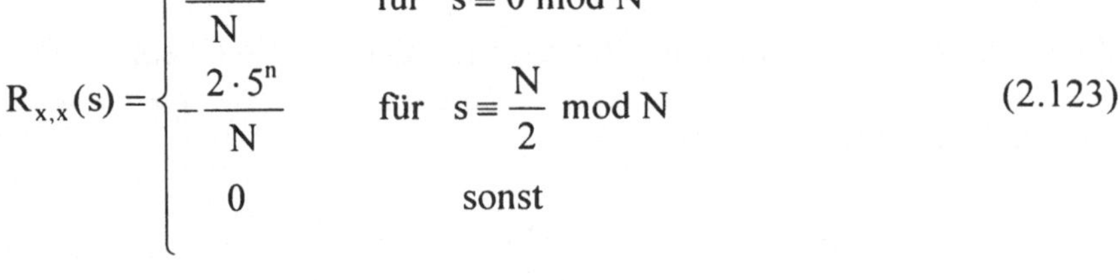

$$R_{x,x}(s) = \begin{cases} \dfrac{2 \cdot 5^n}{N} & \text{für} \quad s \equiv 0 \bmod N \\ -\dfrac{2 \cdot 5^n}{N} & \text{für} \quad s \equiv \dfrac{N}{2} \bmod N \\ 0 & \text{sonst} \end{cases} \tag{2.123}$$

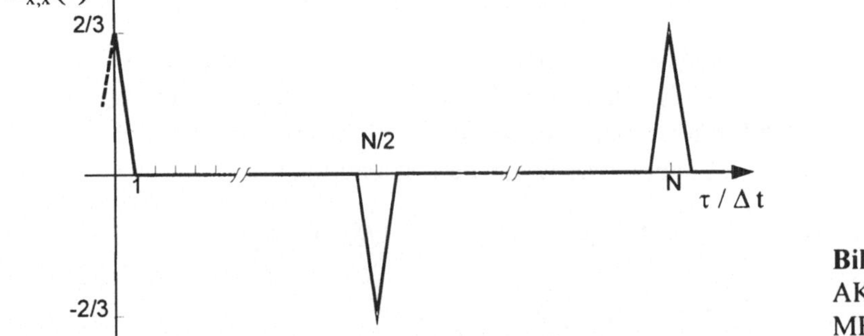

Bild 2.10
AKF ternärer MF-Signale

Die elementare Berechnung der AKF erfordert einen mit der Periodenlänge N stark ansteigenden Rechenaufwand, so daß allgemeingültigen Aussagen, wie sie die Gln. (2.119) (2.120) (2.122) (2.123) darstellen, besondere Bedeutung zukommt.

Beispiel 2.23:

Die 5-wertige MF nach Beispiel 2.22 lautet mit der o.g. Amplitudenzuordnung:

$\{x_i\} = -1\ -1\ 1\ 0\ 2\ -1\ 2\ 2\ -2\ 0\ 1\ 2\ 1\ 1\ -1\ 0\ -2\ 1\ -2\ -2\ 2\ 0\ -1\ -2\ \ldots$

Durch elementare Nachrechnung erhält man mit Gl. (1.123) übereinstimmende Werte, z.B. $R_{x,x}(1) = 0$. Die Unterperioden treten an denStellen $s = r_l = 6$, 12, 18 auf. Die Berechnung der zu den Häufigkeiten $H(v_l, \vartheta^1 v_l)$ nach Gl. (2.108) gehörenden Amplitudenpaare lautet:

$\vartheta = 3, \qquad \vartheta^2 = 9 = 4 \bmod 5, \qquad \vartheta^3 = 27 = 2 \bmod 5$

$$\sum_{i=1}^{4} A_i \cdot A_{i\vartheta} = A_1 A_3 + A_2 A_1 + A_3 A_4 + A_4 A_2 = 0$$

$$\sum_{i=1}^{4} A_i \cdot A_{i\vartheta^2} = A_1 A_4 + A_2 A_3 + A_3 A_2 + A_4 A_1 = -10$$

$$R_{x,x}(6) = R_{x,x}(24-6) = 0 \quad \text{in Übereinstimmung mit Gl. (2.123)}$$

$$R_{x,x}(12) = \frac{1}{5^2-1}\left[5^{2-1}(-10)\right] = \frac{2 \cdot 5^2}{5^2-1}.$$

Auch für größere Werte p kann die AKF nach Gl. (2.119) unter Beachtung der "Sonderfälle" analog Beispiel 2.23 allgemein berechnet werden; es sind dann entsprechend mehr Falluntersuchungen erforderlich. Für q-wertige MF, $q = p^m$, wird die Berechnung komplizierter wegen der Verknüpfungsgesetze im GF(q), ist aber nach obigem Verfahren ebenfalls in allgemeiner Form möglich.

2.4 Familien von Signalfolgen mit spezieller AKF

Die Klassifizierung von Signalfolgen kann nach unterschiedlichen Kriterien erfolgen. Eine wichtige Kenngröße stellt die AKF dar. Es erscheint daher sinnvoll, verschiedene Signalfolgen-Typen, die bestimmten Anforderungen an die AKF genügen, als Familie zusammenzufassen (s. Bild 1.8). Über Konstruktionsmethoden und Eigenschaften von Signalfolgen-Familien liegen umfangreiche Ergebnisse vor, z.B. [1.27] - [1.29] [2.4].

2.4.1 Differenzmengen

Die AKF der binären MF wird zweiwertig genannt, weil für alle diskreten Verschiebungen s nur zwei unterschiedliche Werte, R(0) und R(s ≠ 0), auftreten Gl. (2.120). Unter welchen Bedingungen periodische Binärsignale eine zweiwertige AKF besitzen, ist eine Problemstellung, die auch aus mathematischer Sicht interessant ist und deshalb ausführlich untersucht wurde. Es konnte ein eindeutiger Zusammenhang von Binärfolgen mit zweiwertiger AKF und den sogenannten Differenzmengen festgestellt werden. Eine Differenzmenge $M_D = \{d_1, \ldots, d_k\}$ wird durch k Differenzen mod N gebildet, so daß für jede Differenz $r \neq 0$ mod N die Kongruenz

$$d_i - d_j \equiv r \pmod{N} \tag{2.124}$$

genau k Lösungspaare $(d_i, d_j) \in M_D$ hat [1.15] [2.36]. Zwischen den Parametern N, k, λ der Differenzmenge besteht auf Grund der Definition der Zusammmenhang

$$k\,(k-1) = \lambda\,(N-1) \tag{2.125}$$

Beispiel 2.24:

$N = 13,\ k = 4,\ \lambda = 1$

$M_D = 0, 1, 3, 9,$ alle Kombinationen nach Gl. (2.124) lauten:

$0 - 1 = 12 \quad 1 - 0 = 1 \quad 3 - 0 = 3 \quad 9 - 0 = 9$

$0 - 3 = 10 \quad 1 - 3 = 11 \quad 3 - 1 = 2 \quad 9 - 1 = 8 \pmod{13}$

$0 - 9 = 4 \quad 1 - 9 = 5 \quad 3 - 9 = 7 \quad 9 - 3 = 6$

d.h., jede Kombination $r \neq 0$ mod 13 tritt genau $\lambda = 1$-mal in Erscheinung.

Zu jeder Differenzmenge kann ein Binärvektor **a** mittels einer einfachen Vorschrift gebildet werden:

$$a_i = 1 \quad \text{für } i \in M_D, \quad a_i = 0 \quad \text{sonst.} \tag{2.126}$$

Setzt man **a**, auch Inzidenzvektor genannt, periodisch fort, so führt dies auf eine Binärfolge mit zweiwertiger AKF:

$$R_{a,a}(s) = \frac{1}{N}\sum_{i=0}^{N-1} a_i a_{i+s} = \begin{cases} \frac{k}{N} & \text{für} \quad s \equiv 0 \bmod N \\ \frac{\lambda}{N} & \text{sonst.} \end{cases} \tag{2.127}$$

Nach der Festlegung von Gl. (2.126) ist der Parameter k, die Anzahl der Elemente in M_D, identisch mit der Häufigkeit H(1). In Gl. (2.127) ergibt sich bei der Summation $(a_i \cdot a_{i+s}) = 0$ offensichtlich nur dann, wenn i und i + s (mod N) Elemente von M_D sind, dies ist nach Definition genau λ-mal der Fall. Umgekehrt gilt die Schlußfolgerung, daß periodische Binärfolgen nur dann eine zweiwertige AKF besitzen, wenn sie einer zyklischen Differenzmenge zugeordnet werden können.

Für bipolare Binärfolgen $\{x_i\}$, $x_i \in \{+1, -1\}$ erhält man mit Gl. (2.54):

$$R_{x,x}(s) = \begin{cases} 1 & s \equiv 0 \bmod N \\ 1 - 4\frac{k-\lambda}{N}, & \text{sonst} \end{cases} \tag{2.128}$$

Das Problem, wann für gegebene Parameter N, k, λ eine Differenzmenge existiert und wie man sie konstruieren kann, ist allgemein nicht gelöst [2.36].

Da in Gl. (2.128) $(k - \lambda)$ stets ganzzahlig sein muß, lassen sich notwendige Bedingungen für die Länge N von Binärfolgen angeben, in Abhängigkeit des AKF-Wertes $R_{x,x}(s \neq 0) = R$:

$$\begin{aligned} &R = 0 && : N = 4\,(k-\lambda) && \equiv 0 \bmod 4 \\ &R = 1/N && : N = 4\,(k-\lambda) + 1 && \equiv 1 \bmod 4 \\ &R = -1/N && : N = 4\,(k-\lambda) - 1 && \equiv 3 \bmod 4 \\ &R = 2/N && : N = 4\,(k-\lambda) + 2 && \equiv 2 \bmod 4 \end{aligned} \tag{2.129}$$

Beispiel 2.25:

Die Binärfolge zur Differenzmenge nach Beispiel 2.24 lautet:

$\{a_i\} = 1\,1\,0\,1\,0\,0\,0\,0\,0\,0\,1\,0\,0\,0 \ldots$

Die AKF der bipolaren Binärfolge $\{x_i\}$ hat nach Gl. (2.129) für alle $s \neq 0 \bmod 13$ den Wert $R = 1/13$ (s. Beispiel 2.1b).

Es sind verschiedene Typen von Differenzmengen bekannt; weitere Zusammenhänge zu endlichen Körpern GF(q) bestehen [1.28] [2.36] [2.37].

2.4.2 De Bruijn-Folgen

Außer den binären MF existieren daher noch eine Reihe weiterer periodischer Folgen, die günstige und insbesondere zweiwertige AKF aufweisen [1.27]. Die Anzahl der möglichen Folgen steigt, wie bereits unter 1.3.1 diskutiert wurde, mit der Länge N und der Wertigkeit q stark an. Jede periodische Folge $\{a_i\}$, $a_i \in \{0, 1, \ldots, q-1\}$ der Länge N kann über eine oder mehrere lineare Rekursionen erzeugt werden [2.13]. Nur im Falle der linearen MF ist der Grad n der linearen Differenzengleichung minimal. Läßt man nichtlineare Rekursionsbeziehungen zu, so kann damit eine wesentlich größere Folgenfamilie erfaßt werden, als im linearen Fall. Obwohl eine Reihe allgemeiner Aussagen über nichtlineare Schieberegisterfolgen vorliegt, ist eine geschlossene und einheitliche Beschreibung nur schwer möglich [1.7]. Im nichtlinearen Fall ist die maximale Periodenlänge $N_{max} = q^n$, wenn die Folge $\{a_i\}$, mit einem n-stelligen Anfangsvektor $\mathbf{s} = (a_0, \ldots, a_{n-1})$ beginnend, erzeugt wird. Damit die Periodenlänge den Wert q^n annimmt, müssen innerhalb eines Zyklus alle n-stelligen Vektoren genau einmal auftreten. Diese Eigenschaft stimmt mit der nach Gl. (2.104) für die linearen MF bis auf die Modifikation für den **0**-Vektor überein. Folgen mit der maximalen Zykluslänge $N = q^n$ werden de Bruijn-Folgen genannt [2.37] [2.38]. Man kann die linearen MF daher als verkürzte de Bruijn-Folgen auffassen. Eine lineare MF kann in eine de Bruijn-Folge überführt werden, indem man zu den (n − 1)-Nullen eine weitere hinzufügt, $\{\ldots 1\underbrace{00\ldots00}_{n-1}X1\ldots\}$. Dadurch wird zwar die Zykluslänge auf q^n erhöht, die Korrelationseigenschaften jedoch werden i.allg. verändert. Die Anzahl der de Bruijn-Folgen kann über graphentheoretische Methoden bestimmt werden. Werden alle n-stelligen Vektoren als Punkte oder Knoten und die zwischen ihnen möglichen Übergänge als Zweige eines Graphen aufgefaßt, so entsteht ein den Markoff-Graphen sehr ähnliches Diagramm, das sog. Good- oder de Bruijn-Diagramm. Ein vollständiger Zyklus und damit eine Periode einer de Bruijn-Folge wird mit solchen "Durchläufen" gebildet, die alle Knoten genau einmal berühren. Die Anzahl der verschiedenen möglichen vollständigen Zyklen lautet für binäre Folgen [2.37]:

$$\xi_v(n,2) = 2^{2^{n-1}} - n \tag{2.130}$$

und für mehrwertige Folgen [2.38]:

$$\xi_v(n,q) = q^{-n}(q!)^{q^{n-1}}. \tag{2.131}$$

Man erkennt, daß Gl. (2.130) aus Gl. (2.131) für q = 2 hervorgeht, jedoch nicht umgekehrt.

Im Bild 2.11 ist für q = 2, n = 3 ein Good-Diagramm dargestellt.

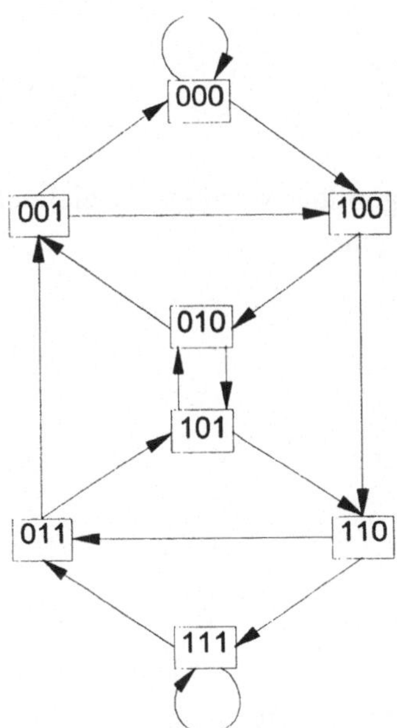

Bild 2.11
Good-Diagramm für q = 2, n = 3

2.4.3 Folgen nach quadratischen Resten

Differenzmengen mit den Parametern $N = 4\ell - 1$, $k = 2\ell - 1$, $\lambda = \ell - 1$ werden Hadamard-Differenzmengen genannt [2.36]. Setzt man diese Werte in Gl. (2.128) ein, so folgt eine zweiwertige AKF, die identisch ist mit der AKF der binären MF. Für alle positiven ganzen Zahlen ℓ ist damit die Existenz von Folgen mit zweiwertiger AKF gesichert, sofern zugehörige Hadamard-Differenzmengen existieren. Die Werte $\ell = 2^{n-2}$, $n \geq 2$ erfassen die binären MF, die bereits ausführlich betrachtet wurden.

Ist $N = 4\ell - 1$ eine Primzahl p, so können stets Differenzmengen aufgestellt werden, deren Elemente durch die quadratischen Reste mod N gebildet werden [1.15].

$$d_i = y^2 \bmod p \tag{2.132}$$

Die Eigenschaft einer Zahl i nach Gl. (2.132) wird in der Zahlentheorie häufiger verwendet, so daß dafür ein gesondertes Symbol, das Legendre-Symbol eingeführt wurde:

$$\left(\frac{i}{p}\right) = \begin{cases} 1 & \text{quadratischer Rest, } i \neq 0 \bmod p \\ -1 & \text{sonst.} \end{cases} \tag{2.133}$$

Binärfolgen $\{x_i\}$, die nach dieser Rechenvorschrift gebildet werden, bezeichnet man daher als quadratische Rest- oder Legendre-Folgen:

$$x_0 = -1, \qquad x_i = \left(\frac{i}{p}\right). \tag{2.134}$$

Das Prinzip wird an Hand eines Beispiels verständlich.

Beispiel 2.26:

$N = 4\ell - 1 = 4 \cdot 6 - 1 = 23$

Die Quadratzahlen y^2, $y = 1, \ldots, 22$, reduziert mod 23 lauten

$y^2 \bmod 23$: $\{1, 2, 3, 4, 6, 8, 9, 12, 13, 16, 18\} = M_D$.

Damit ergibt sich nach Gl. (2.134) die Binärfolge:

$\{x_i\} = - + + + + - + - + + - - + + - - + - + - - - - \ldots$

Man kann in Beispiel 2.26 nachprüfen, daß die AKF für $s \neq 0 \bmod 23$ stets den Wert $R(s) = -1/23$ annimmt.

Die "Echtzeit"-Berechnung der Legendre-Folgen ist relativ zeitaufwendig, auch wenn dazu einige Kunstgriffe verwendet werden können [2.39]. Mit modernen mikroelektronischen Speicherbauelementen kann die Folge jedoch leicht mit "schneller" Ablaufgeschwindigkeit erzeugt werden, nach vorangegangener "langsamer" Berechnung.

Rest-Differenzmengen existieren auch für die Parameter $N = 4\ell^2 + 1$, $\ell \Leftrightarrow$ ungerade, $N \Leftrightarrow$ Primzahl, $k = \ell^2$, $\lambda = 1/4(\ell^2 - 1)$, z.B. $N = 37$, $k = 9$, $\lambda = 2$ [2.36]. Eingesetzt in Gl. (2.128) liefern diese Differenzmengen jedoch Binärfolgen mit einer zweiwertigen AKF, deren Betrag außerhalb des "Nullpunktes" relativ groß ist und der auch mit größer werdender Folgenlänge kaum abnimmt. Binärfolgen, die von Differenzmengen nach biquadratischen Resten abgeleitet sind, erscheinen daher weniger günstig für die Anwendung.

2.4.4 Weitere Differenzmengen-Folgen

Kann für die Folgenlänge geschrieben werden:

$$N = p_1 \cdot p_2, \quad p_2 = p_1 + 2, \quad p_1, p_2 \Leftrightarrow \text{Primzahl}, \tag{2.135}$$

so können stets Differenzmengen mit den Parametern $k = (N - 1)/2$, $\lambda = (N - 3)/4$ aufgestellt werden. Diese Werte führen wieder, eingesetzt in Gl. (2.128), auf die erwünschte AKF $R(s \neq 0) = -1/N$. Diese Differenzmengen und daher auch die davon abgeleiteten Binärfolgen werden Jacobi- oder Zwillingsprim-Mengen genannt [1.15] [1.26].

Die Elemente der Folge $\{x_i\}$ sind in der Form darstellbar:

$$x_i = \begin{cases} \left(\frac{i}{p_1}\right)\left(\frac{i}{p_2}\right) & \text{für ggT}(i,\, N) = 1 \\ 1 & \text{für } i \equiv 0 \bmod p_2 \\ -1 & \text{sonst.} \end{cases} \tag{2.136}$$

Ist die Folgenlänge N in der Form gegeben:

$$N = 4\ell^2 + 27, \qquad N = p, \tag{2.137}$$

so können sog. Hall-Differenzmengen konstruiert werden, mit den Parametern $k = 2\ell^2 + 13$, $\lambda = \ell^2 + 6$. Auch in diesem Fall ergibt sich nach Einsetzen in Gl. (2.128) eine AKF $R(s \neq 0) = -1/N$. Auf der Grundlage der Hall-Folgen können weitere Zufallsfolgen abgeleitet werden [2.40]. In einigen Fällen der Periodenlänge N überdecken sich verschiedene Folgentypen, s. Tafel 2.8.

Eine umfangreiche Klasse von Differenzmengen existiert für die Parameter [2.26] [2.37]:

$$N = \frac{q^n - 1}{q - 1}, \quad k = \frac{q^{n-1} - 1}{q - 1}, \quad \lambda = \frac{q^{n-2} - 1}{q - 1}. \tag{2.138}$$

Diese Singer-Differenzmengen werden auf der Basis der Eigenschaften endlicher Körper GF(q), $q = p^m$ konstruiert. Für $q = 2$ erhält man aus Gl. (2.138) die bereits von den binären MF bekannten Verhältnisse. Für $q = 3$, $n = 3$ findet man eine Binärfolge der Länge $N = 13$ mit günstiger AKF (s. Beispiel 2.1b). Werden für q und n größere Werte eingesetzt, so folgt als Näherungswert aus Gl. (2.128):

$$R_{x,x}(s) \approx \left(1 - \frac{2}{q}\right)^2 \tag{2.139}$$

Die von Singer-Differenzmengen abgeleiteten Binärfolgen genügen daher für $q > 2$, $n > 3$ weniger gut den o.g. Forderungen an die AKF. Dies trifft noch auf einige andere Differenzmengen zu. Läßt man einen zweiten Wert der AKF $R(s \neq 0)$ zu, so ergeben sich weitere Freiheitsgrade zur Konstruktion von Binärfolgen mit günstigen Korrelationseigenschaften [1.26] [2.41] [2.42]. Zusammenfassend kann festgestellt werden, daß binäre periodische Signalfolgen mit optimaler AKF für relativ eng gestufte Periodenlängen N erzeugt werden können. In Tafel 2.8 ist eine Zusammenstellung verschiedener Längen N und der zugehörigen Folgentypen angegeben. Die Eigenschaften der Differenzmengen können auch zur Aufstellung ternärer Folgen mit günstigen Korrelationseigenschaften ausgenutzt werden [2.43].

Legendre-Folgen:
N = 7, 11, 19, 23, 43, 47, 59, 67, 71, 79, 83, 103, 107, 127, 131, 139, 151, 163, 167, 179, 191, 199, 211, 223, 227, 239, 251, 263, 271, 283, 307, 311, 331, 347, 359, 379, 383, 419, 431, 439, 443, 463, 467, 479, 487, 491, 499, 503, 523, 547, 563, 571, 587, 599, 607, 619, 631, 643, 647, 659, 683, 691, 719, 727, 739, 743, 751, 787, 811, 823, 827, 839, 859, 863, 887, 907, 911, 919, 947, 967, 971, 983, 991, ...

Lineare Maximal-Folgen:
N = 7, 15, 31, 63, 127, 255, 511,

Orthogonal-Folgen:
N = 4, 16, 32, 64, 128, 256, 512, ...

Jakobi-Folgen:
N = 15, 35, 143, 323, 899, ...

Hall-Folgen:
N = 31, 43, 127, 223, 243, 282, 811, ...

Singer-Folgen:
N = 4, 6, 8, 13, 40, ...

Tafel 2.8
Periodenlängen und Folgentypen

2.4.5 Barker-Folgen und Williard-Codes

Stellt man die Forderung auf, daß für die aperiodische AKF N $|\varphi_{x,x}(s)| \leq 1$, $s \neq 0$ gelten soll, so führt dies auf die sog. Barker-Folgen bzw. -Codes, die in Tafel 2.9 zusammengestellt sind. In Bild 2.12 ist der Verlauf der AKF für den 13-Barker-Code dargestellt. Aperiodische Folgen dieses Typs sind besonders für

RADAR-Anwendungen zur Impulskompression und als Synchronwort von Interesse. Versuche, Barker-Folgen mit N > 13 zu finden, blieben ohne Erfolg. Dabei konnten jedoch einige allgemeine Aussagen bewiesen werden [2.36]. Auch die Barker-Folgen sind an die Existenz von Differenzmengen gebunden. Es konnte gezeigt werden, daß Barker-Folgen mit N > 13 eine zweiwertige periodische AKF besitzen müssen und daß N > 12100 sein müßte. Als Ausweg zur Bestim-mung von Signalen mit optimaler aperiodischer AKF, d.h.,

$$\max \{\varphi_{x,x}(s), s \neq 0\} \Rightarrow \min !, \qquad (2.140)$$

bietet sich daher ein Verfahren an, das von günstigen periodischen AKF $R_{x,x}(s \neq 0)$ ausgeht. Durch zyklische Verschiebung können optimale Phasen der periodischen Folgen gefunden werden, so daß das "Mini-Max-Kriterium" nach Gl. (2.140) erfüllt wird [1.26]. Trotzdem kann die Problematik nicht als gelöst betrachtet werden, insbesondere wenn weitere Kriterien, z.B. das Frequenzspektrum der Signale, in die Optimierung einbezogen werden.

N	Folge
2	+ +
3	+ + −
4	+ + + −
4	+ + − +
5	+ + + − +
7	+ + + − − + −
11	+ + + − − − + − − + −
13	+ + + + + − − + + − + − +

a)

N	Folge
3	+ 0 − ; + − 0
5	+ 0 + − −
7	+ − + + 0 − −

b)

Tafel 2.9
Barker-Codes
a) binär
b) ternär und mittelwertfrei

Stellt man die zusätzliche Forderung nach "Gleichstromfreiheit", d.h. $\overline{x(t)} = 0$, so führt eine Suche unter Beibehaltung der "Barker-Bedingung" für die AKF auf die Ternärcodes in Tafel 2.9b [2.44]. Mittelwertfreie Barker-Codes sind dann von Interesse, wenn durch ihre Überlagerung zwecks *PRSV* der Gleichanteil nicht verändert werden darf, z.B. wegen der "Klemmung" beim Fernseh-FBAS-Signal. Obwohl die Barker-Codes auch als Synchronworte zur Block- und Rahmensynchronisation verwendet werden, eignen sich zur Erkennung "in der Nachbarschaft" liegender zufälliger Daten besonders die Williard-Codes nach Tafel 2.10. Diese Aufgabe ist mit der Erkennung eines Startcodewortes nach einer vorangestellten Mäanderschwingung (1, 0-Folge) verwandt (s. Abschn. 2.1.3).

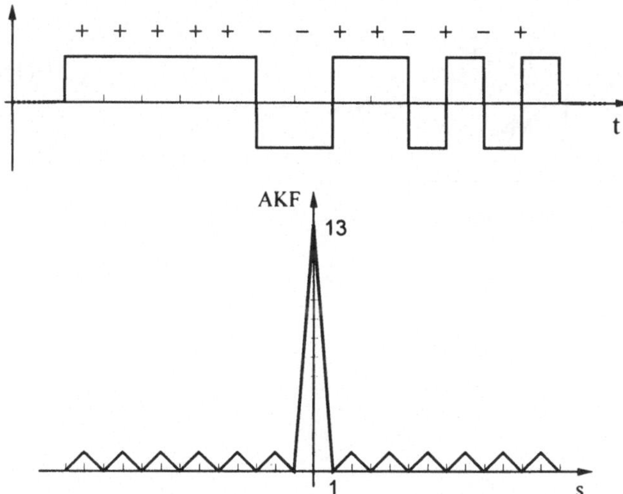

Bild 2.12
AKF des Barker-Codes
N = 13

2.5 Orthogonale Binärsignale

Nachdem in Abschn. 2.1.6 bereits einige Fragen der Orthogonalität von Signalen im allgemeinen und im binären Fall betrachtet wurden, kann nun auf konkrete Konstruktionsmethoden für orthogonale Binärsignale näher eingegangen werden.

2.5.1 Mengen orthogonaler Signale

Unter 2.1.6 wurden einige Fragen der Orthogonalität von Signalen bereits betrachtet. Ist eine Signalmenge M_S gegeben, die m verschiedene Codevektoren der Länge N enthält, so kann man die Forderung aufstellen, daß der Korrelationsfaktor $R_{x,y}(0)$ verschiedener Vektoren $\mathbf{x}$, $\mathbf{y} \in M_S$ stets negativ sein soll.

Solche "maximal" unterscheidbaren Signale werden *transorthogonal* genannt. Als Maximal- und gleichzeitig Mittelwert dieser negativen Korrelation binärer Codes gilt [1.15]:

$$R_{x,y}(0) = \frac{1}{N}\sum_{i=0}^{N-1} x_i y_i = \begin{cases} -\dfrac{1}{M-1} & \text{für M gerade} \\ -\dfrac{1}{M} & \text{für M ungerade} \end{cases} . \tag{2.141}$$

Länge	Bitmuster
4	0 011
5	00 101
6	001 011
7	0 001 011
8	00 011 011
9	000 100 111
10	0 000 111 011
11	00 010 010 111
12	000 001 101 011
13	0 000 011 010 111
14	00 000 110 100 111
15	000 001 011 100 111
16	0 000 010 111 001 111
17	00 001 010 110 110 111
18	000 010 110 101 110 111
21	000 001 101 101 011 110 111
22	0 000 011 011 010 111 101 111
23	00 000 100 100 111 011 100 111
27	000 001 001 001 010 111 011 100 111
29	00 000 100 100 101 110 111 011 100 111
31	0 000 010 010 010 010 101 011 011 100 111
33	000 001 100 101 100 010 110 101 101 101 111

Tafel 2.10
Williard-Codes [2.45]

Mengen von Codevektoren, die Gl. (2.141) erfüllen, werden auch *Simplex-Codes* genannt. Die zyklische Verschiebung der Codevektoren **x**, **y** wird dabei nicht vorausgesetzt.

Aus den Eigenschaften der Differenzmengen-Folgen mit den AKF-Werten $-1/N$ folgt sofort eine einfache Konstruktionsmöglichkeit für Simplex-Codes; die Signalmenge M_S wird durch alle zyklischen Verschiebungen Gl. (2.28):

$$\mathbf{y} = D^{\ell}\mathbf{x}, \qquad \ell = 1, \ldots, N-1 \tag{2.142}$$

einer gegebenen Folgenperiode $\mathbf{x}$ gebildet. In diesem Fall ist die Länge N der Codewörter gleich ihrer Anzahl M. Im allgemeinen Fall muß die Wortlänge N gleich einem Vielfachen der Codewortanzahl M gewählt werden, damit Simplex-Codes aufgestellt werden können. Gilt für den Korrelationsfaktor nach Gl. (2.141) $R_{x,y} = 0$ für alle $\mathbf{x} \neq \mathbf{y} \in M_S$, so werden die Codevektoren orthogonal genannt. Die Anzahl der Codevektoren eines gegebenen Orthogonal- und auch Transorthogonalcodes kann durch Hinzunahme der negierten Codevektoren $\overline{\mathbf{x}}_i = -\mathbf{x}_i$ vergrößert werden. Die so erweiterten Signalmengen werden daher als *biorthogonale* bzw. *bitransorthogonale* Signale bezeichnet [1.14] [1.15] [2.46]. Die Kreuzkorrelationskoeffizienten können auch als Kovarianzmatrix Λ geschrieben werden. Es ist offensichtlich, daß die Korrelation eines binären Codevektors mit seinem Komplement den Korrelationsfaktor $R_{x,\overline{x}} = -1$ ergibt. Die Anzahl M der Codevektoren eines Orthogonalcodes wählt man zumeist gleich einer Zweierpotenz, d.h., $M = 2^m$, da dann genau m frei wählbare binäre Datensymbole codiert werden können. Wird statt der m Datensymbole ein Vektor des Orthogonalcodes übertragen, so kann bei konstanter Datenrate und Sendeleistung die Störfestigkeit erhöht werden. Diese Aufgabenstellung ist vor allem in der kosmischen Informationsübertragung und beim Mobikfunk [1.18] gegeben.

Die Kovarianzmatrix eines Orthogonalcodes mit $M = 2^m$ Vektoren ist offensichtlich eine Einheitsmatrix $\mathbf{I}_M$, so daß für den biorthogonalen Code geschrieben werden kann:

$$\Lambda_{B0} = \begin{pmatrix} \mathbf{I}_M & -\mathbf{I}_M \\ -\mathbf{I}_M & \mathbf{I}_M \end{pmatrix}. \tag{2.143}$$

Im Fall der trans- bzw. bitransorthogonalen Codes gilt dann:

$$\Lambda_{Tr} = \begin{pmatrix} 1 & k & \cdots & k \\ k & & \ddots & k \\ k & \cdots & k & 1 \end{pmatrix}, \quad k = -\frac{1}{M-1} \tag{2.144}$$

$$\Lambda_{BTr} = \begin{pmatrix} 1 & \cdots & k & -1 & \cdots & -k \\ \vdots & \ddots & \vdots & \vdots & \ddots & \vdots \\ k & \cdots & 1 & -k & \cdots & -1 \\ - & - & - & - & - & - \\ -1 & \cdots & k & 1 & \cdots & k \\ \vdots & \ddots & \vdots & \vdots & \ddots & \vdots \\ k & \cdots & -1 & k & \cdots & 1 \end{pmatrix}, k = -\frac{1}{M/2-1}. \tag{2.145}$$

Es sei noch erwähnt, daß auch nichtbinäre Orthogonal-Codes aufgestellt werden können. Wie man aus der AKF aus Bild 2.10 erkennt, bilden die ternären MF-Signale eine Signalmenge, die der biorthogonalen sehr ähnlich ist. Einige Untersuchungen wurden für ternäre Orthogonal-Codes in [2.44] und [2.45] durchgeführt.

2.5.2 Hadamard-Matrizen

Die Erzeugung orthogonaler Signale ist eng mit den sog. Hadamard-Matrizen verknüpft [2.36] - [2.38]. Hadamard-Matrizen $\mathbf{H}$ sind aus +1, −1-Elementen aufgebaut und durch die Eigenschaft Gl. (2.146) gekennzeichnet:

$$\mathbf{H} \cdot \mathbf{H}^T = M\, \mathbf{I}_M . \tag{2.146}$$

(Es ist auch die Schreibweise mit 0, 1-Elementen üblich, wobei jedoch das unter 2.1.6 Gesagte zu beachten ist.)

Für $M = 2^m$ existiert für die Aufstellung von Hadamard-Matrizen eine einfache Konstruktionsvorschrift:

$$\mathbf{H}_M = \begin{bmatrix} \mathbf{H}_{M-1} & \mathbf{H}_{M-1} \\ \mathbf{H}_{M-1} & \overline{\mathbf{H}}_{M-1} \end{bmatrix}, \quad \mathbf{H}_1 = \begin{pmatrix} + & + \\ + & - \end{pmatrix}. \tag{2.147}$$

Beispiel 2.27:

$$\mathbf{H}_3 = \begin{bmatrix} \mathbf{H}_2 & \mathbf{H}_2 \\ \mathbf{H}_2 & \overline{\mathbf{H}}_2 \end{bmatrix} = \begin{bmatrix} + & + & + & + & + & + & + & + \\ + & - & + & - & + & - & + & - \\ + & + & - & - & + & + & - & - \\ + & - & - & + & + & - & - & + \\ + & + & + & + & - & - & - & - \\ + & - & + & - & - & + & - & + \\ + & + & - & - & - & - & + & + \\ + & - & - & + & - & + & + & - \end{bmatrix} \qquad (2.148)$$

Die bekannten Matrizenumformungen, Vertauschen von Spalten bzw. Zeilen und Negation jeden Elementes einer Zeile bzw. Spalte, sind auf Hadamard-Matrizen anwendbar und führen wieder auf Hadamard-Matrizen. Diese vom mathematischen Standpunkt äquivalenten Matrizen können jedoch hinsichtlich technischer Anwendungen beträchtliche Unterschiede aufweisen. Beispielsweise wurde der Anstieg der KKF in der Nähe des Nullpunktes als Maß für das "Nebensprechen" in Codemultiplex-Systemen untersucht. Dabei unterschieden sich die "besten" und "schlechtesten" Matrizen aus der Menge der 432 möglichen nach Gl. (2.148) um den Faktor 2,3 [2.49].

Als notwendige Bedingung für die Zeilen- und Spaltenzahl M jeder Hadamard-Matrix ist bekannt, daß M ein Vielfaches von 4 sein muß, vgl. Gl. (2.129):

$$M = 4\,\ell, \qquad \ell = 1, 2, \ldots \qquad (2.149)$$

Ob Gl. (2.149) auch eine hinreichende Existenzbedingung darstellt, konnte bisher nicht entschieden werden. Bislang sind in den Bereichen $\ell = 1, \ldots, 50$ nur eine (M = 188), und in $\ell = 51, \ldots, 250$ weitere 35 Hadamard-Matrizen noch nicht gefunden worden.

Von besonderem Vorteil für die praktische Realisierung wäre eine zyklische Darstellungsmöglichkeit der Zeilen einer Hadamard-Matrix, dies ist jedoch nur für die Ordnung M = 4 bekannt [1.27] [2.36]:

$$\mathbf{H}_2 = \begin{bmatrix} + & + & + & - \\ - & + & + & + \\ + & - & + & + \\ + & + & - & + \end{bmatrix} . \tag{2.150}$$

Eine "fast" zyklische Darstellung ist für M = N + 1 auf der Basis der binären, linearen MF möglich [2.29]. Der Aufbau einer so gebildeten Hadamard-Matrix ist aus Gl. (2.151) erkennbar:

$$\widetilde{\mathbf{H}}_n = \begin{bmatrix} + & + & + & \cdots & + \\ + & b_0 & b_1 & \cdots & b_{N-1} \\ + & b_1 & b_2 & \cdots & b_0 \\ \vdots & \vdots & \vdots & \ddots & \vdots \\ + & b_{N-1} & b_0 & \cdots & b_{N-2} \end{bmatrix}, \quad b_i \in \{+, -\}. \tag{2.151}$$

Die erste Zeile und Spalte wird durch +1-Elemente gebildet. Alle übrigen Elemente sind durch eine Periode der binären MF $\{a_i\}$ und ihre sämtlichen zyklischen Verschiebungen festgelegt, wobei $b_i = 1 - 2a_i$, $a_i \in \{0, 1\}$ als Zuordnung gilt. Damit ist außer der rekursiven Vorschrift nach Gl. (2.147) ein sehr effektives Bildungsgesetz für Hadamard-Matrizen und damit für Orthogonal- und davon ableitbare Signale gegeben. Streicht man in Gl. (2.151) die erste Spalte so erhält man offensichtlich die transorthogonale Signalmenge. Die Orthogonalität der Zeilenvektoren der Matrix $\mathbf{H}_n$ in Gl. (2.151) ist über die Eigenschaft der AKF binärer MF, Gl. (2.120), leicht nachzuweisen. Die Elementezuordnung 0 → +1 ist erforderlich, damit die Orthogonalität zur ersten Zeile gewährleistet ist.

Beispiel 2.27:

$$n = 3, \quad M = (2^3 - 1) + 1$$

$$\{a_i\} = 1\ 1\ 1\ 0\ 1\ 0\ 0, \ldots$$

$$\mathbf{b} = (- - - + - + +)$$

$$\widetilde{\mathbf{H}}_3 = \begin{bmatrix} + & + & + & + & + & + & + & + \\ + & - & - & - & + & - & + & + \\ + & - & - & + & - & + & + & - \\ + & - & + & - & + & + & - & - \\ + & + & - & + & + & - & - & - \\ + & - & + & + & - & - & - & + \\ + & + & + & - & - & - & + & - \\ + & + & - & - & - & + & - & + \end{bmatrix} \tag{2.152}$$

Zwischen Hadamard-Matrizen und WALSH-Funktionen besteht eine enge Verwandtschaft. Die WALSH-Matrix W ist zu sich selbst orthogonal [1.2], so daß sie einer speziellen Hadamard-Matrix entspricht und daher durch o.g. Umformungen aus einer Matrix nach Gl. (2.147) erhalten werden kann.

Die Matrizen nach (2.147) und (2.151) sind permutationsäquivalent und einfach zu transformieren [2.50].

2.6 Leistungsspektren pseudozufälliger Signale

Ausgehend von der AKF bestehen relativ einfache Berechnungsmöglichkeiten, die allgemeingültige Aussagen über die Leistungsspektren digitaler Signale gestatten. Im folgenden soll daher gezeigt werden, daß auch durch die Form des Leistungsspektrums der Pseudozufalls-Charakter deutlich zum Ausdruck kommt.

Zwischen der AKF und dem Leistungsspektrum S(f) eines Signals besteht der als Wiener-Chintschin-Theorem bekannte Zusammenhang über die Fouriertransformation [1.1]. Hier sollen die Leistungsspektren der pseudostochastischen Signale näher betrachtet werden. Dabei ist es zweckmäßig, von der AKF auszugehen, da diese oft einen relativ einfachen Verlauf hat. Mit Gl. (2.4) kann geschrieben werden:

$$S(f)=\int_{-\infty}^{\infty}R(\tau)e^{-j\omega\tau}d\tau=2\int_{0}^{\infty}R(\tau)\cos\omega\tau\, d\tau\geq 0. \tag{2.153}$$

Da die pseudostochastischen Signale periodisch sind, muß das Leistungsspektrum grundsätzlich ein Linienspektrum sein. Durch Messung können bei genügend feiner Auflösung die Amplituden $A(f_i)$ einzeln bestimmt werden, wobei der folgende Zusammenhang zu beachten ist:

$$S(f)=0.5\ A^2(f),\qquad f\neq 0\ . \tag{2.154}$$

Vom Prinzip her können die Spektralanteile jeder periodischen Zeifunktion durch Fourieranalyse bestimmt werden. Dies ist jedoch bei größeren Periodenlängen mit hohem Aufwand verbunden und wird nur in Ausnahmefällen durchgeführt, wenn auch die Phaseninformation der Spektralanteile benötigt wird.

2.6.1 Fourierreihen-Darstellung der AKF

Da die AKF periodischer Signale ebenfalls periodisch ist und bei den Signalen mit Pseudozufalls-Charakter nur eine relativ geringe Anzahl unterschiedlicher diskreter Werte, z.B. nur zwei bei einigen Folgen-Typen, aufweist, ist die Fourierreihen-Darstellung leicht möglich. Es wird angenommen, daß die AKF $R(\tau)$ in Form einer komplexen Fourierreihe

$$R(\tau)=\sum_{i=-\infty}^{\infty}r_i e^{j\omega_N i\tau},\qquad \omega_N=\frac{2\pi}{N\Delta t} \tag{2.155}$$

gegeben ist. Dann erhält man über die Eigenschaft Gl. (2.156) der Dirac-Delta-Funktion das Leistungsspektrum:

$$\delta(\omega\pm\omega_0)=\int_{-\infty}^{\infty}e^{-j(\omega\pm\omega_0)t}dt \tag{2.156}$$

$$S(f)=\sum_{i=\infty}^{\infty}r_i\delta(f-if_N). \tag{2.157}$$

Die Bestimmungsgleichung für die Fourierkoeffizienten r_i lautet wegen der Symmetrie der AKF:

$$r_i = \frac{2}{N\Delta t} \int_0^{N\Delta t/2} R(\tau) \cos i \frac{2\pi\tau}{N\Delta t} \, d\tau, \quad i \neq 0. \tag{2.158}$$

Den Fourierkoeffizienten r_0 erhält man durch den Mittelwert der AKF oder auch der Zeitfunktion [1.33]:

$$r_0 = \frac{2}{N\Delta t} \int_0^{N\Delta t/2} R(\tau) \, d\tau = \left[\frac{1}{N\Delta t} \int_0^{N\Delta t} x(t) \, dt \right]^2 . \tag{2.159}$$

Die Anwendung der Fourierreihenentwicklung der AKF setzt voraus, daß die AKF $R(\tau)$ für alle τ bekannt ist. Zur Bestimmung des Leistunsspektrums der binären MF-Signale beispielsweise muß statt R(s) nach Gl. (2.120) vom Funktionsverlauf nach Bild 2.9 ausgegangen werden:

$$R(\tau) = \begin{cases} 1 - \frac{|\tau|}{\Delta t}\left(1 + \frac{1}{N}\right) & |\tau| \leq \Delta t \\ -\frac{1}{N} & \text{sonst} \end{cases} \tag{2.160}$$

Für die Berechnung der Fourierkoeffizienten steht damit $R(\tau)$ im Intervall $\tau = 0 \ldots N\Delta t/2$ in analytischer Form zur Verfügung. Addiert man in Gl. (2.160) den Wert $+1/N$, so braucht die Integration nur von 0 bis Δt erstreckt zu werden. Diese Modifizierung ist dann wieder leicht rückgängig zu machen durch Subtraktion beim "Gleichstromglied" r_0 des Leistungsspektrums.

$$r_i = \frac{2}{N\Delta t} \int_0^{\Delta t} \left(1 + \frac{1}{N}\right)\left(1 - \frac{\tau}{\Delta t}\right) \cos i\omega_N \tau \, d\tau \quad i \neq 0 \tag{2.161}$$

Nach Auswertung und Umformung erhält man aus Gl. (2.161) die bekannte Spektraldarstellung der binären MF-Signale bzw. der allgemeineren Simplex-Codes [1.15]:

$$S(f) = \frac{1}{N}\delta(f) + \frac{N+1}{N^2} \sum_{\substack{i=-\infty \\ i \neq 0}}^{\infty} sp^2\left(\frac{i\pi}{N}\right)\delta(f - if_N), \tag{2.162}$$

wobei sp(x) =sin(x)/x bedeutet (oft als Spaltfunktion bezeichnet).

Im Bild 2.13 wurde dieses Linienspektrum für positive Frequenzen und einen relativ kleinen Wert der Periodenlänge, N = 31, dargestellt. Man erkennt, daß der Abstand der Spektrallinien, die sog. *Liniendichte*, bestimmt wird durch die Frequenz $f_N = f_c / N$. *Die Schrittdauer* $\Delta t = 1/f_c$ *des MF-Signals ist durch die Taktfrequenz* f_c *des erzeugenden Schieberegisters gegeben*, wie unter 3. näher erläutert wird. Aus Bild 2.12 läßt sich daher sofort die Schlußfolgerung ziehen, daß eine Vergrößerung der Periodenlänge N bei fester Ablaufgeschwindigkeit der MF, d.h. konstanter Schrittdauer Δt, die Liniendichte proportional erhöhen wird. Man erkennt, daß die "zeichnerische" Unterscheidung der Linien ab n = 7, N = 127 ihre Grenze hat, die Erzeugung wesentlich längerer Folgen aber theoretisch und praktisch kein Problem bedeutet. Da die Gesamtleistung eines MF-Signals konstant ist, erreicht man bei großen Periodenlängen N und hoher Taktfrequenz f_c eine zunehmend gleichmäßigere Verteilung der Leistung in einem gegebenen Frequenzband. Es handelt sich dann um "echte" Breitbandsignale, und eine Ähnlichkeit zu Rauschsignalen ist unverkennbar. Für eine wichtige Form der *PRSV*, die Bandspreiz-(Spread-Spectrum)-Technik, findet man hierin die Begründung (s. Abschn. 4.6). Aus Gl. (2.162), wie auch aus Bild 2.9 folgt, daß der geringe, im Leistungsspektrum noch vorhandene Gleichanteil mit zunehmendem N rasch geringer wird.

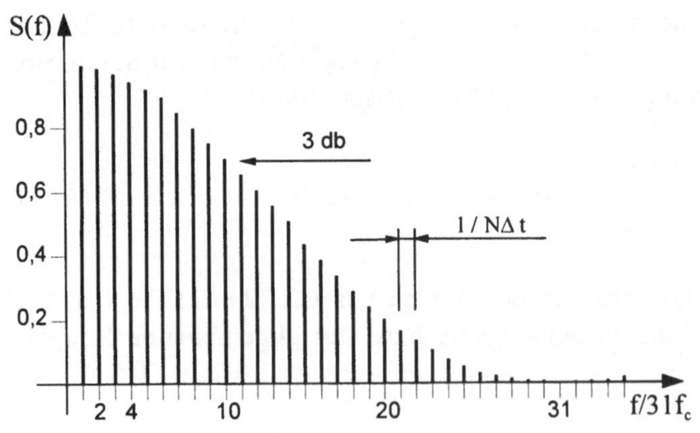

Bild 2.13
Leistungsspektrum binärer MF-Signale

2.6.2 Struktur- und Impulsfunktion

Mit der Darstellung von Signalen durch einen Struktur- und einen Impulsanteil nach Gl. (2.12) kann das Leistungsspektrum vorteilhaft berechnet werden [2.51] [2.52]:

$$S(f) = \frac{1}{N\Delta t^2} |G(jf)|^2 \sum_{i=-\infty}^{N-1} \sum_{s=0}^{N-1} R(s)\, e^{-j\omega s\Delta t} \delta(f - if_N). \tag{2.163}$$

Der Einfluß der Impulsform g(t) des Einzelimpulses wird durch dessen Spektrum $|G(j\omega)|^2$ in Form einer Einhüllenden berücksichtigt. Ist g(t) rechteckförmig, so gilt für das Leistungsspektrum:

$$S(f) = \frac{1}{N} sp^2\left(\frac{\omega\Delta t}{2}\right) \sum_{i=-\infty}^{\infty} \sum_{s=0}^{N-1} R(s)\, e^{-j\omega s\Delta t} \delta(f - if_N). \tag{2.164}$$

Zur Auswertung von Gl. (2.164) kann man mit Vorteil von der Symmetrie der AKF Gebrauch machen. Sind ferner die Werte R(s) vorwiegend identisch, wie z.B. bei den PN-Folgen, so kann die Berechnung durch Beachtung der folgende Beziehung vereinfacht werden [1.33]:

$$\sum_{s=0}^{N-1} e^{-j\frac{2\pi i}{N}s} = 0, \quad i \neq 0. \tag{2.165}$$

Für das Leistungsspektrum der ternären MF-Signale mit einer AKF nach Bild 2.10 erhält man mit Gl. (2.122) über Gl. (2.166) die Darstellung Gl. (2.167):

$$\sum_{s=0}^{N-1} R(s) e^{-j\frac{2\pi i}{N}s} = \frac{2 \cdot 3^{n-1}}{N}[1 - \cos(\pi i)] \tag{2.166}$$

$$S(f) = \frac{4 \cdot 3^{n-1}}{N^2} sp^2\left(\frac{\omega\Delta t}{2}\right) \sum_{i=-\infty}^{\infty} \delta\,[f - (2i+1)f_N)]. \tag{2.167}$$

Im Unterschied zum Leistungsspektrum der binären MF-Signale treten hier nur Linien bei ungeraden Vielfachen der Grundfrequenz f_N auf. Ebenso wie die

AKF, so wird auch das Spektrum mit der Anzahl q der Amplitudenstufen komplizierter, Bild 2.14 zeigt ein Beispiel einer MF mit q = 5, N = 24 [1.33]:

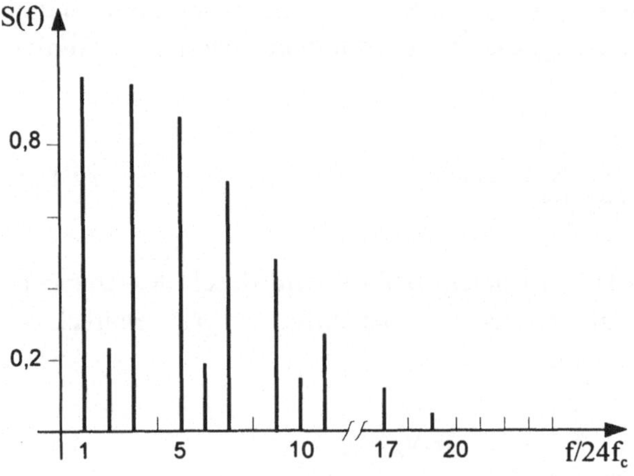

Bild 2.14
Leistungsspektrum
5-stufiger MF-Signale

Die vollständige Spektraldarstellung ist für periodische Signale vom Prinzip her stets möglich, d.h., die Spektralkomponenten werden nach Betrag und Phase bestimmt - im Unterschied zum Leistungsspektrum, das keine Phaseninformation enthält. Dies erfordert aber, daß man von der konkreten Zeitfunktion ausgeht und damit einen Rechenaufwand erhält, der mit der Periodenlänge stark ansteigt.

3 Erzeugung von binären und mehrwertigen Pseudorandom-Signalen

Im weiteren Sinne gehören die unter Abschn. 2 betrachteten Fragen der Existenz und mathematischen Beschreibung von Signalfolgen bereits zur Problematik der Erzeugung. Hier soll nun die automatentheoretische und technische Seite der *PRSV* behandelt werden. Dabei bilden die linearen MF wieder den Schwerpunkt, ferner werden die Ableitung von Signalen mit veränderten Eigenschaften und Aspekte der Erzeugung mit mikroelektronischen Mitteln betrachtet. Letztere Aufgabe ist gegenwärtig auf der Basis programmierbarer Logiksysteme (PLD, FPGA) relativ einfach lösbar.

3.1 Lineare autonome Automaten

Ein abstrakter Automat $\mathcal{A} = [Z, X, Y, \delta, \lambda, Z_0]$ ist ein mathematisches Modell für ein sequentielles System, das durch drei endliche Mengen (X = Eingabewerte, Y = Ausgabewerte, Z = Zustände) und zwischen diesen definierten Abbildungen:

δ: $X \times Z \rightarrow Z$ Überführungsfunktion

λ: $X \times Z \rightarrow Y$ Ausgabefunktion

sowie einer Menge Z_0 von Anfangszuständen bestimmt ist [1.38]. Die Analyse und Synthese von "langen" Signalfolgen mit den Methoden der allgemeinen Automatentheorie ist beim gegenwärtigen Stand nicht effektiv (s. Abschn. 1.3.1). Günstigere Möglichkeiten bieten die linearen Automaten. Die durch Voraussetzung der Linearität zunächst gegebene Beschränkung zeigt ähnlich den kontinuierlichen linearen Systemen Vorteile durch geschlossene und allgemeine Beschreibungsmöglichkeiten. Man kann die linearen Automaten als Bindeglied zwischen den linearen kontinuierlichen Systemen und den diskreten Automaten ansehen, da sich in der mathematischen Beschreibung nach beiden Seiten Gemeinsamkeiten finden [1.38] [2.10] [3.1].

Linear wird ein Automat dann genannt, wenn die Funktionen δ und λ der Linearitätsanforderung genügen. Die Beschreibung kann dann vollständig durch zwei Matrizengleichungen erfolgen:

$$\mathbf{z}\,[(i+1)\,\Delta t] = \mathbf{A}\,\mathbf{z}\,(i\Delta t) + \mathbf{B}\,\mathbf{x}\,(i\Delta t) \tag{3.1}$$

$$\mathbf{y}\,(i\Delta t) = \mathbf{C}\,\mathbf{z}\,(i\Delta t) + \mathbf{D}\,\mathbf{x}\,(i\Delta t). \tag{3.2}$$

Das Zeitelement Δt ist identisch mit der Zeitdauer eines Elementes der zu erzeugenden Signalfolgen und entspricht in der technischen Realisierung der *Taktzeit*. Zumeist wird Δt weggelassen und ferner vorausgesetzt, daß die Übergangszeiten vernachlässigbar gering sind. In den *Zustandsgleichungen* Gln. (3.1) (3.2), ist über den Wertebereich der Variablen und der Matrizenelemente zunächst nichts festgelegt. Es hat sich aber als vorteilhaft erwiesen und wird daher allgemein vorausgesetzt, daß die Elemente nicht beliebige diskrete Werte annehmen können, sondern sämtlich Elemente eines Galois-Feldes GF(q) sind. Damit besteht ein enger Zusammenhang zu den linearen rekursiven Folgen, bei denen diese Voraussetzung ebenfalls getroffen wurde. Durch GF(2) wird der technisch wichtige Binärfall erfaßt, und über $q = p^m$, $p = 2, 3, 5, \ldots$ ist eine zumeist ausreichend "feine" Stufung möglich. Ein linearer Automat besteht damit aus einer beliebigen Zusammenschaltung der Grundbausteine nach Bild 3.1.

Ein linearer Automat $\mathcal{LA}$, dessen Eingabewerte stets gleich Null sind, $\mathbf{x} = 0$, wird linearer autonomer Automat genannt. Der Fall eines von Null verschiedenen, aber stets konstanten Eingabewertes läßt sich durch Annahme eines zusätzlichen Zustandes leicht auf die "Null-Eingangsbedingung" zurückführen und braucht daher nicht gesondert betrachtet zu werden, Bild 3.2.

Addierer im GF(q) :

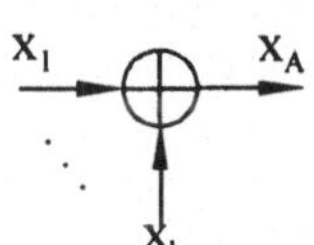

$x_A = x_1 \oplus \ldots \oplus x_k$
für $q = p^m$, $p \Leftrightarrow$ Primzahl, $m \geq 2$ nur nach speziellen Tafeln, z.B. Bild 2.8a, möglich
für $q = p$, Addition mod p
für $q = 2$, Addition mod 2, s. Bild 2.4

Skalierer im GF(q) :

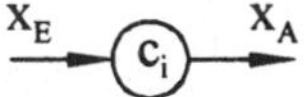

$x_A(t) = c_i\, x_E\,(t)$
für $q = p^m$, $m \geq 2$ nur nach speziellen Tafeln, z.B. Bild 2.8b, möglich
für $q = p$ Multiplikation mod p
für $p = 2$ geschlossene oder offene Verbindung (Schalter)

Speicherzelle im GF(q):

ausgeführt als Verzögerungsglied oder Schiebespeicher
$x_A(i\Delta t) = x_E\,[(i-1)\,\Delta t]$
$x_A(t) = D\, x_E\,(t)$
für $p = 2$ Verzögerungs- oder D-Flipflop

Bild 3.1
Grundbausteine linearer Automaten

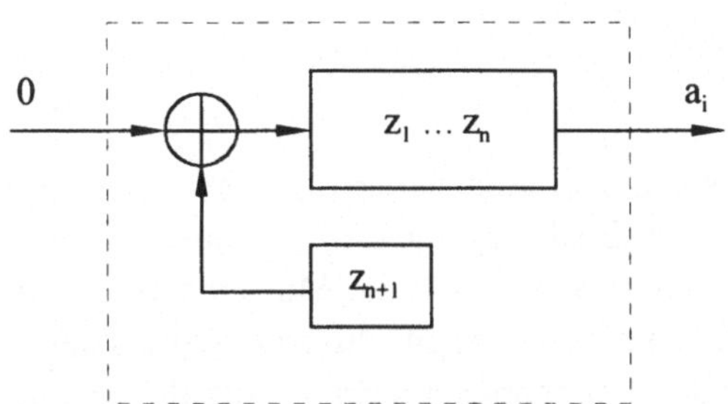

Bild 3.2
Linearer autonomer Automat, Eingang = 0

3.1.1 Kanonische Formen

Für eine vermaschte Zusammenschaltung der Grundbausteine nach Bild 3.1 ist zwar das Minimierungsproblem relativ elegant lösbar [1.8] [1.36] [3.1], eine solche hat aber in der Praxis nur geringe Bedeutung. Dagegen werden Anordnungen in Form von Kettenschaltungen, im Binärfall auch Schieberegister genannt, weitgehend angewandt [1.5] [1.7]. Diese Kettenschaltungen werden auch kanonische Formen eines linearen Automaten genannt. Es sind zwei Varianten der LSFR (Linear Feedback Shift Register) bekannt, die für den autonomen Fall im Bild 3.3a, b dargestellt sind.

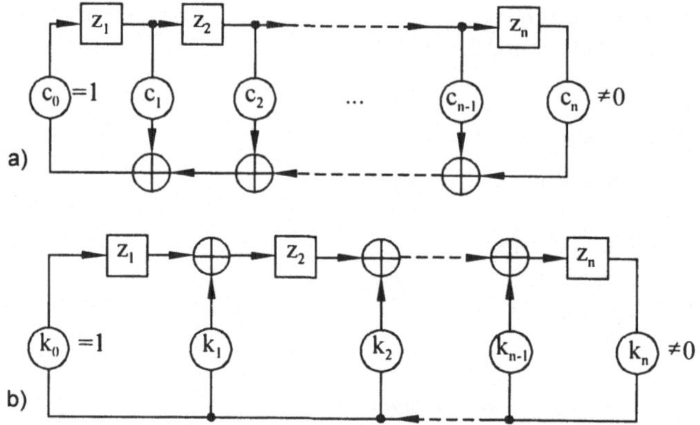

Bild 3.3
Kanonische Formen linearer Automaten
a) äußere Mod-2-Adder
b) innere Mod-2-Adder

Beide Schaltungsstrukturen enthalten die minimale Anzahl von Zuständen, sind also Minimalformen. Ferner können die zu den Schaltungen nach Bild 3.3a, b gehörigen Matrizen $\mathbf{A}_a$, $\mathbf{A}_b$ nach Gl. (3.1) durch Äquivalenztransformation ineinander übergeführt werden:

$$\mathbf{A}_b = \mathbf{P}\,\mathbf{A}_a\,\mathbf{P}\,, \tag{3.3}$$

wobei $\mathbf{P}$ eine reguläre Matrix ist. Die $\mathbf{A}$-Matrix, auch Überführungs- oder Begleitmatrix genannt, ist die entscheidende Bestimmungsgröße eines linearen autonomen Automaten. Wegen der Bedingung $\mathbf{x} = \mathbf{0}$ sind die Matrizen $\mathbf{B}$ und $\mathbf{D}$ ohne Einfluß auf den Ausgabevektor $\mathbf{y}$. Letzterer wird oft durch einen Zustand z_v repräsentiert, d.h., die Matrix $\mathbf{C}$, der sog. Ausgangszuordner, enthält nur ein 1-Element. Die Form der Matrizen $\mathbf{A}_a$ bzw. $\mathbf{A}_b$ ist von den gewählten Indizierungen und der Schieberichtung abhängig, was beim Vergleich unterschiedlicher Literaturstellen zu beachten ist. Mit der Bezeichnungsweise nach Bild 3.3a, b und Gl. (3.1) gilt:

$$\mathbf{A}_a = \begin{bmatrix} c_1 & c_2 & \cdots & & c_n \\ 1 & 0 & & & \\ 0 & 1 & \ddots & & \vdots \\ \vdots & \vdots & & & \\ 0 & 0 & \cdots & 1 & 0 \end{bmatrix} c_0, \qquad c_0 \cdot c_n \neq 0 \tag{3.4}$$

$$A_b = \begin{bmatrix} 0 & 0 & \cdots & & k_0 \\ 1 & 0 & & & k_1 \\ 0 & 1 & \ddots & & k_2 \\ \vdots & & & & \vdots \\ 0 & 0 & \cdots & 1 & k_{n-1} \end{bmatrix} k_n, \qquad k_0 \cdot k_n \neq 0. \tag{3.5}$$

Zu jeder quadratischen Matrix kann ein charakteristisches Polynom angegeben werden, wobei die Definition nicht einheitlich ist [1.5] bzw. [1.6] [1.7] [2.15]:

$$g(x) = |\, x\,\mathbf{I} - \mathbf{A}\,| \qquad \text{bzw.} \qquad |\, \mathbf{A} - x\,\mathbf{I}\,| \tag{3.6}$$

Der Unterschied in der Definition ist unerheblich, da es darauf ankommt zu zeigen, daß der Aufbau von g(x) bis auf konstante Faktoren mit einem charakteristischen Polynom nach Gl. (2.78) bzw. (2.79) einer linearen Differenzengleichung übereinstimmt. Für die zweite Variante in Gl. (3.6) erhält man z.B.

$$g_a(x) = \begin{bmatrix} c_1 - x & c_2 & \cdots & & c_n \\ 1 & -x & & 0 & 0 \\ 0 & 1 & \ddots & & \vdots \\ \vdots & & & & \\ 0 & & \cdots & 1 & -x \end{bmatrix} c_0. \tag{3.7}$$

Die Entwicklung ergibt die Beziehung:

$$g_a(x) = (-1)^{n+1}\,[x^n - c_1 x^{n-1} - c_2 x^{n-2} - \ldots - c_n]c_0. \tag{3.8}$$

Im autonomen Fall ist für das Zustandsverhalten nur die fortlaufende Multiplikation der **A**-Matrix erforderlich. Die relativ aufwendige Aufgabe, eine Matrix zu potenzieren, kann unter Anwendung des *Cayley-Hamilton-Theorems* vereinfacht werden [3.3]:

$$g(\mathbf{A}) = \mathbf{0}, \tag{3.9}$$

d.h., jede quadratische Matrix genügt ihrem eigenen charakteristischen Polynom.

Beispiel 3.1:

Linearer autonomer Automat nach Bild 3.3a, GF(2),

$n = 3,\ c_0 = c_2 = c_1 = 1,\ c_1 = 1$

$$\mathbf{A} = \begin{bmatrix} 0 & 1 & 1 \\ 1 & 0 & 0 \\ 0 & 1 & 0 \end{bmatrix}, \quad \begin{bmatrix} -x & 1 & 1 \\ 1 & -x & 0 \\ 0 & 1 & -x \end{bmatrix} = -x^3 + x + 1 = x^3 + x + 1 = g(x)$$

$$g(\mathbf{A}) = \mathbf{A}^3 + \mathbf{A} + \mathbf{I} = \begin{bmatrix} 1 & 1 & 1 \\ 1 & 1 & 0 \\ 0 & 1 & 1 \end{bmatrix} + \begin{bmatrix} 0 & 1 & 1 \\ 1 & 0 & 0 \\ 0 & 1 & 0 \end{bmatrix} + \begin{bmatrix} 1 & 0 & 0 \\ 0 & 1 & 0 \\ 0 & 0 & 1 \end{bmatrix} = 0 \ (\mathrm{mod}\, 2)$$

Die Matrizenbeschreibung ist für die Untersuchung von vermaschten linearen Automaten ein geeignetes Mittel, bei den Kettenstrukturen nach Bild 3.3a, b aber weniger erforderlich. Die Äquivalenz der beiden kanonischen Formen und den Zusammenhang zur linearen Differenzengleichung kann man unter Verwendung des D-Operators einfach nachweisen. Die Zustandsgleichung, Gl. (3.1), für einen autonomen linearen Automaten nach Bild 3.3a lautet:

$$\begin{aligned} z_1(i) &= c_0\,[c_1 z_1(i-1) + c_2 z_2(i-1) + \ldots + c_n z_n(i-1)] \\ z_2(i) &= z_1(i-1) \\ &\vdots \\ z_n(i) &= z_{n-1}(i-1)\,. \end{aligned} \tag{3.10}$$

Unter Anwendung des Verzögerungsoperators folgt daraus:

$$z_1(i) = c_0\,[c_1 D + c_2 D^2 + \ldots + c_n D^n]\, z_1(i)\,. \tag{3.11}$$

Setzt man in Gl. (3.11) $c_0 = -c_0^{-1}$, so erhält man Übereinstimmung mit der Differenzengleichung Gl. (2.75) bzw. dem Polynom c(x) Gl. (2.78).

Für die Kettenschaltung nach Bild 3.3b kann man schreiben:

$$
\begin{aligned}
z_1(i) &= k_0 k_n z_n(i-1) \\
z_2(i) &= z_1(i-1) + k_1 k_n z_n(i-1) \\
&\vdots \\
z_n(i) &= z_n(i-1) + k_{n-1} k_n z_n(i-1)\,.
\end{aligned}
\tag{3.12}
$$

Durch sukzessives Einsetzen und unter Verwendung des D-Operators folgt aus Gl. (3.12) die duale Beziehung zu Gl. (3.11):

$$z_n(i) = k_n\,[k_0 D^n + k_1 D^{n-1} + \ldots + k_{n-1} D]\, z_n(i)\,. \tag{3.13}$$

Mit der Substitution $k_n = -c_0^{-1}$ kann Gl. (3.13) auf die Form $f(D) = 0$ gebracht und damit die Übereinstimmung mit $\bar{c}(x)$ nach Gl. (2.79) gezeigt werden. Im Binärfall, $p = 2$, sind die Unterscheidungen nicht erforderlich, da für einen linearen autonomen Automaten mit einem charakteristischen Polynom vom Grad n $c_0 = c_n = k_0 = k_n = 1$ sein muß.

3.1.2 Zyklusverhalten

Die Matrizen $\mathbf{A}_a$, $\mathbf{A}_b$ nach Gl. (3.4) (3.5) sind nicht singulär, d.h., ihre Zeilen sind linear unabhängig und sie haben damit eine nichtverschwindende Determinante. Dies ist die Bedingung dafür, daß jeder Zustand einen eindeutigen Vorgänger und Nachfolger hat, d.h., die Zustandsfolge ist zyklisch [1.6]. Da die kanonischen Formen unter der Voraussetzung $c_0 \cdot c_n \neq 0$, $k_0 \cdot k_n \neq 0$ einer linearen Differenzengleichung entsprechen, stimmen auch deren charakteristische Polynome bis auf die Normierung überein. Somit sind für das Auftreten von Zyklen maximaler Länge die Eigenschaften der primitiven Polynome nach Abschn. 2.3.2 bestimmend. Eine anschauliche Darstellung ist durch das Zustandsdiagramm oder den Zustandsgraphen in Bild 3.4 gegeben. *Alle Zustände $\mathbf{z} \neq \mathbf{0}$ werden genau einmal im Zyklus maximaler Länge durchlaufen*, der **0**-Zustand reproduziert sich selbst. Damit erfüllt ein linearer autonomer Automat mit primitivem charakteristischem Polynom alle Voraussetzungen zur Erzeugung einer linearen MF.

Das Zyklusverhalten der kanonischen Strukturen nach Bild 3.3a, b bei nicht primitivem charakteristischem Polynom ist durch die Existenz mehrerer Zyklen gekennzeichnet, die abhängig vom Anfangszustand **z**(0) durchlaufen werden. Dabei sind zwei Fälle zu unterscheiden:

1. Das charakteristische Polynom g(x) ist irreduzibel, aber nicht primitiv; es entstehen stets gleich lange Zyklen und der 0-Zyklus, Bild 3.5.
2. Das charakteristische Polynom g(x) ist reduzibel; es entstehen Zyklen unterschiedlicher Länge und der 0-Zyklus, Bild 3.6. Dabei sind die entstehenden Zykluslängen von den irreduziblen Faktoren von g(x) und deren Kombinationsmöglichkeiten abhängig [1.6] [2.10] [2.15].

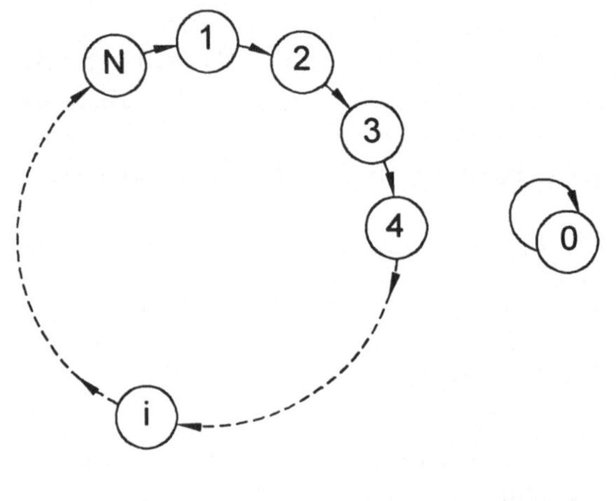

Bild 3.4
Zustandsdiagramme bei maximaler Zykluslänge

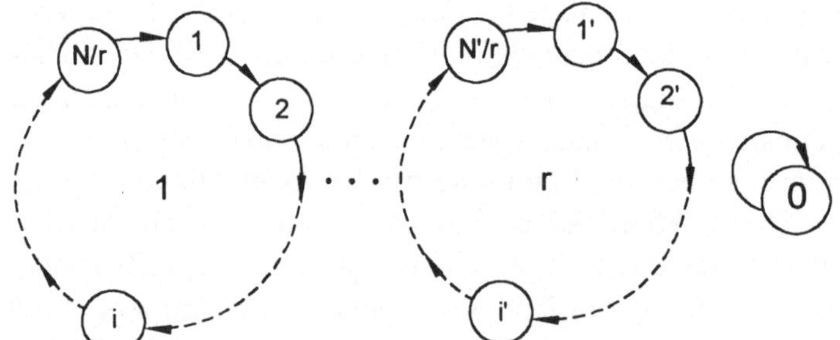

Bild 3.5
Zyklen bei irreduziblen, nichtprimitiven Polynomen

Beispiel 3.2:

Binärer linearer autonomer Automat

$g(D) = D^6 + D^5 + D^3 + 1 = (D + 1)^3 (D^3 + D + 1) \pmod 2$

Auftretende Zykluslängen: $\ell_i = 1, 2, 4, 7, 14, 28$

Häufigkeiten der Zyklen: $H(\ell_i) = 2, 1, 1, 2, 1, 1$, Bild 3.6.

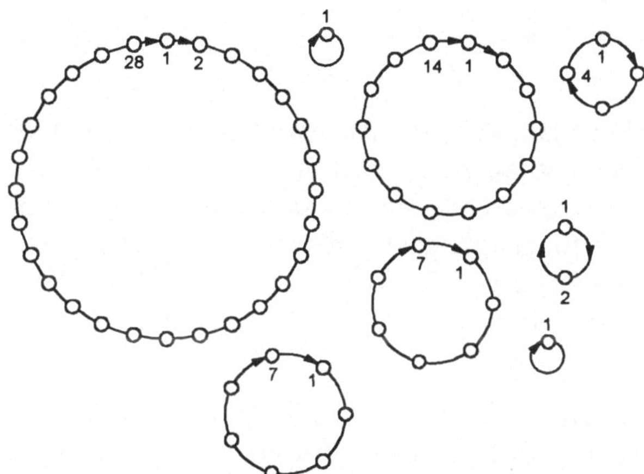

Bild 3.6
Zyklen bei reduziblem Erzeugerpolynom

Das Zyklusverhalten beliebiger linearer autonomer Automaten kann nicht eindeutig durch das charakteristische Polynom g(x) beschrieben werden. Ein Polynom $m_A(x)$ kleinsten Grades, für das die Beziehung

$$m_A(\mathbf{A}) = \mathbf{0} \tag{3.14}$$

erfüllt ist, wird Minimalpolynom der Überführungsmatrix **A** genannt. Der Grad von $m_A(x)$ kann u.U. kleiner sein als der von g(x). Wegen Gl. (3.9) und Gl. (3.14) ist $m_A(x)$ aber stets ein Faktor von g(x), bzw. ist mit g(x) identisch. Auch das Minimalpolynom beschreibt nicht in allen Fällen linearer autonomer Automaten das Zyklusverhalten vollständig, sondern es muß dann von der konkreten Überführungsmatrix ausgegangen werden [2.10] [2.15].

Die Theorie linearer Automaten umfaßt als wesentliche Säule neben dem Zyklus- das Übertragungsverhalten, das in der störungsgeschützten Codierung zur Realisierung der Polynommultiplikation und -division eine wichtige Rolle spielt [1.5] [1.13] [2.14]. Erwähnt sei noch, daß die grundlegende Eigenschaft linearer Systeme, das *Superpositionsgesetz*, auch für lineare Automaten unter gewissen Voraussetzungen Gültigkeit besitzt ([3.1] und Abschn. 4.1). Nach der Methode der vollständigen Induktion kann aus den Gln. (3.1) (3.2) die allgemeine *Response-Formel* für lineare Automaten abgeleitet werden:

$$\mathbf{z}(i) = \mathbf{A}^{i}\,\mathbf{z}(0) + \sum_{\nu=1}^{i-1} \mathbf{A}^{i-\nu-1}\mathbf{B}\,\mathbf{x}(\nu) \tag{3.15}$$

$$\mathbf{y}(i) = \mathbf{C}\,\mathbf{A}^{i}\,\mathbf{z}(0) + \sum_{\nu=0}^{i-1} \mathbf{C}\,\mathbf{A}^{i-\nu-1}\mathbf{B}\,\mathbf{x}(\nu) + \mathbf{D}\,\mathbf{x}(i). \tag{3.16}$$

Man erkennt aus den Gln. (3.15) (3.16), daß eine Aufspaltung in einen homogenen Anteil für $\mathbf{x}(i) = \mathbf{0}$ und einen partikulären Anteil für $\mathbf{z}(0) = \mathbf{0}$ möglich ist. Im Unterschied zu kontinuierlichen linearen Systemen sind bei linearen Automaten auch bei verschwindendem Eingangssignal fortlaufende Zustandswechsel und ein von Null verschiedenes Ausgangssignal möglich. *Diese nichtabklingenden Eigenschwingungen linearer Automaten bilden die Grundlage zur Erzeugung von Signalfolgen.*

Das Superpositionsgesetz ist für lineare Automaten nicht ohne Einschränkung gültig, sondern nur wenn als Anfangszustand $\mathbf{z}(0) = \mathbf{0}$ festgelegt wird und die Skalarfaktoren einem endlichen Körper GF(q) entnommen sind [2.10]. Als kennzeichnendes Kriterium linearer Automaten bzw. linearer diskreter Systeme wird daher häufig die Existenz linearer Zustandsgleichungen gewählt.

Die Einbeziehung des **0**-Zustandes in den Maximalzyklus erfordert nichtlineare Operationen. Die theoretische Basis dafür bilden die de Bruijn-Folgen (s. Abschn. 2.4.2). Zu deren Erzeugung sind verschiedene Algorithmen bekannt, die hier jedoch nicht näher betrachtet werden sollen [3.4].

3.2 Erzeugung von Maximalfolgen

Es wurde bereits hervorgehoben, daß für die *PRSV* lineare Maximalfolgen (MF) von besonderer Bedeutung sind und daß von diesen die binären MF die bekannteste und wichtigste Unterklasse darstellen.

3.2.1 Standard-Schaltungen für binäre MF

Zur technischen Realisierung der Bausteine eines binären linearen autonomen Automaten nach Bild 3.1 stehen integrierte Standard-Schaltkreise zur Verfügung, so daß die Erzeugung binärer MF in einem weiten Frequenzbereich relativ problemlos möglich ist. Es handelt sich praktisch um ein binäres, über Modulo-2-Addierer rückgekoppeltes Schieberegister. Das Schieberegister besteht aus n Flip-Flop-Stufen, wobei jede eine Einheitsverzögerung Δt realisiert und einem Zustand $z_\ell(i)$ des linearen autonomen Automaten entspricht. Die Verzögerung Δt und damit die Schrittdauer eines Elementes der MF ist durch die Taktfrequenz $f_c = 1/\Delta t = 1/T_c$ des Schieberegisters gegeben. Der mögliche Arbeitsbereich für f_c, $0 \leq f_c < f_{c\,max}$, richtet sich an der oberen Grenze nach den Eigenschaften der "Logik-Familie" der integrierten Schaltkreise. Durch die Verzögerung der Modulo-2-Addierer im Rückkopplungszweig ist die praktisch erreichbare Frequenzgrenze, wo eine stabile Erzeugung der MF gewährleistet ist, zumeist niedriger als die vom Bauelemente-Hersteller angegebene maximale Taktfrequenz. Bei Standard-TTL-Schaltkreisen kann man mit $f_{c\,max} \leq 10$ MHz rechnen, bei Verwendung von Schaltkreisen der "schnellen" Baureihe bzw. Shottky-TTL ist $f_{c\,max} \approx 20 \ldots 100$ MHz möglich, während für noch höhere Taktfrequenzen Schaltkreise der ECL- und GaAs-Familie sowie besondere Schaltungsmaßnahmen erforderlich sind (s. Abschn. 3.2.3). Sollen MF mit geringeren Ablaufgeschwindigkeiten, $f_{c\,max} < 1$ MHz erzeugt werden, so kann dies unter Verwendung der CMOS-Bauelemente mit sehr kleinem Leistungsbedarf erfolgen. Soll der Leistungsverbrauch noch weiter reduziert werden, so kann man mit zusätzlichen Schaltern und kombinatorischer Logik eine "Parallel-Architektur" des LFSR implementieren [3.5]. Dabei wird die Anzahl der pro Zeiteinheit getakteten Flipflop um den Faktor 1/n verringert und daher der Leistungsbedarf bei CMOS stark reduziert. In den Logik-Familien stehen zur Realisierung der Schieberegister und der Modulo-2-Verknüpfung spezielle Bausteine zur Verfügung.

In Abhängigkeit vom Grad n der zu erzeugenden binären MF und dem gewählten primitiven Polynom (Tafeln 2.3, 2.4) wird man das Schieberegister als Kombination einzelner Bausteine zusammenstellen. Diese können Einzel-Flipflop, Zweifach-Flipflop und Mehrfach-Verzögerungen sein. Zu beachten ist dabei, daß die Schaltbedingungen des Taktes und der Dateneingänge den Forderungen der Bauelementehersteller entsprechen. Einige Schieberegister-Schaltkreise besitzen keine Abgriffe für Zwischenwerte der Verzögerung, so daß nur solche Bausteine eingesetzt werden können, wo die Modulo-2-Verknüpfungen ausreichend große Abstände haben. Vorteilhaft zur Realisierung der Modulo-2-Addition sind z.B. Schaltkreise vom Typ 7486 in der TTL-Familie und 4030 in CMOS. Sind eine größere Anzahl binärer Variabler modulo-2 zu addieren, so können dazu auch Paritäts-Schaltkreise eingesetzt werden.

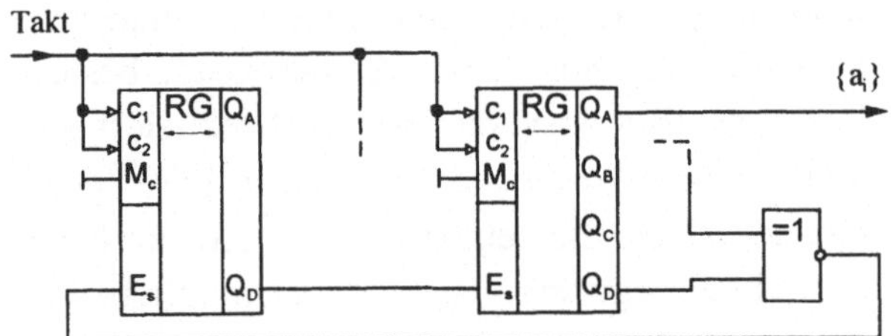

Bild 3.7
Generator für binäre MF

Im Bild 3.7 ist eine Schaltungsstruktur zur Erzeugung binärer MF unter Verwendung von TTL-Schaltkreisen angegeben. Durch die Kettenschaltung der 4-bit-Schieberegisterbausteine erreicht man leicht einen für viele Anwendungen ausreichenden Grad n. Die Datenausgänge der n-ten Registerstufe und einer weiteren, bei trinomischen primitiven Polynomen, werden auf die Eingänge des Antivalenzgatters 7486 gelegt, dessen Ausgang mit Serieneingang des ersten Registerbausteins verbunden ist. Existieren keine trinomischen primitiven Polynome, z.B. für n = 8, 16, ..., bzw. wünscht man "höher gewichtige" Rückführungspolynome, so muß die Anzahl der antivalent zu verknüpfenden Datenausgänge entsprechend vergrößert werden. Soll ein universeller Generator für viele Grade n und frei einstellbare Rückführungspolynome aufgebaut werden, so ist es zweckmäßig, die erforderlichen Umschaltungen über elektronische Torschaltungen zu realisieren und die eigentlichen Tasten bzw. Schalter nur mit statischen Pegeln zu belegen.

Eine direkte Kontrolle der MF-Erzeugung mittels oszillografischer Darstellung ist nur bis zu relativ kleinen Periodenlängen N möglich. Bild 3.8 zeigt Oszillogramme binärer MF. Eine günstige Möglichkeit zur Kontrolle der korrekten Erzeugung auch längerer MF stellt das Auszählen der Impulse je Periode dar. Dazu ist es nur erforderlich, ein n-stelliges Binärwort zu decodieren und mit dem daraus abgeleiteten Zyklus-Impuls eine Torschaltung zu steuern, die die Taktimpulse auf einen Zähler gelangen läßt. Eine dazu geeignete Schaltung zeigt Bild 3.9. Die maximale Zykluslänge wird mit sehr hoher Wahrscheinlichkeit nur angezeigt werden, wenn die MF korrekt erzeugt wird.

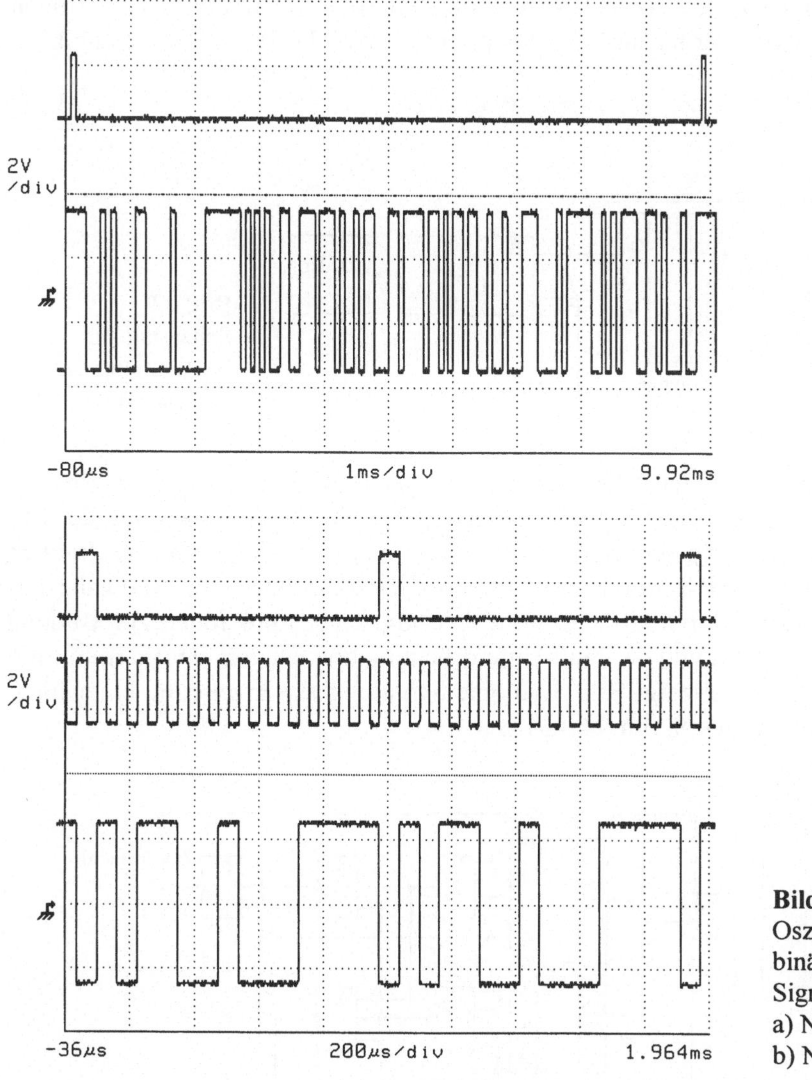

Bild 3.8 Oszillogramme binärer MF-Signale
a) N = 127
b) N = 15

Die Erzeugung einer MF kann entweder von einem definierten Startzustand aus erfolgen, der durch "Setzen" der Schieberegister-Flipflop bestimmt wird, bzw. mit einem beliebigen Zustand $\mathbf{z}(0) \neq \mathbf{0}$ beginnen. Wird jedoch der Zustand $\mathbf{z}(0) = \mathbf{0}$ beim Einschalten oder $\mathbf{z}(i) = \mathbf{0}$ durch Fehlschaltung während der Folgenerzeugung eingenommen, so verbleibt der lineare autonome Automat in diesem Zustand. Es ist daher sinnvoll, eine Hilfsschaltung zur *Nullunterdrük-*

kung vorzusehen. Eine solche ist sehr einfach realisierbar durch Hinzufügen eines disjunktiven Terms zur Erkennung von $\mathbf{z} = \mathbf{0}$ in der Rückführungslogik:

$$f_R = \bar{z}_1 \bar{z}_2 \ldots \bar{z}_n \vee (c_1 z_1 \oplus \ldots \oplus c_n z_n). \tag{3.17}$$

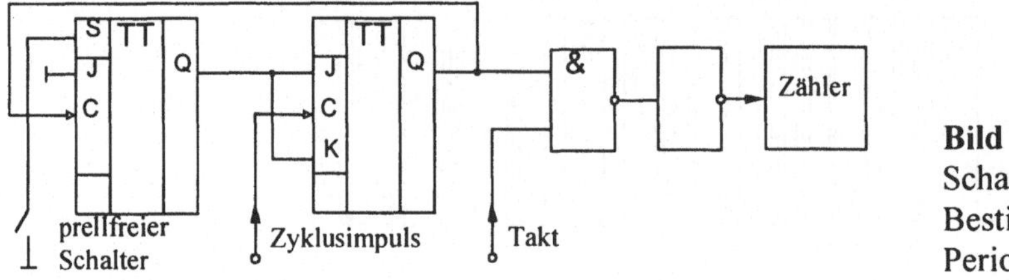

Bild 3.9
Schaltung zur Bestimmung der Periodenlänge

Die Schaltfunktion f_R nach Gl. (3.17) liefert genau dann eine logische Eins zur Einschreibung in die erste Schieberegisterstufe z_1, wenn die Erzeugung der MF wegen der 0-Belegung aller Schieberegisterstufen nicht erfolgen würde. In allen anderen Fällen wird f_R durch die Modulo-2-Verknüpfung nach Maßgabe des charakteristischen Polynoms bestimmt. Die logischen Funktionen zur Bildung des Zyklus-Impulses und der Null-Unterdrückung können gemeinsam minimiert werden. Als Beispiel zeigt Bild 3.10 eine Schaltung zur Erzeugung einer binären MF vom Grad n = 9, d.h. N = 511.

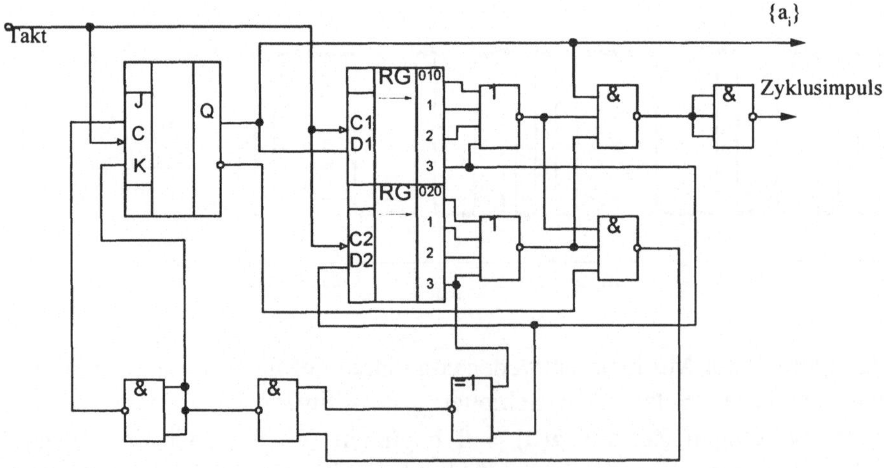

Bild 3.10
MF-Erzeugung mit Zyklus-Impuls und "Nullsperre"

3.2.2 Sonderformen der Modulo-2-Addition

Neben der Realisierung der Modulo-2-Addition mittels integrierter Schaltkreise sind einige Modifikationen bekannt geworden, die spezielle Eigenschaften und physikalische Effekte ausnutzen. Bereits in [2.15] wird die Verwendung von p-wertigen Trigger-Flipflops in linearen Automaten betrachtet. Die Schaltbedingungen der JK-Flipflops gestatten eine Modulo-2-Verknüpfung zweier aufeinanderfolgender Schieberegisterstufen ohne die Verwendung zusätzlicher Bauelemente [3.6] [3.7]. Dies erkennt man aus der Darstellung im Bild 3.11. Ein JK-Flipflop ändert bei der Eingangsbelegung J = K = 1 seinen Zustand nach Einwirkung des Taktimpulses, bzw. läßt ihn für J = K = 0 unverändert. Eine Schaltung zur Erzeugung binärer MF nur unter Verwendung der Flipflop-Modulo-2-Addition hat danach die im Bild 3.12 gezeigte Struktur. Zur Untersuchung des Zyklusverhaltens der Schaltung nach Bild 3.12 ist es notwendig, das charakteristische Polynom g(D) zu ermitteln. Die zugehörige Darstellung als linearer autonomer Automat zeigt Bild 3.13. Durch Aufstellen der Zustandsgleichungen:

$$\begin{aligned} z_1 &= \frac{D}{1+c_1 D} z_n \\ &\vdots \\ z_n &= \frac{D}{1+c_n D} z_{n-1} \end{aligned} \tag{3.18}$$

und Auflösung folgt:

$$g(D) = D^n + \prod_{i=1}^{n} (1 + c_i D). \tag{3.19}$$

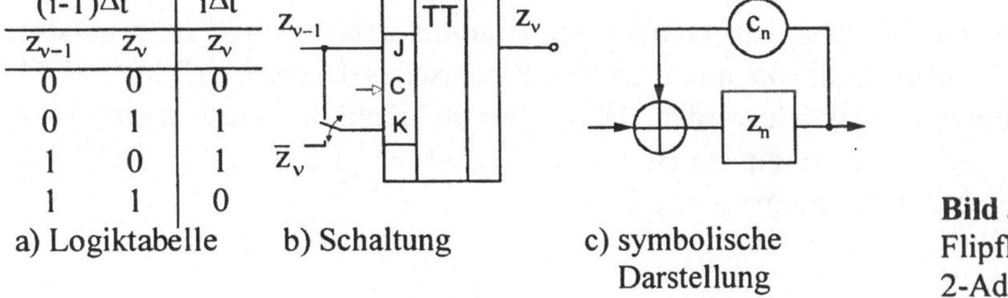

$(i-1)\Delta t$		$i\Delta t$
$z_{\nu-1}$	z_ν	z_ν
0	0	0
0	1	1
1	0	1
1	1	0

a) Logiktabelle b) Schaltung c) symbolische Darstellung

Bild 3.11 Flipflop-Modulo-2-Addition

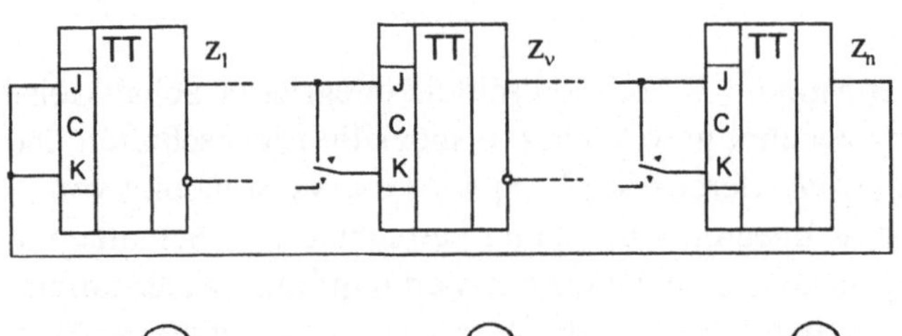

Bild 3.12
MF-Generator mittels Flipflop-Mod-2-Add.

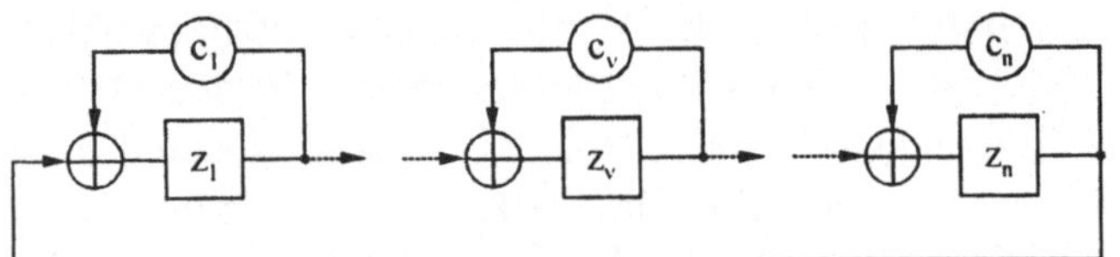

Bild 3.13
Automaten-Darstellung nach Bild 3.12

Aus Gl. (3.19) erkennt man, daß g(D) nur von der Anzahl m der Koeffizienten $c \neq 0$ und nicht von deren Anordnung abhängt. Es ist also gleichgültig, an welchen m Stellen im Bild 3.12 die JK-Eingänge verbunden werden und damit "Frequenzteiler"-Verknüpfungen zur Modulo-2-Addition realisiert werden. Das Polynom g(D) nach Gl. (3.19) kann daher in der Form geschrieben werden:

$$g(D) = D^n + \sum_{i=0}^{m} \binom{m}{i} D^i, \quad 1 \leq m \leq n-1. \tag{3.20}$$

Die Frage, für welche Grade n die Erzeugung von binären MF mit einer Schaltung nach Bild 3.12 möglich ist, läßt sich durch Vergleich der Polynome nach Gl. (3.20) mit den Tabellen primitiver Polynome, z.B. [1.5], beantworten. Dabei müssen auch die reziproken Polynome

$$\bar{g}(D) = 1 + \sum_{i=0}^{m} \binom{m}{i} D^{n-i} \tag{3.21}$$

mit geprüft werden. Die Auswertung der Binomialkoeffizienten in den Gln. (3.20) (3.21) kann über ein modifiziertes Pascalsches Dreieck erfolgen [3.7] [3.8]. Es konnte festgestellt werden, daß für die Mehrzahl der Grade n eine MF-Erzeugung nach dem Prinzip im Bild 3.12 möglich ist [3.6] [3.7]. In Tafel 3.1 sind die Ergebnisse zusammengestellt.

n	m	$c_\nu \neq 0, \nu=1, \ldots, n-1$					
3	1						1
	2						2
4	1						1
5	2						2
	3				3	2	1
6	1						1
	5				5	4	1
7	1						1
	3				3	2	1
	4						4
	6				6	4	2
9	4						4
	5				5	4	1
10	7	7	6	5	4 3	2	1
11	2						2
15	1						1
	4						4
17	3				3	2	1
	5				5	4	1
	6				6	4	2

$c_0 = c_n = 1$

n	m	$c_\nu \neq 0, \nu=1, \ldots, n-1$		
21	2			2
22	1			1
25	3	3	2	1
29	2			2
31	3	3	2	1
35	2			2
39	4			4
60	1			1
63	1			1
81	4			4
93	2			2
105	16			16
119	8			8
123	2			2
127	1			1
153	1			1

$c_0 = c_n = 1$

Tafel 3.1
Primitive Polynome mit innerer Mod-2-Add.

Die Bedeutung dieses Erzeugungsprinzips liegt weniger in der Bauelemente-Einsparung, sondern darin, daß im Rückführungszweig keine Gatter-Verzögerungen auftreten. Für n = 8, 12, 13, 14, 16, ... existieren keine primitiven Polynome nach Gln. (3.20) (3.21). Verwendet man jedoch "innere", d.h. durch Flipflop-Umschaltung realisierte Modulo-2-Addition und "äußere" Modulo-2-Addition, realisiert durch Antivalenz-Gatter, so kann die Anzahl der "äußeren" Modulo-2-Adder verringert werden. Für die Grade n = 8 und n = 16 sind bei einer Realisierung nach Bild 3.3a mindestens drei Modulo-2-Addierer mit je zwei Eingängen erforderlich. Analysiert man den linearen autonomen Automaten nach Bild 3.14, so können für n = 8 und n = 16 primitive Polynome mit nur einem "äußeren" Modulo-2-Adder gefunden werden, z.B.:

$$g(D) = 1 + D + D^5 + D^6 + D^8, \quad \text{für } c_6 = k_5 = k_8 = 1 \tag{3.22}$$

$$g(D) = 1 + D^4 + D^7 + D^9 + D^{16}, \quad \text{für } c_1 = c_2 = c_3 = c_4 = k_7 = k_{16} = 1 \tag{3.23}$$

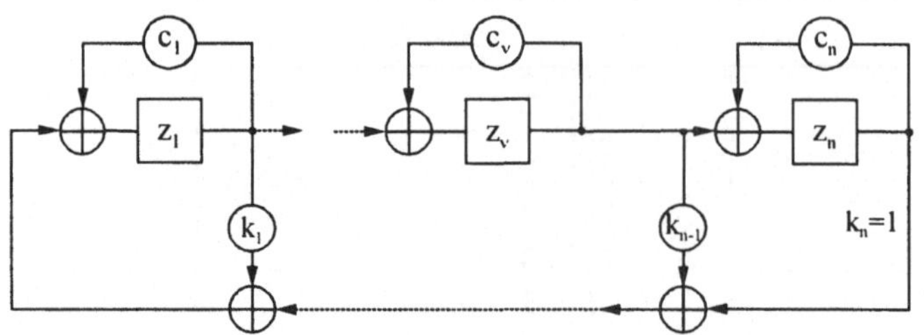

Bild 3.14
Automat mit "hybrider" Mod-2-Add.

Die Polynome, Gln. (3.22) (3.23), folgen aus dem allgemeinen charakteristischen Polynom, das analog Gl. (3.19) auch für den Automaten nach Bild 3.14 aufgestellt werden kann:

$$g(D) = \sum_{\ell=0}^{n} k_\ell D^\ell \prod_{i=\ell+1}^{n} (1 + c_i D). \tag{3.24}$$

3.2.3 Erzeugung mit hohen Geschwindigkeiten

Die Obergrenze der Datenrate über Lichtwellenleiter-Übertragungssysteme wird fortlaufend gesteigert, so daß für Test- und Meßzwecke (s. Abschn. 4.3) PR-Generatoren bis in den "...-zig Gbit/s-Bereich" erforderlich sind. Der Absolutwert der Taktfrequenz f_c, mit dem eine MF erzeugt werden kann, ist in erster Linie abhängig von der maximalen Schaltfrequenz $f_{s\ max}$ und damit von der Technologie der elektronischen Bauelemente (z.B. GaAs). Als Richtwert kann gelten $f_{c\ max} \approx 1/2\ f_{s\ max}$ [3.11]. Die Signalverzögerung durch die Rückführungslogik wird besonders kritisch bei hohen Taktfrequenzen, wenn mehrere mod-2-Adder in Reihe geschaltet sind. Daher ist in bezug auf die maximal erreichbare Ablaufgeschwindigkeit die Schaltungsstruktur nach Bild 3.3b günstiger als die nach Bild 3.3a, da dann die Adderlaufzeiten zwischen den Verzögerungsstufen verteilt auftreten und sich ansonsten summieren. Noch günstiger erscheint hinsichtlich der Rückführungsverzögerung die Flipflop-Modulo-2-Verknüpfung ("toggle" register) nach Bild 3.12. Auch wenn die Anzahl der Adder nach dem Prinzip von Bild 3.14 verringert werden kann, ergeben sich Geschwindigkeitsvorteile. Näherungsweise kann man als obere Grenze der Ablaufgeschwindigkeit einer binären MF ansetzen:

$$f_{c\,max} \approx \frac{1}{\tau_S + \tau_A}, \qquad (3.25)$$

wobei mit τ_S die Eigenverzögerungszeit einer Schieberegisterstufe und mit τ_A die der Modulo-2-Additionsstufe(n) bezeichnet ist. Es besteht die Möglichkeit, daß die Verzögerung der Modulo-2-Verknüpfung durch eine zusätzliche Laufzeit τ_L einer elektrischen Leitung so ergänzt wird, daß die Dauer eines oder mehrerer Bits der MF entsteht:

$$\tau_A + \tau_L \approx k\,\Delta t, \qquad k = 1, 2, \dots \qquad (3.26)$$

Neben den technologischen Bedingungen der Erzeugung binärer MF mit hohen Ablaufgeschwindigkeiten gibt es durch die strukturellen Eigenschaften der MF weitere Freiheitsgrade (s. Abschn. 2.3.6). Das Prinzip besteht darin, daß durch Verknüpfung einer gewissen Anzahl "langsamerer" MF eine "schnelle" MF erhalten werden kann. Hier sind im wesentlichen zwei Vorschläge zu unterscheiden, die auf der Verschachtelung und Abtastung binärer MF beruhen. Zunächst soll das erste Verfahren am Beispiel erläutert werden [2.34]:

Beispiel 3.3:

$N = 2^4 - 1 = \ell \cdot m = 3 \cdot 5$

$\{b_i\} = 110/\dots$, Grad n = 2, Erzeugerpolynom $g(D) = 1 + D + D^2$

$g(D^m) = 1 + D^5 + D^{10}$

$\{a_i\} = 010001111010110/\dots$, $c(D) = 1 + D + D^4$ nach Gl. (2.116).

$(1 + D^5 + D^{10}) : (1 + D + D^4) = 1 + D + D^2 + D^3 + D^6$

$a(D) = 1 + D(1 + D^5) + D^2 + D^3$

Damit ist eine Schaltungsstruktur festgelegt, die im Bild 3.15 dargestellt ist.

Über den Multiplexschalter im Bild 3.15 werden geeignete verschobene Versionen der MF$\{b_i\}$, festgelegt durch das Polynom a(D), miteinander verschachtelt. Für Glieder der Form $0\,D^i$, $i = 0, \dots, m - 1$ in a(D) wird die Null-Folge an dieser Stelle verschachtelt. Voraussetzung für das Verfahren ist ein ausreichend schneller Multiplexer und daß m ein Teiler der Periodenlänge N ist.

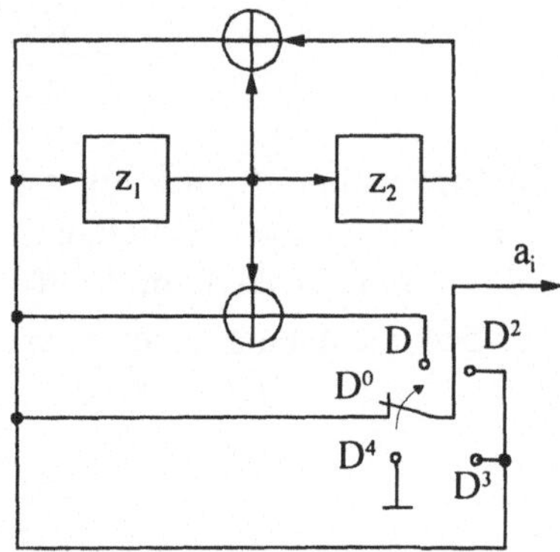

Bild 3.15
Multiplex-MF-Erzeugung, Beispiel 3.3

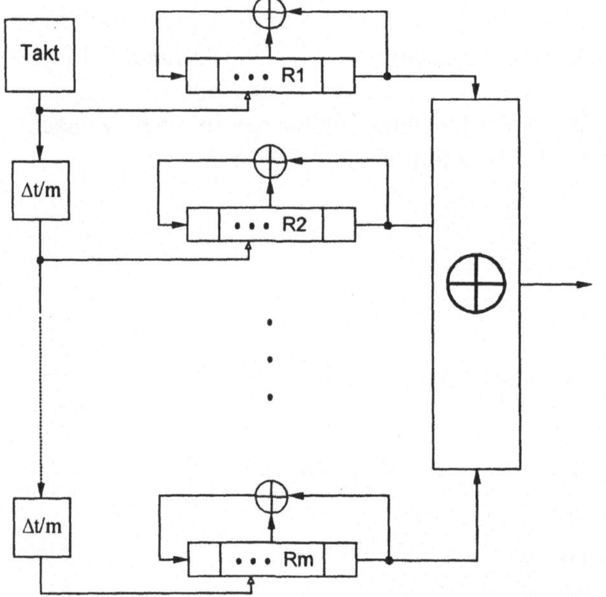

Bild 3.16
MF-Erzeugung mit hoher Taktrate

Eine "schnelle" Erzeugung binärer MF auf der Basis der Verknüpfung von "langsamen" Schieberegistern ist jedoch ohne die Einschränkungen möglich, die für die Verschachtelung gelten [3.12]. Das Prinzip wird durch Bild 3.16 verdeutlicht. Die "schnelle" MF mit einer Taktfrequenz (m f_c) entsteht durch Modulo-2-Addition der Inhalte je einer Schieberegisterstufe, z.B. der ersten der m "langsamen" Schieberegister, die mit der Taktfrequenz f_c arbeiten. Entscheidend dabei ist, daß die Taktimpulse dieser Schieberegister um je ein Zeitintervall $1/m\ f_c = \Delta t/m$ versetzt sind. Die Abtastung einer MF in Abständen r, die zur Periodenlänge N relativ prim sind, führt wieder auf eine MF Gl. (2.109). In diesen Fällen besitzen die m = r "langsamen" Schieberegister n Verzögerungsstufen, und die Rückführung ist so zu wählen, daß die Abtast-MF erzeugt wird. Auch wenn m und N nicht relativ prim sind, ist das Verfahren gültig (außer m = k N). Da dann die Abtast-Folgen keine MF vom Grad n sind, jedoch stets rekursiv erzeugt werden können, ergeben sich kürzere Schieberegister, wovon u.U. einige zur Länge "Null" entarten können. Eine technische Voraussetzung für das Verfahren sind ausreichend schnelle Modulo-2-Adder. Auch hier kann man nach dem Prinzip der Modulo-2-Addition durch Flipflop-Umschaltung Geschwindigkeitserhöhungen erreichen.

Beispiel 3.4:

N = 15, MF nach Beispiel 3.3

Geschwindigkeitsfaktor m = 2

$\{a_{2i}\} \parallel f_c =$ 0 x 0 x 0 x 1 x 1 x 1 x 1 x 1 x 1 x 1 x 1 ...

$\{a_{2i+1}\} \parallel f_c =$ x 1 x 0 x 1 x 1 x 0 x 0 x 1 x 0 x 0 x 0 x ...

$\{a_i\} \parallel 2f_c =$ 0 1 1 0 0 1 0 0 0 1 1 1 1 0 1 | 0 1 1 0 0 1 ...

Aus Beispiel 3.4 ist zu erkennen, daß eine MF mit verdoppelter Taktrate durch Modulo-2-Addition der zwei um $\Delta t/2$ verschobenen Folgen der Taktfrequenz f_c gebildet wird ("x" ist mit dem jeweils vorhergehenden Folgenelement identisch). Zu beachten ist bei einer Erzeugung der "langsamen" Folgen durch rückgekoppelte Schieberegister, daß die Anfangsbedingungen entsprechend den durch die Abtastung vorgegebenen Phasenbedingungen gewählt werden.

3.2.4 Mehrwertige MF in binärer Codierung

Zur technischen Realisierung linearer autonomer Automaten über GF(q), q > 2, könnten mehrwertige Logikschaltungen verwendet werden, die in der Praxis jedoch nicht zur Verfügung stehen. Es liegt daher nahe, mehrwertige MF in binär codierter Form zu erzeugen. Die Schaltungsstruktur eines solchen autonomen linearen Automaten zeigt Bild 3.17.

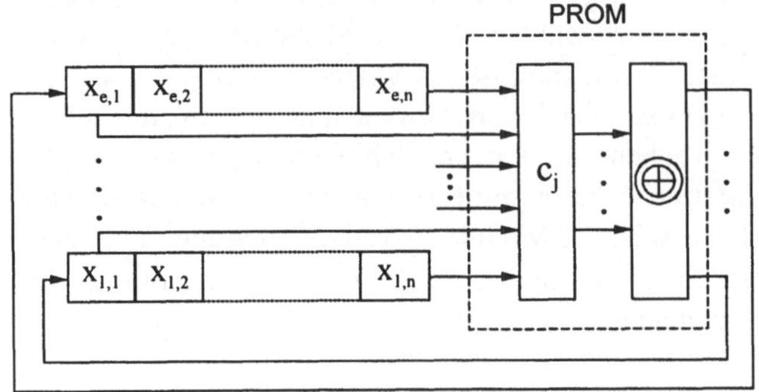

Bild 3.17
Autonomer Automat mit binärer Codierung

Zur Realisierung der Verzögerung sind e = [ld q] ([] ⇔ nächstgrößere ganze Zahl) parallel arbeitende binäre Schieberegister erforderlich. Auch die übrigen Grundbausteine eines linearen Automaten - die Koeffizientenbildung und die Addition im GF(q), Bild 3.1 - können mittels binärer Logikschaltungen realisiert werden. Die Aufstellung und Minimierung der kombinatorischen Logikfunktionen hängt von der gewählten Codierung ab, wobei die Anzahl der verschiedenen Möglichkeiten mit q stark ansteigt [1.33]. Die Bedingungen für maximale Periodenlänge sind durch Wahl der Rückkopplungslogik entsprechend den über GF(q) primitiven Polynomen gegeben (s. Abschn. 2.3.2 und Tafeln 2.5, 2.6). Aus Aufwandsgründen wird man hier vorwiegend trinomische Polynome auswählen. Von den Eigenschaften der MF her, z.B. in bezug auf Momente höherer Ordnung, können "mittelgewichtige" primitive Polynome, Gl. (2.100), günstiger sein, im Unterschied zu binären primitiven Polynomen sind dazu noch keine Untersuchungen bekannt geworden.

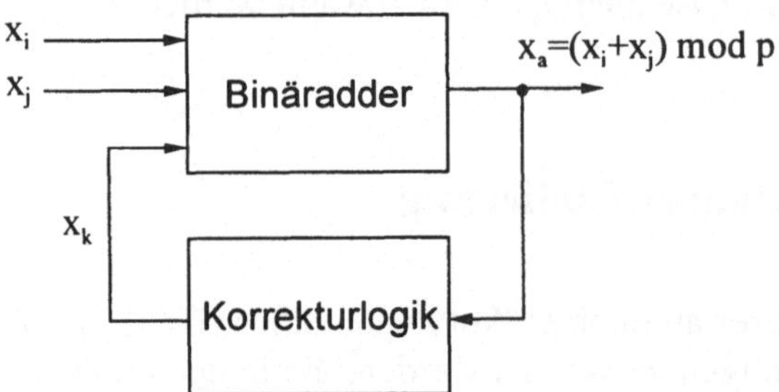

Bild 3.18
Modulo-p-Additions-Schaltung

Ein universelles Schaltungsprinzip zur Ausführung der Modulo-p-Addition zeigt Bild 3.18 [3.13]. Bei Verwendung von Binäradder-Schaltkreisen braucht man nur für die Korrektur-Logik $\mathbf{x}_k$ eine eigene Schaltung zu entwickeln.

$$\mathbf{x}_k = \begin{cases} 0 & \text{für} \quad \mathbf{x}_i + \mathbf{x}_j < p \\ 2^e - p & \text{für} \quad \mathbf{x}_i + \mathbf{x}_j \geq p. \end{cases} \tag{3.27}$$

Beispiel 3.5:

$p = 7$, $e = [\text{ld } 7] = 3$

Es werde angenommen $\mathbf{x}_i = (101) \Leftrightarrow 5$, $\mathbf{x}_j = (110) \Leftrightarrow 6$:

$(\mathbf{x}_i + \mathbf{x}_j) \bmod 7 = 11 - 7 = 4 \Leftrightarrow (100)$

$\mathbf{x}_k = 2^e - p = 1$

$\mathbf{x}_i + \mathbf{x}_j + \mathbf{x}_k = (1100) \Leftrightarrow 12$

In Bild 3.19 sind ausgewählte mehrwertige MF-Signale dargestellt.

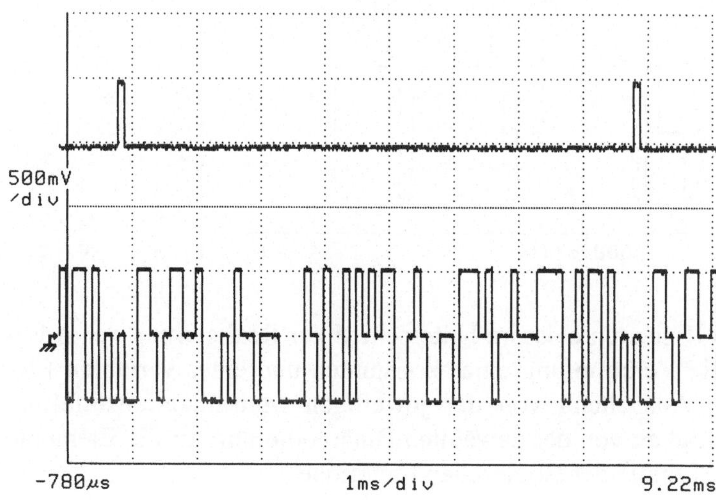

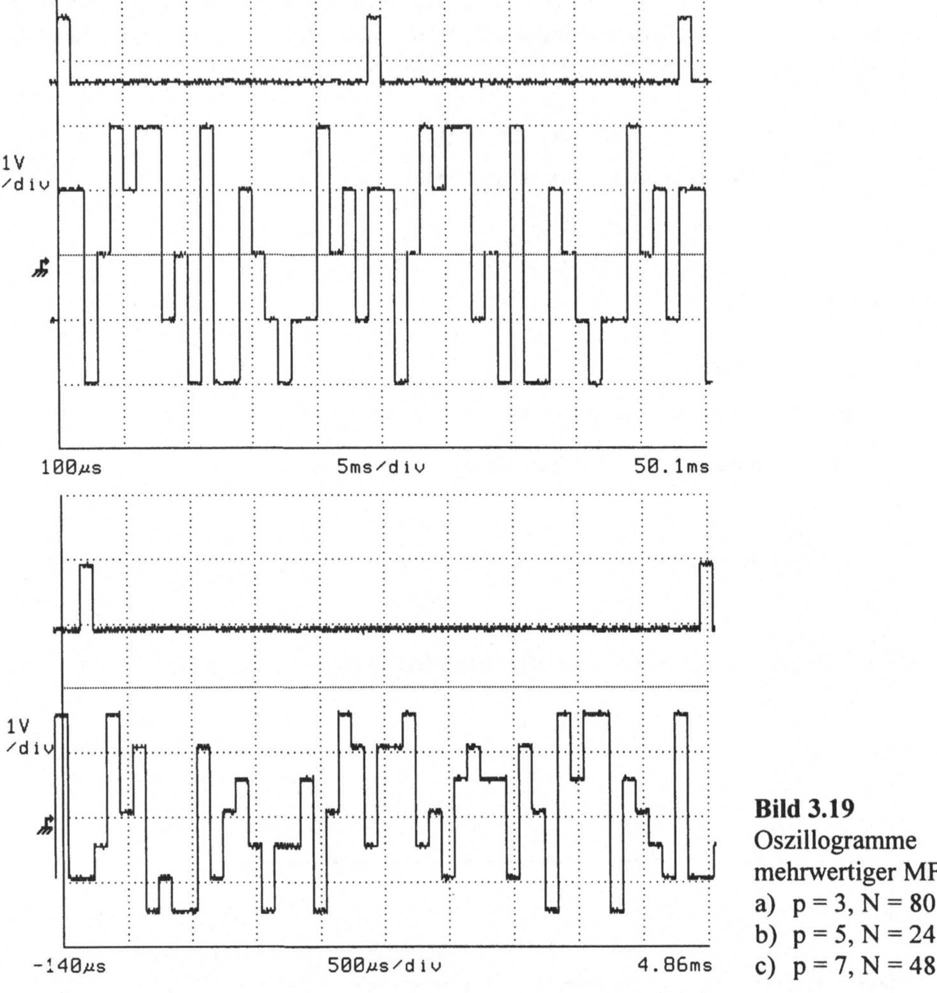

Bild 3.19
Oszillogramme mehrwertiger MF
a) $p = 3, N = 80$
b) $p = 5, N = 24$
c) $p = 7, N = 48$

Zur Bildung der Koeffizienten c_j ist im Unterschied zur Realisierung der Addition im GF(q) nur die Verknüpfung eines konstanten und eines variablen Elementes erforderlich. Ausgehend von der jeweiligen Multiplikationstafel im GF(p) und in Abhängigkeit von der gewählten Binärcodierung für die Elemente des GF(p) kann eine Tabelle der Booleschen Funktionen

$$\mathbf{x}_a = \mathbf{c}_j \, \mathbf{x}_i \bmod p \tag{3.28}$$

aufgestellt werden, die sich relativ einfach minimieren lassen [1.32]. Als binäre Codierung wird zweckmäßig der BCD-Code gewählt, da er bei Verwendung der Schaltung nach Bild 3.18 ohnehin erforderlich ist und den Einsatz von D/A-Umsetzer-Schaltkreisen für die Ausgabe der MF-Signale gestattet.

Im Unterschied zur Erzeugung binärer MF, wo nur der **0**-Zustand vermieden werden mußte, können bei der Erzeugung mehrwertiger MF in binärer Codierung weitere "unerlaubte" Zustände der Schieberegister auftreten. Durch Setzen des Anfangszustandes kann erreicht werden, daß zu Beginn der MF-Erzeugung keine "unerlaubten" Zustände auftreten. Eine günstigere Möglichkeit bietet die Verwendung einer "Sperrlogik", die der Faktorenlogik vorgeschaltet ist und auch während des Betriebes verhindert, daß ein unerwünschter Zyklus durch evtl. Fehlschaltungen entsteht. Mehrwertige MF können in Pseudozufallsgeneratoren und in der Systemidentifikation Anwendung finden [3.15] - [3.19].

3.2.5 Einsatz von Mikroprozessoren und Speicherschaltkreisen

Der Entwicklungsstand hochintegrierter mikroelektronischer Bauelemente läßt deren Einsatz zur Erzeugung von MF für die *PRSV* als naheliegend erscheinen. Dabei ist zwischen der vollständig "softwaremäßigen" Erzeugung und kombinierten Formen, insbesondere unter Verwendung schneller Speicherschaltkreise, zu unterscheiden.

Mikrorechner-Echtzeitrealisierung

Werden an die Ablaufgeschwindigkeit der zu erzeugenden Signale keine zu hohen Anforderungen gestellt, so kann die Erzeugung durch programmtechnische Simulation eines linearen autonomen Automaten erfolgen. Der Befehlsvorrat von Mikrorechnern, Mikrocontrollern und Digitalen Signalprozessoren bietet günstige Voraussetzungen für eine effektive Programmierung. Durch Ausnutzung der Verschiebe- und Paritätsprüfungsbefehle und die Verwendung der Maskierung lassen sich die Funktionen zur Bildung eines "neuen" Elementes a_{i+1}, aus n vorhergehenden entsprechend einem vorgegebenen Rückkopplungspolynom relativ einfach realisieren. Insbesondere zeigen sich die Vorteile der Mikrorechner-Erzeugung im Falle mehrwertiger MF. Die Rechenzeiten zur Bildung eines Folgenelementes und damit die maximale Ausgabefrequenz $f_{c\ max}$ sind für binäre MF nicht wesentlich anders als für mehrwertige MF. Die erreichbare Geschwindigkeit hängt in erster Linie vom Rechner- bzw. Prozessortyp ab. Wenn die Wortlänge des Rechners kleiner als der Grad n der Folge ist, muß das Automaten-Schieberegister aus mehreren Rechnerworten zusammengesetzt werden.

Geringere Geschwindigkeiten sind durch Interruptsteuerung stets realisierbar. Im Unterschied zum Hardware-Aufbau sind Änderungen der Automatenstruktur auf programmtechnischem Wege einfacher zu berücksichtigen. Einen vereinfachten Programmablaufplan zur Erzeugung mehrwertiger MF zeigt Bild 3.20. Eine schnelle Variante zur Bildung der Addition im GF(q) stellt die Abspeicherung der Additionstabelle und Auswertung durch indirekte Adressierung dar. Für größere Stufenzahlen kann die Modulo-p-Addition und -Multiplikation programmtechnisch einfach ausgeführt werden, indem das Ergebnis a der gewöhnlichen Addition bzw. Multiplikation nach Gl. (2.67) in Form einer Schleife mod p reduziert wird:

$$0 < (r = a - ip \,/\, i = 0, 1, \dots, j) < p. \tag{3.29}$$

Beispiel 3.6:

Mikrorechner-Erzeugung, 31wertige MF

$p = 31, n = 2, N = 31^2 - 1 = 960, c(x) = 12 + x + x^2$ nach Tafel 2.5

Differenzengleichung: $12a_i + a_{i-1} + a_{i-2} = 0$

$$-\frac{1}{12} = \frac{30}{12} = 18 \bmod 31 \rightarrow a_i = 18a_{i-1} + 18a_{i-2}$$

Mit Hilfe eines Digitalen Signalprozessors (DSP) ist die zyklische und azyklische Ausgabe von beliebigen Bitmustern, d.h. auch von PR-Folgen, möglich, die zuvor in einer Datei abgespeichert wurden. Die Steuerung der Bitmusterausgabe wird durch externe Takt- und Rahmensignale in Verbindung mit geeigneten Assembler-Programmen realisiert. Ein universell nutzbarer Generator auf der Basis des DSP 56002 gestattet die Ausgabe von binären Sequenzen mit einer Taktrate bis zu ca. 10 Mbit/s [3.20].

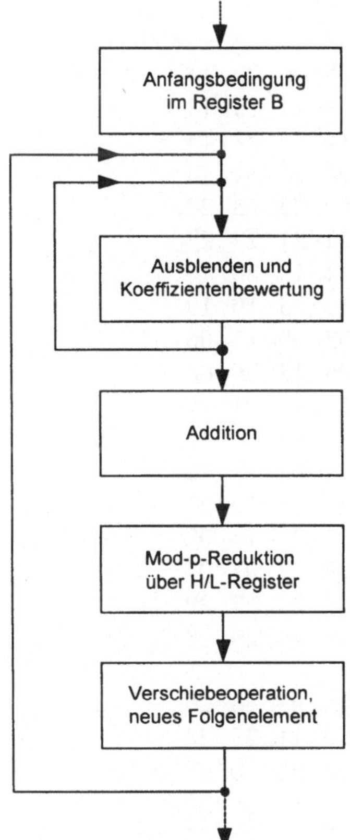

Bild 3.20
Programmablauf zur Erzeugung von mehrwertigen MF

Die Ausgabe ist über ein Tormodul und programmierbaren DA-Umsetzer als 0-symmetrisches MF-Signal oder über Drucker als Zahlenfolge möglich, Tafel 3.2.

Verfahren mittels Speicher-Schaltkreisen

Speicherschaltkreise werden in ihren Leistungsparametern (Speicherumfang, Zugriffszeit, Leistungsbedarf) fortlaufend verbessert. Sowohl die Festwert-Speicher (ROM, EPROM) als auch die Schreib-Lese-Speicher (RAM) bieten sich für einen Einsatz zur Signalfolgen-Generierung an.

	a_0																
0001	05	15	19	23	12	10	24	23	09	18	21	20	25	4	26	13	
0011	20	05	16	06	24	13	15	08	11	01	30	00	13	17	13	13	
0021	03	09	30	20	01	06	02	20	24	17	25	12	15	21	28	14	
0031	12	03	22	16	02	14	09	11	19	13	18	00	14	04	14	14	
0041	08	24	18	12	13	16	26	12	02	04	15	01	09	25	23	27	
0051	01	08	07	22	26	27	24	19	30	14	17	00	27	21	27	27	
0061	11	02	17	01	14	22	28	01	26	21	09	13	24	15	20	10	
0071	13	11	29	07	28	10	02	30	18	27	04	00	10	25	10	10	
0081	19	26	04	13	27	7	23	13	28	25	24	14	02	09	12	06	
0091	14	19	05	29	23	06	26	18	17	10	21	00	06	15	06	06	
00a1	30	28	21	14	10	29	20	14	23	15	02	27	26	24	01	16	
00b1	27	30	03	05	20	16	28	17	04	06	25	00	16	09	16	16	
00c1	18	23	25	27	06	05	12	27	20	09	26	10	28	02	13	22	
00d1	10	18	08	03	12	22	23	04	21	16	15	00	22	24	22	22	
00e1	17	20	15	10	16	03	01	10	12	24	28	06	23	26	14	07	
00f1	06	17	11	08	01	07	20	21	25	22	09	00	07	02	07	07	
0101	04	12	09	06	22	08	13	06	01	02	23	16	20	28	27	29	
0111	16	04	19	11	13	29	12	25	15	07	24	00	29	26	29	29	
0311	09	10	01	12	17	26	30	16	22	02	29	00	26	03	26	26	
0321	06	18	29	09	02	12	04	09	17	03	19	24	30	11	25	28	
0331	24	06	13	01	04	28	18	22	07	26	05	00	28	08	28	28	
0341	16	17	05	24	26	01	21	24	04	08	30	02	18	19	15	23	
0351	02	16	14	13	21	23	17	07	29	28	03	00	23	11	23	23	
0361	22	04	03	02	28	13	25	02	21	11	18	26	17	30	09	20	
0371	26	22	27	14	25	20	04	29	05	23	08	00	20	19	20	20	
0381	07	21	08	26	23	14	15	26	25	19	17	28	04	18	24	12	
0391	28	07	10	27	15	12	21	05	03	20	11	00	12	30	12	12	
03a1	29	25	11	28	20	27	09	28	15	30	04	23	21	17	02	01	
03b1	23	29	06	10	09	01	25	03	08	12	19	00	01	18	01	01	a_{959}
03c1	05	15	19	23	12	10	24	23	09	18	21	20	25	04	26	13	

Tafel 3.2
Mikrorechner-Ausgabe einer MF nach Beispiel 3.6

Im Bild 3.17 kann die kombinatorische Logik zur Modulo-p-Addition und -Multiplikation durch ein ROM bzw. EPROM ersetzt werden [3.15]. Die Betriebsweise erfolgt so, daß über die Adresseneingänge genau das Ergebnis der Multiplikation und Addition zweier Elemente des GF(q) ausgelesen wird, um in die ersten Schieberegisterstufen eingeschoben zu werden. Da in einen Festwert-Speicher beliebige Informationen eingeschrieben werden können, ist die ROM-Rückkopplung zur Erzeugung q-wertiger MF ($q = p^m$) genauso geeignet. Die relativ geringe Ausgabegeschwindigkeit bei der softwaremäßigen Signalerzeugung kann durch Verfahren, die auf dem Auslesen von Speicherschaltkreisen beruhen, wesentlich erhöht werden. Eine Variante ist daher durch die (relativ langsame) Erzeugung der Signalfolge in einem Mikrorechner, Einspeicherung in einen Halbleiterspeicher und "schnelle" Ausgabe aus dem Speicher gekennzeichnet. Der Speicher kann dabei vom RAM- oder ROM-Typ sein, und es leuchtet ein, daß beliebige Binärfolgen eingespeichert und ausgegeben werden können, sofern die Folgenlänge nicht zu groß ist, da dann nur eine rekursive Erzeugung in Betracht kommt.

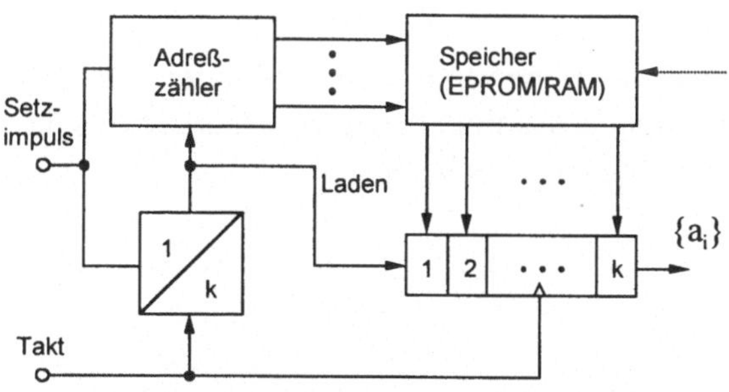

Bild 3.21
Folgenerzeugung durch Speicherauslesen

Speicherschaltkreise gestatten zumeist nur eine parallele Ausgabe, so daß noch eine Parallel/Seriell-Wandlung erforderlich wird. Diese Wandlung kann jedoch günstig zur Erhöhung der maximalen Ausgabege-schwindigkeit verwendet werden. Einen Signalfolgengenerator nach diesem Prinzip zeigt Bild 3.21 [3.21]. Nach jeweils k Takten werden in das Ausgabe-Schieberegister parallel k bit aus dem EPROM eingeschrieben. Diese k Binär-symbole werden dann seriell aus dem Schieberegister mit der Taktfrequenz f_c ausgelesen. Die Frequenz, mit der ein k-bit-Wort aus dem Speicher ausgegeben wird, beträgt hingegen nur f_c/k. Vom Prinzip her kann das Verfahren nach Bild 3.21 mit der Schaltung nach Bild 3.16 kombiniert werden, d.h., statt des einen sind m Schieberegister erforderlich. In diese m Schieberegister sind die entsprechenden Abtast-MF aus den PROMs einzuschreiben, und durch Modulo-2-Verknüpfung entsteht eine MF, die um den Faktor $k \cdot m$ "schneller" ist als die Speicher-Auslesefrequenz.

Von Vorteil ist in der Schaltung nach Bild 3.21 die einfache Einstellmöglichkeit jeder beliebigen Phase der zu erzeugenden Signalfolge durch Setzen des Adreßzählers.

3.3 Transformation linearer MF

Es bestehen vielfältige Möglichkeiten, von einer gegebenen MF durch Umformung oder Transformation weitere Signalfolgen mit veränderten Eigenschaften abzuleiten [1.33].

Bei den hier zu betrachtenden Transformationen und Verknüpfungen von MF-Signalen (s. Abschn. 3.4) soll ein enger Zusammenhang von mathematischer Vorschrift und schaltungstechnischer Realisierung bestehen.

3.3.1 Transversale Filterung

Durch digitale, nichtrekursive Transversalfilter können von binären und mehrwertigen MF vielstufige Signale mit in gewissen Grenzen vorgebbaren AKF und Verteilungen der Amplitudenhäufigkeiten (AHV) abgeleitet werden. Im Bild 3.22 ist die Struktur eines nichtrekursiven Transversalfilters dargestellt, das eine gewichtete Summation von k verzögerten Elementen der MF realisiert:

$$y_i = \sum_{\nu=0}^{k-1} h_\nu x_{i-\delta_\nu} . \tag{3.30}$$

Die nach Gl. (3.30) zur Summierung herangezogenen Verzögerungsstufen können unmittelbar aufeinanderfolgen, dann ist $\delta_\nu = \nu$; im allgemeinen Fall sind jedoch beliebige Abstände möglich, und auch ihre lineare Unabhängigkeit wird zunächst nicht vorausgesetzt. Für die AKF erhält man nach Einsetzen von Gl. (3.30) in Gl. (3.31) [3.22]:

$$R_{y,y}(s) = \frac{1}{N}\sum_{i=0}^{N-1} y_i y_{i+s} \tag{3.31}$$

$$R_{y,y}(s) = \frac{1}{N}\sum_{i=0}^{N-1}\sum_{\nu=0}^{k-1}\sum_{\gamma=0}^{k-1} h_\nu x_{i-\delta_\nu} h_\gamma x_{i-\delta_\gamma+s}. \tag{3.32}$$

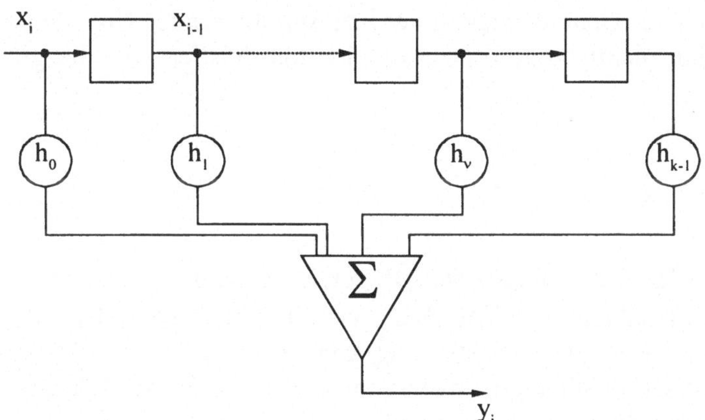

Bild 3.22
Nichtrekursives Transversalfilter

Die Summierung der Zweierkombinationen von Elementen einer linearen MF ist durch die Gln. (2.105) bzw. (2.108) bestimmt, so daß weiter geschrieben werden kann:

$$R_{y,y}(s) = \frac{1}{q^n - 1}\sum_{\mu=0}^{q-1}\sum_{\lambda=0}^{q-1}\sum_{\nu=0}^{k-1}\sum_{\gamma=0}^{k-1} H(\mu,\lambda)\, h_\nu \mu_{\delta_\nu} h_\gamma \lambda_{\delta_\gamma - s}. \tag{3.33}$$

Nach Gl. (3.33) kann man die AKF eines amplituden- und zeitdiskreten Signals $y(i\Delta t)$ bestimmen, das aus einem in beliebiger Weise transversal gefilterten MF-Signal abgeleitet wurde, wobei der allgemeine Fall wenig übersichtlich erscheint. In Gl. (3.33) dienen die Indizes der Elemente μ, λ zur Fallunterscheidung, d.h., es sind die Häufigkeiten nach Gl. (2.108) einzusetzen für:

$$\delta_\nu = \delta_\gamma - s \tag{3.34}$$

$$\delta_\nu - \delta_\gamma + s = \ell\frac{q^n - 1}{q - 1}, \qquad \ell = 1, 2, \ldots \tag{3.35}$$

und in allen anderen Fällen die nach Gl. (2.105). Zur Bestimmung der Amplitudenhäufigkeiten kann eine allgemeingültige Beziehung angegeben werden, wenn für die summierten Signale lineare Unabhängigkeit vorausgesetzt wird. Man kann dann die Verteilungsdichte $P_y(u)$ des Summensignals y_i über das Faltungsprodukt der Einzelverteilungen berechnen [1.33] [3.23] [3.24]:

$$P_y(u) = P_0(u) * P_1(u) * \ldots * P_{k-1}(u)\,. \tag{3.36}$$

Die Forderung nach linearer Unabhängigkeit der k zu summierenden Signale ist dann erfüllt, wenn keine nichttriviale Linearkombination existiert, für die gilt [3.22]:

$$\sum_{\beta=0}^{k-1}\sum_{\alpha=0}^{n-1} r_\beta c_\alpha \left\{a_{i-\delta_\alpha}\right\} \equiv 0, \qquad r_\beta, c_\alpha \in GF(q) \tag{3.37}$$

Werden k aufeinanderfolgende Elemente der MF gewichtet summiert, so ist die Bedingung der linearen Unabhängigkeit für $k \leq n$ erfüllt, wobei mit n der Grad der MF bezeichnet ist. Unter dieser Bedingung können die pseudozufälligen Einzelsignale als statistisch unabhängig angenommen werden [3.25]. Alle Einzelverteilungsdichten sind dann durch die relativen Häufigkeiten gegeben, Gl. (2.105):

$$p_i(u) = \frac{q^{n-1}}{q^n - 1} \approx \frac{1}{q}, \qquad u \neq 0 \tag{3.38}$$

$$p_i(0) = \frac{q^{n-1} - 1}{q^n - 1} \approx \frac{1}{q}, \qquad u = 0. \tag{3.39}$$

Unter Verwendung einer formalen Funktionaltransformation, ähnlich der Z-Transformation, läßt sich schreiben:

$$\Gamma\{p_i(u)\} = P_i(u) = (u^0 + u^1 + \ldots + u^{q-1}). \tag{3.40}$$

Der Mehrfachfaltung entspricht dann die Multiplikation der Ausdrücke nach Gl. (3.40). Die Wichtung durch die Bewertungsfaktoren h_v wird in den Exponenten der Variablen u berücksichtigt. Unter Beachtung der Normierungsbedingung "Summe der Wahrscheinlichkeiten = 1" und der Modifikation für p(0) erhält man die transformierte Verteilungsdichte [3.22]:

$$P_y(u) = \frac{q^{n-k}}{q^n - 1} \prod_{\nu=0}^{k-1} \left\{ \sum_{\mu=0}^{q-1} u^{h_\nu \mu} \right\} - \frac{1}{q^n - 1} u^{\sum_{\nu=0}^{k-1} h(0)} . \qquad (3.41)$$

Nach Ausmultiplizieren ergeben sich die gesuchten Amplitudenhäufigkeiten als Koeffizienten und die zugehörigen Amplitudenwerte als Exponenten der (formalen) Variablen u.

Die Gln. (3.33) (3.41) vereinfachen sich unter Annahme von Sonderfällen wesentlich. Als einfachste Variante können alle Bewertungsfaktoren $h_\nu = h$ gesetzt werden. Dies führt auf diskrete Binomial-Verteilungen im Falle binärer MF- und auf Polynomial-Verteilungen im Falle mehrwertiger MF-Transversalfilterung.

$$P_y(u) = \frac{q^{n-k}}{q^n - 1} \left[1 + u^h + \ldots + u^{(q-1)h}\right]^k - \frac{1}{q^n - 1} \qquad (3.42)$$

Die Auswertung von Gl. (3.42) kann sehr einfach über ein modifiziertes Pascalsches Dreieck erfolgen, z.B. für q = 3 nach Bild 3.23.

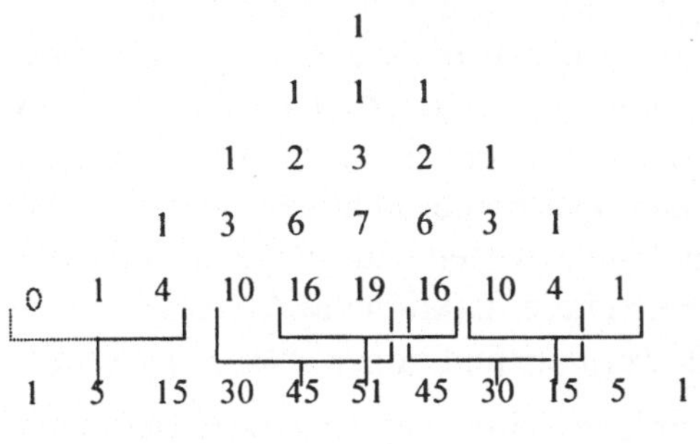

1
1 1 1
1 2 3 2 1
1 3 6 7 6 3 1
0 1 4 10 16 19 16 10 4 1
1 5 15 30 45 51 45 30 15 5 1

Bild 3.23
Modifiziertes Pascalsches Dreieck
q = 3

Beispiel 3.7:

ternäre MF, q = 3, n = 6

$h_1 = \ldots = h_5 = 1$, Stufenzahl des Transversalfilters k = 5

$$P_y(u) = \frac{3}{728} \left[1 + u + u^2\right]^5 - \frac{1}{728}$$

Die nach Bild 3.23 leicht auszuwertende Verteilung ist im Bild 3.24 dargestellt.

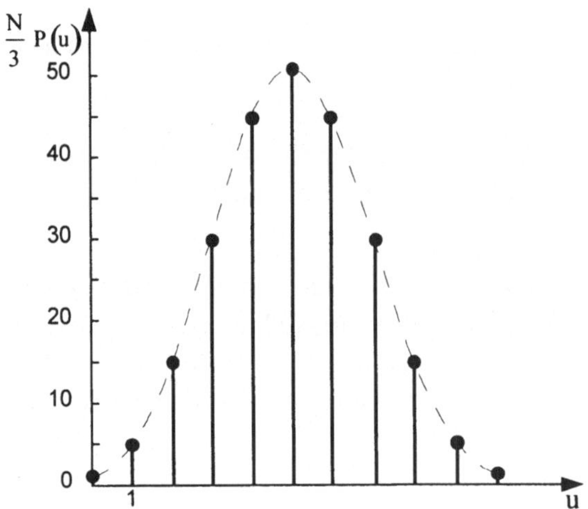

Bild 3.24
Trinomial-Verteilung, Beispiel 3.7

Es bereitet auch keine Schwierigkeiten 0-symmetrische Verteilungen zu realisieren, wenn man von einem bereits 0-symmetrischen MF-Signal ausgeht oder einen festen negativen Amplitudenwert mit summiert. Zusätzliche Freiheitsgrade zur Erzeugung vielstufiger Signale ergeben sich durch Anwendung der gewichten Summierung auf die Erzeugerschaltung für binär codierte mehrwertige MF nach Bild 3.17. Die Ausgangspegel binärer Verzögerungsstufen, die Low- bzw. High-Potentiale, sind nicht exakt gleich, sondern liegen in einem gewissen Toleranzbereich. Diese Unterschiede kann man berücksichtigen, wenn die Bewertungsfaktoren auf die negierten und unnegierten Ausgänge aufgespalten werden, Bild 3.25. Denkbar ist auch eine weitere funktionelle Abhängigkeit, so daß statt der Bewertungsfaktoren h_ν Bewertungsfunktionen $h(x_{i-\delta_\nu})$ definiert werden. Die Anzahl k der summierten Folgen sollte nach folgender Bedingung gewählt werden:

$$k \leq n - 1, \tag{3.43}$$

wenn eine möglichst weitgehende Annäherung an einen echten Zufallsprozeß erwünscht ist. Bereits für den Fall k = n, d.h., die Anzahl der summierten Stufen stimmt mit dem Grad der MF überein, ergeben sich ungünstigere Verhältnisse in den Übergangshäufigkeiten und im zeitlichen Ablauf [3.25]. Auch bezüglich der Summierung von k > n liegen Untersuchungen vor [3.33] - [3.36]. Ein wichtiges Resultat daraus ist die Erkenntnis, daß sich auf Grund der linearen Abhängigkeiten (s. Abschn. 2.3.3) unsymmetrische Verteilungen ergeben. Man kann daher nicht bei Erhöhung der Anzahl $k > n$ der summierten Folgenelemente eine bessere Annäherung an die Gauß-Verteilung erwarten. Es bestehen dabei jedoch noch Unterschiede in der Weise, daß (binäre) MF mit "mittelgewichtigen" charakteristischen Polynomen, Gl. (2.100), geringere Unsymmetrien und auch $k = n$ günstigere Übergangshäufigkeiten aufweisen [2.23]. Offensichtlich existiert ein Zusammenhang zu den Momenten höherer Ordnung [1.35] [2.24] [2.25].

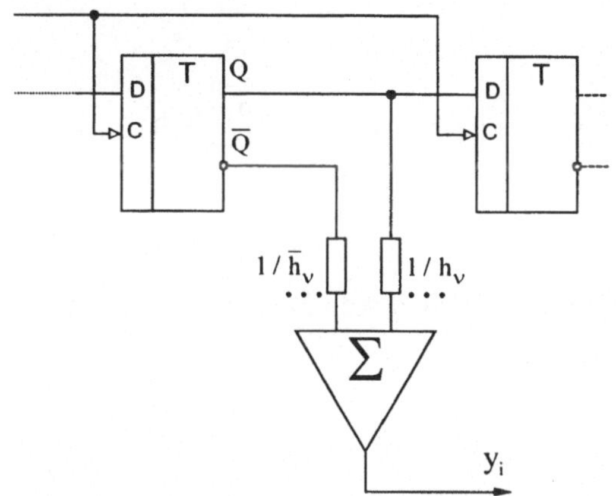

Bild 3.25
Berücksichtigung realer Logikpegel

Außer der Binomial-Verteilung können weitere bekannte Verteilungen sehr einfach durch digitale Filterung von MF approximiert werden [3.24]:

Gleich- oder Rechteckverteilung:

Die Gewichtsfaktoren sind aufsteigende Potenzen von q, also z.B. für binäre MF:

$$h_0 = 1,\ h_1 = 2,\ \dots,\ h_{k-1} = 2^{k-1}\,. \tag{3.44}$$

Dreieckverteilung:

$k \Leftrightarrow$ geradzahlig. Je zwei Gewichtsfaktoren sind identisch, die einzelnen sind aufsteigende Potenzen von q, also z.B. für ternäre MF:

$$h_0 = h_1 = 1,\ h_2 = h_3 = 3,\ \dots,\ h_{k-2} = h_{k-1} = 3^{k/2-1}\,. \tag{3.45}$$

Doppelbinominal- bzw. q-Polynominalverteilung:

Alle Gewichtsfaktoren bis auf einen sind identisch, und einer wird so groß gewählt, daß q Einzelverteilungen entstehen, z.B:

$$h_0 = \ldots = h_{k-2} = 1, \quad h_{k-1} > (k-1)(q-1). \tag{3.46}$$

Eine andere Möglichkeit als Gl. (3.32) zur Bestimmung der AKF summierter MF kann man unter der Voraussetzung herleiten, daß k benachbarte Elemente summiert werden [1.33]:

$$R_{y,y}(s) = R_{x,x}(s)\sum_{\nu=0}^{k-1} h_\nu^2 + \sum_{\mu=1}^{k-1}\left\{\left[R_{x,x}(s+\mu) + R_a(s-\mu)\right]\sum_{\nu=0}^{k-\mu} h_\nu h_{\nu+\mu}\right\}. \tag{3.47}$$

Durch Einsetzen von Gl. (2.12) in Gl. (3.47) ergeben sich Beziehungen, die für spezielle Verteilungen leicht auswertbar sind:

$$R_{y,y}(s) = \frac{1}{N}\begin{cases} 2^n \sum\limits_{\nu=0}^{k-s} h_\nu h_{\nu+s} - \alpha^2 & s \equiv 0, \ldots, m-1 \bmod N \\ -\alpha^2\,, & \text{sonst} \end{cases} \tag{3.48}$$

mit

$$\alpha = \sum_{\nu=0}^{k-1} h_\nu. \tag{3.49}$$

Für den Fall der Binomialverteilung $h_\nu = h = 1$ erhält man aus Gl. (3.48):

$$r_{y,y}(s) = \frac{R_{y,y}(s)}{R_{y,y}(0)} = \begin{cases} 1 - \dfrac{2^n s}{(2^n - k)k} & s \equiv 0, \ldots, m-1 \bmod N \\ \dfrac{k}{2^n - k} & \text{sonst} \end{cases} \tag{3.50}$$

Beispiel 3.8:

binäre MF n = 10, Transversalfilter $h_0 = \ldots = h_7 = 1$

$$r_{y,y}(s) = \begin{cases} 1-\beta\dfrac{s}{8} & s \equiv 0, 1, \ldots, 8 \bmod N \\ -\beta & \text{sonst mit } \beta = \dfrac{8}{2^{10}-1} \end{cases}$$

Diese AKF ist im Bild 3.26 grafisch dargestellt.

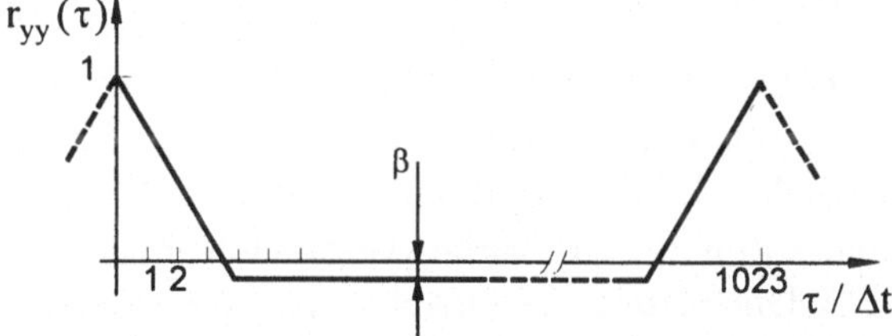

Bild 3.26
AKF eines PR-Signals nach Beispiel 3.8

Aus Gl. (3.50) und Beispiel 3.8 geht hervor, daß die AKF eines vielstufigen Signals mit Binomialverteilung, abgeleitet von einem binären MF-Signal, bis auf "Maßstabsänderung" den gleichen Verlauf hat wie die AKF des Binärsignals, Bild 2.9.

3.3.2 Häufigkeitstransformation durch Zuordnung

Durch Zuordnung oder Abbildung von k Elementen einer MF $\{a_i\}$ auf ein Element der Folge $\{b_i\}$,

$$\left(a_i, a_{i+d_1}, \ldots, a_{i+d_{k-1}}\right) \rightarrow b_i \in \left\{B_0, \ldots, B_{q'-1}\right\} \quad (3.51)$$

können Signalfolgen mit in gewissen Grenzen vorgebbaren Symbolhäufigkeiten erzeugt werden [1.33] [3.26]:

$$h'(B_0) = \frac{\ell_0 q^{n-k} - 1}{q^n - 1} \approx \frac{\ell_0}{q^k}$$
$$h(B_j) = \frac{\ell_j q^{n-k}}{q^n - 1} \approx \frac{\ell_j}{q^k}, \qquad j = 1, \ldots, q'-1. \tag{3.52}$$

Gleichung (3.52) gilt unter den Nebenbedingungen:

$$k < n, \qquad \sum_{j=0}^{k-1} \ell_j = q^k - 1. \tag{3.53}$$

Geht man davon aus daß die Erzeugung der q-wertigen MF in binärer Codierung nach Bild 3.17 erfolgt, so ist die technische Realisierung der Abbildung nach Gl. (3.51) mittels kombinatorischer Logikschaltungen sehr einfach möglich. Es handelt sich dann um einen autonomen linearen Automaten mit nichtlinearem Ausgangszuordner und DA-Umsetzung. Es besteht auch die Möglichkeit der softwaremäßigen Realisierung, sofern dies die Geschwindigkeitsanforderungen zulassen.

Es wird deutlich, daß die günstigen Pseudozufallseigenschaften der MF sich in gewissem Maße auch in den transformierten Signalen fortsetzen. Eine möglichst weitgehende statistische Unabhängigkeit der Verbundhäufigkeiten läßt sich unter folgender Bedingung erreichen:

$$d_\nu = d = [n / k], \qquad dk \leq n. \tag{3.54}$$

Bei gegebenem Grad n der MF werden k äquidistante, möglichst weit auseinanderliegende Elemente verknüpft, wobei die erste und letzte Stufe des autonomen linearen Automaten als benachbart gelten (wegen Gl. (2.76)). Für den Fall $k = 1$ ergeben sich somit die günstigsten Verhältnisse, da sich dann die relativen Verbundhäufigkeiten bis zur Ordnung n wie die Verbundwahrscheinlichkeiten entsprechender statistisch unabhängiger Zufallssignale berechnen.

Beispiel 3.9:

$q = 5$, $n = 2$, 5wertige MF $\{a_i\}$ nach Beispiel 2.22

Transformation: $k = 1$, $b_i \in \{0, 1, 2\}$

$q' = 3,\quad a_i \to b_i:\quad 0, 1 \to 0$

$\qquad\qquad\qquad\qquad 2 \to 1$

$\qquad\qquad\qquad\qquad 3, 4 \to 2$

$N = 5^2 - 1$

nach Gl. (3.52) folgt:

$$h(B_0) = h(0) = \frac{9}{24} \approx \frac{2}{5}$$
$$h(B_1) = h(1) = \frac{5}{24} \approx \frac{1}{5}, \qquad h(B_iB_j) \approx h(ij)$$
$$h(B_2) = h(2) = \frac{10}{24} \approx \frac{2}{5} \quad \text{z.B.} \quad h(12) = \frac{2}{24} \approx \frac{2}{5} \cdot \frac{1}{5}$$

$\{b_i\} = 2\,2\,0\,0\,1\,2\,1\,1\,2\,0\,0\,1\,0\,0\,2\,0\,2\,0\,2\,2\,1\,0\,2\,2, \ldots$

Bei der Häufigkeitstransformation kann die Folge $\{b_i\}$ mehrwertig oder binär sein. Binäre transformierte Folgen lassen sich besonders einfach von binär codierten p-wertigen MF ableiten, wobei die Stufung der Häufigkeiten mit steigenden Werten k und p zunehmend feiner gemacht werden kann: 1/2, 2/3, 1/5, 2/5, ... , 1/7, 2/7, ... , 1/9, 2/9, ... , 1/25, 2/25, ... , 4/43, 2/43, ... Ausgehend von der Codetabelle der Elemente des GF(q) sind die Booleschen Funktionen entsprechend der gewählten Zuordnung Gl. (3.51) aufzustellen und können relativ einfach minimiert werden. Bei der Häufigkeitstransformation binärer MF haben die relativen Häufigkeiten die Form 1/4, 3/4, 1/8, 1/4, ... , 1/16, 1/8, ...

Auch über die AKF der Folgen $\{b_i\}$, die durch Zuordnungstransformation aus linearen MF hervorgehen, lassen sich allgemeine Aussagen treffen. Nach Gl. (3.51) wird ein Element der Folge $\{b_i\}$ durch k Elemente der Folge $\{a_i\}$ bestimmt. Die AKF $R_{y,y}(s)$ hängt daher von den k-Tupelpaaren im Abstand s der MF ab. Über die Beziehungen für die Häufigkeiten von Elementepaaren (s. Abschn. 2.3.5) läßt sich zeigen, daß die AKF $R_{y,y}(s)$ für die Mehrzahl der Werte s einen sog. Hauptwert R_H annimmt [1.33]:

$$R_H = \frac{1}{N}\left[q^{n-k}\left(\sum_{j=0}^{k-1} \ell_j B_j\right)^2 - 1\right]. \tag{3.55}$$

Abweichungen von R_H treten immer dann auf, wenn zwischen den Elementen der k-Tupelpaare lineare Abhängigkeiten bestehen. Für den Fall k = 1 sind das nur solche Werte s der Verschiebung, die Gl. (2.106) erfüllen.

Beispiel 3.10:

q = 5, 5wertige MF

Häufigkeitstransformation: q' = 2

$$0, 1, 2, 3 \rightarrow -1 \qquad h(B_0) = h(-1) = 4/5$$

$$4 \rightarrow +1 \qquad h(B_1) = h(+1) = 1/5$$

$$R_H = \frac{1}{N}\left[5^{n-2}9 - 1\right] \approx \frac{9}{25}$$

Die Berechnung der AKF für s = rN/4 ist über Gl. (2.108) möglich. Den Verlauf der AKF zeigt Bild 3.27.

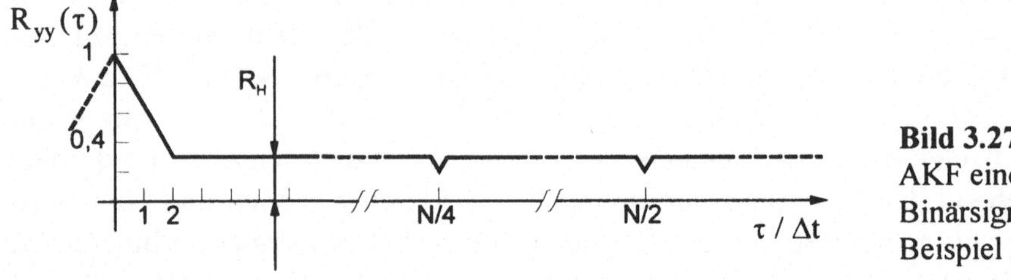

Bild 3.27
AKF eines Binärsignals nach Beispiel 3.10

Der Hauptwert R_H stimmt mit zunehmender Periodenlänge N immer besser mit dem Wert der AKF statistisch unabhängiger Zufallssignale mit Wahrscheinlichkeiten entsprechend Gl. (3.52) überein:

$$R(s \geq 1) = \left[\sum_{j=0}^{q'-1} p(B_j)B_j\right]^2 . \qquad (3.56)$$

Bei statistischer Unabhängigkeit ist für alle Verschiebungen $\tau \geq \Delta t$ die AKF $R(\tau) = R(\infty)$, Gl. (2.6).

3.3.3 Erzeugung phasenverschobener MF

Die Bereitstellung phasenverschobener MF-Signale ist für viele Korrelationsanwendungen von entscheidender Bedeutung. Es muß dabei unterschieden werden, ob die Zeitverschiebung τ in bezug auf ein bekanntes, zeitlich "feststehendes" Signal oder auf in seinen Parametern veränderliches Signal hergestellt werden soll. Der erste Fall wird jetzt näher betrachtet, während der zweite auf die Fragen der Phasensynchronisation führt und daher unter Abschn. 4.5.3 zur Sprache kommt.

Drei Prinzipien zur Signalverzögerung können unterschieden werden:

a) physikalische Laufzeiteffekte (Verzögerungsleitungen, Allpaßnetzwerke u.a.)

b) digitale sequentielle Schaltungen (Schieberegister)

c) Elementeverknüpfung nach der Verschiebe- und Addiereigenschaft, Gl. (2.103)

Die dritte Möglichkeit ist nur für die linearen MF bekannt und hat besonders für die Realisierung großer und veränderbarer Verzögerungen Bedeutung. Die beiden erstgenannten Prinzipien würden für große Verzögerungen $\tau = s\Delta t$ einen hohen Aufwand erfordern, so daß man sie nur für bestimmte, kleine Werte τ einsetzt. Außer der Verschiebe- und Addiereigenschaft ist ein weiteres Prinzip zur Realisierung beliebiger diskreter Verzögerungen von MF bekannt. Dieses "Master-Slave" genannte Prinzip beruht darauf, daß zwei identische autonome Automaten oder Generatoren vorhanden sind, die die Basisfolge und die verzögerte Folge getrennt erzeugen. Es gibt zwei Varianten zur Einstellung der Verzögerung. Die eine besteht darin, ausgehend von gleichen Anfangszuständen zunächst nur den "Master"- und nach s Taken den "Slave"-Generator zu starten. Die Festlegung des Startzeitpunktes ist über einen voreinstellbaren Zähler leicht möglich. Man kann aber auch die Anfangsbedingungen entsprechend der gewünschten Verzögerung s wählen, d.h., der "Master" beginnt mit einem Zustand $\mathbf{z}_M(0)$, der "Slave" mit $\mathbf{z}_{S1}(s)$. Wird zu einem festen Zeitpunkt, z.B. $\mathbf{z}_M(0) = (1\ 1\ \dots\ 1)$, ein Zyklusimpuls abgeleitet, so ist über ein "Setzen" an den Paralleleingängen des "Slave"-Registers der Zustand $\mathbf{z}_{S1}(s)$ einstellbar. Die Zuordnung und Speicherung der "Slave"-Startzustände kann mittels Festwertspeicherschaltkreisen erfolgen.

Eine weitere Variante der Erzeugung verzögerter Folgen kann nach dem Prinzip des "Speicherauslesens", Bild 3.21, realisiert werden. Die Folge wird dabei nicht mehr rekursiv erzeugt, sondern ist vollständig gespeichert. Durch Setzimpulse wird die Übernahme des gespeicherten Folgensegmentes in das Ausgaberegister ausgelöst und der Adreßzähler der Speicher weitergetaktet [3.21].

Mittels zweier "setzbarer" Folgengeneratoren nach Bild 3.21 können somit über die Voreinstellung der Adreßzähler und die Zeitverschiebung der Setzimpulse zwei bis auf eine beliebige Phasenverschiebung identische Signalfolgen erzeugt werden, deren Struktur frei wählbar ist, also nicht vom MF-Typ sein muß.

Die Erzeugung von verzögerten Folgen nach dem "Master-Slave"-Prinzip hat zwei Nachteile, die bei Realisierung der Verzögerung auf Basis der "Verschiebe- und Addiereigenschaft" vermieden werden: Fehlimpulse können nicht erkannt oder korrigiert werden und Verringerung bzw. Vergrößerung der Verzögerung während des Betriebes ist nicht möglich. Der letztere kann durch eine Zusatzschaltung zur Ausblendung bzw. Einblendung eines zusätzlichen Taktimpulses teilweise vermieden werden.

Auf Grund der algebraischen Eigenschaften der linearen MF kann geschrieben werden:

$$a_{i-s} = \sum_{\nu=0}^{n-1} r_\nu a_{i-\nu} \bmod q, \qquad s = 0, \ldots, N. \tag{3.57}$$

In Gl. (3.57) sind die Multiplikation und Addition vereinbarungsgemäß im GF(q) definiert. Im Falle binärer MF, q = 2, kann man alle Werte der Verzögerung s durch geeignete Modulo-2-Verknüpfung der n Stufen des die Folge $\{a_i\}$ erzeugenden Schieberegistergenerators erhalten, während für mehrwertige Folgen vor der Addition noch eine Multiplikation mit den Faktoren $r_\nu \in GF(q)$ erfolgen muß. Der Zusammenhang zwischen der Verzögerung und den Faktoren r_ν wird durch das charakteristische Polynom bestimmt und kann daher nicht in elementarer Weise allgemein beschrieben werden. Es sind beide Fragestellungen nach Gl. (3.57) von Interesse, d.h., für eine gegebene Verzögerung s wird die Adderkombination gesucht, oder es soll bestimmt werden, welche Verzögerung bei bekannten r_ν entsteht. Als Lösungsmethoden wurden verschiedene Verfahren und Algorithmen vorgeschlagen. Eine Möglichkeit ist durch einen Divisionsalgorithmus gegeben, wobei D^s durch das charakteristische Polynom f(D) der MF soweit zu dividieren ist, bis ein Restpolynom r(D) mit einem Grad kleiner n verbleibt, die Koeffizienten in r(D) sind dann die gesuchten Faktoren

r_ν nach Gl. (3.61) [3.41] [3.42]. Auch eine Umkehrung des Divisionsalgorithmus ist möglich, d.h., der erste einzelne Restterm D^s, der sich bei der Division r(D) durch f(D) - nach aufsteigenden Potenzen - ergibt, entspricht der gesuchten Verzögerung s [3.43]. Die Durchführung der Polynomdivision wird für größere Grade n recht aufwendig. Andere Verfahren verwenden spezielle Matrizenbeschreibungen und gehen von der Kenntnis verschobener Vektoren aus [3.43] [3.44]. Offensichtlich kann man jedoch relativ einfach die Faktoren r_ν aus einem System von n Gleichungen bestimmen, das sich nach Gl. (3.57) sofort anschreiben läßt, wenn man die Kenntnis von n aufeinanderfolgenden Elementen der verschobenen und 2n – 1 Elementen der unverschobenen MF (Basisfolge) voraussetzt.

Beispiel 3.11:

MF q = 2, n = 4, N = 15, s = 10

$\{a_i\}$ = 1 1 1 1 0 0 0 1 0 0 1 1 0 1 0 | 1 1 1 1 ...

$i - \nu$: ... 13 12 11 10 ... 6 5 4 3 2 1 0

$0 = r_0 + r_1 + r_2 + r_3$ d.h. $r_0 = r_2 = 1, r_1 = r_3 = 0$

$0 = r_0 + r_1 + r_2$

$1 = r_0 + r_1$ $a_{i-10} = a_i \oplus a_{i-2}$

$1 = r_0$

Sind die n Elemente der verschobenen Folge nicht gegeben, z.B. bei hohen Graden und sehr großen Werten s, so gibt es ein effektives Verfahren, das von den Wurzeln des charakteristischen Polynoms ausgeht [1.33] [3.27]:

Beispiel 3.12:

$f(D) = D^3 + 2D + 1, N = 3^3 - 1, s = 13, q = 3$

Mit den Regeln zur "mod p-Reduktion" Gln. (2.67) (2.68) ergibt sich:

$D^3 = -2D - 1 = D + 2$

$D^6 = D^2 + D + 1$

$D^{12} = D^2 + 2$ (s. auch Gl. 2.107)

$D^{13} = D^3 + 2D = 2 \pmod 3$. $\rightarrow a_{i-13} = 2\, a_i$

Das *Prinzip* ist aus Beispiel 3.12 erkennbar, durch *fortlaufendes Potenzieren* findet man relativ schnell das zu einem Exponenten D^s gehörige Polynom r(D), das der gleichen Restklasse angehört.

Es sind noch weitere Untersuchungen zur Erzeugung verzögerter MF zu nennen, z.B. [3.28] [3.29]. Es wird die Möglichkeit eröffnet, systematisch die Verzögerung schrittweise zu verringern oder zu vergrößern. Der Grundgedanke besteht darin, daß die Bildung der Koeffizienten r_ν nach Gl. (3.57) durch einen geeigneten linearen autonomen Automaten $\mathcal{A}_r$ vorgenommen werden kann. Das Prinzip wird durch Bild 3.28 veranschaulicht: Von allen Verzögerungsstufen eines autonomen Automaten $\mathcal{A}_u$, z.B. nach Bild 3.3a, werden die Ausgangssignale mit Faktoren r_ν multipliziert, die von den Stufen eines zweiten autonomen Automaten $\mathcal{A}_r$ abgeleitet sind; die additive Verknüpfung der bewerteten Signale aus $\mathcal{A}_u$, liefert dann die verzögerte Folge. Im Falle binärer MF besteht die Faktorenbewertung in einer "getorten" Modulo-2-Verknüpfung der Ausgänge jeder Stufe des rückgekoppelten Schieberegisters. Die Verzögerung wird genau dann systematisch, d.h. im Takt jΔt, vergrößert oder verringert werden können, wenn die Änderung der Verzögerung und das Fort-schreiten der Folge sich gerade aufheben. Bezieht man sich auf den linearen Automaten im Bild 3.3a zur Erzeugung der Folge $\{a_i\}$, so kann Gl. (3.57) in der Form geschrieben werden:

$$(r_0 \ldots r_{n-1}) \begin{pmatrix} z_0 \\ \vdots \\ z_{n-1} \end{pmatrix} = a_{i-s}. \tag{3.58}$$

Mit den Anfangszuständen $\mathbf{z}(0)$ und $\mathbf{r}(0)$ der Automaten $\mathcal{A}_u$ bzw. $\mathcal{A}_r$ und Berücksichtigung der diskreten Zeitabhängigkeit durch die Überführungsmatrizen $\mathcal{A}_u$ bzw. $\mathcal{A}_r$ ergibt sich daher:

$$\left[\mathcal{A}_r^i \mathbf{r}(0)\right]^T \left\{\mathcal{A}_u^i \mathbf{z}(0)\right\} = \text{konst.}, \tag{3.59}$$

woraus Bedingungen für den Aufbau des Automaten $\mathcal{A}_u$ abgeleitet werden können:

$$\mathcal{A}_r^T \mathcal{A}_u = \mathbf{I} \tag{3.60}$$

$$\mathcal{A}_r = \left(\mathcal{A}_u^T\right)^{-1} \tag{3.61}$$

$$\mathcal{A}_r = \mathcal{A}_u^T. \tag{3.62}$$

Dabei gilt Gl. (3.61) für Vergrößerung der Verzögerung und Gl. (3.62) für Verringerung der Verzögerung, d.h. Vorwärtsverschiebung [3.28]. Man erkennt, daß Gl. (3.58) das Skalarprodukt der Vektoren **r** und **z** darstellt und im speziellen Fall der Orthogonalität von Codevektoren genügt.

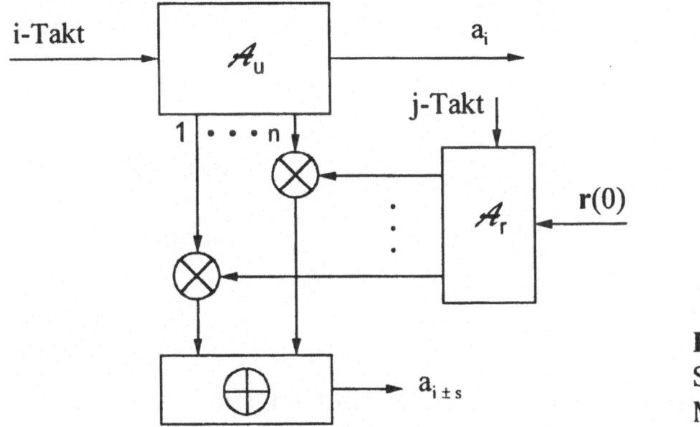

Bild 3.28
Systematische MF-Verzögerung

Beispiel 3.13:

MF nach Beispiel 3.11

Bild 3.29 zeigt die zugehörige Schaltung zur Erzeugung der Folge und zur getorten Modulo-2-Addition. Durch Aufstellen der **z**- und **r**-Vektoren läßt sich leicht nachprüfen, daß bei gleicher Taktung beider Schieberegister (i-Takt = j-Takt) stets $\mathbf{r}^T \mathbf{z}$ = konst. 0 oder 1 gilt, unabhängig von **r**(0) und **z**(0).

Rückwärtsverschiebung:

"äußere" Modulo-2-Adder gehen über in "innere" und umgekehrt (Bild 3.3a, b), die Schieberichtung bleibt erhalten (Beispiel 3.13). Im Falle trinomischer Erzeugerpolynome führt auch eine (n – k)-fache zyklische Vertauschung der Ausgänge von $\mathcal{A}_u$ auf $\mathcal{A}_r$.

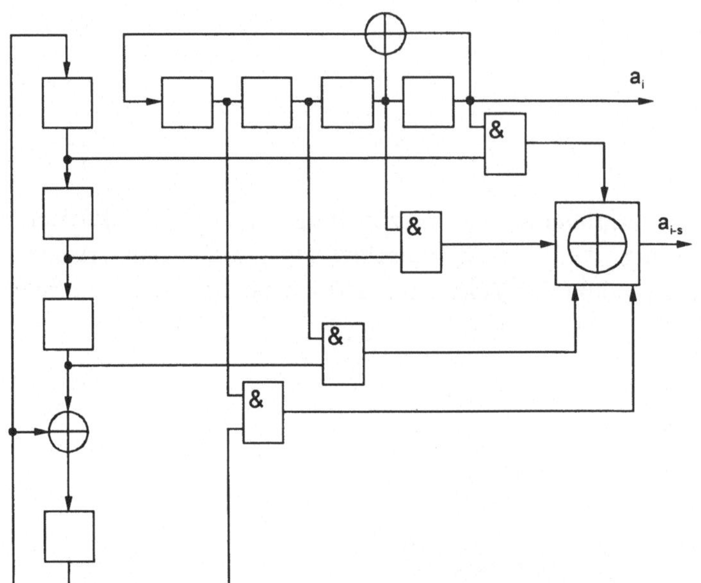

Bild 3.29
Schaltung zu Beispiel 3.13

Vorwärtsverschiebung:

"äußere" Modulo-2-Adder gehen über in "innere" und umgekehrt, wobei die Zählrichtung und Schieberichtung umzukehren ist. Auch die Realisierung über Zuordner bzw. zyklische Vertauschung ist möglich.

Bei hohen Taktfrequenzen machen sich die Gatterlaufzeiten der Mod-2-Verknüpfung bemerkbar; für spezielle Verzögerungen kann dies durch die "Flipflop-Mod-2-Addition" vermieden werden, Bild 3.11.

3.3.4 Weitere Umformungen von MF

Es gibt außer den betrachteten Möglichkeiten zur Umformung von MF noch eine Reihe weiterer, worauf hier nicht im einzelnen eingegangen werden soll. Naheliegend erscheint die analoge Filterung; näher untersucht wurden der Einfluß eines Tiefpaßgliedes 1. Ordnung [3.29] und einer Schmalbandsperre [3.30]. Im ersten Fall wurde Annäherung der Amplitudenverteilung an die Gauß-Verteilung festgestellt bei Folgelängen $N > 63$. Im zweiten Fall ergab sich eine relativ geringe Verschlechterung der Korrelationseigenschaften bei Unterdrükkung eines schmalen Frequenzbandes des PN-Signales. Weitere Untersuchungen wurden durchgeführt bezüglich der Übertragung von PR-Signalen über beliebige lineare Systeme [3.31] und über spezielle Nichtlinearitäten [3.32].

Eine Erweiterung des Konzeptes der PR-Folgen stellt die Untersuchung von PR-Flächen dar, die für Simulationsprobleme und Fragen der zweidimensionalen Signalverarbeitung von Interesse sind.

0	0	0	1	0	0	1	1	0	1	0	1	1	1	1
1	0	1	1	1	1	0	0	0	1	0	0	1	1	0
1	0	0	1	1	0	1	0	1	1	1	1	0	0	0
1	1	1	0	0	0	1	0	0	1	1	0	1	0	1

Bild 3.30
Beispiel einer PR-Fläche

Um eine Fläche als pseudozufällig zu kennzeichnen, müssen bestimmte "Fenstereigenschaften" in horizontaler und/oder vertikaler Richtung gelten, d.h., bei Verschiebung eines Fensters der Größe (u × v) über die Fläche sollen möglichst unterschiedliche "Inhalte" erscheinen. Die Konstruktion solcher PR-Flächen kann auf der Grundlage binärer und mehrwertiger MF erfolgen, wobei unterschiedliche Größen möglich sind, z.B. (N × N) oder (N × n) [1.27] [2.29] [3.33]. Im Bild 3.30 ist eine PR-Fläche (15 × 4) mit guten horizontalen Fenstereigenschaften als Beispiel dargestellt. Die PR-Fläche wird aus vier in geeigneter Weise phasenverschobenen binären MF nach Beispiel 3.11 gebildet.

3.4 Verknüpfung von MF

3.4.1 Modifizierung binärer MF

Von den vielen Variationsmöglichkeiten zur Verknüpfung von MF wurde bislang nur ein Teil untersucht, z.B. [1.27]. Die einfachste Modifikation binärer MF $\{a_i\}$ besteht in der Verknüpfung mit der 1, 0-Folge $\{b_i\}$:

$$v_i = a_k \oplus b_\ell \qquad (3.63)$$

Die Folge $\{v_i\}$ hat die zweifache Periodenlänge der MF und eine AKF, die sich direkt von der AKF der binären MF Gl. (2.120) ableitet ($y_i = 2v_i - 1$):

$$R_{y,y}(s) = \begin{cases} R_{x,x}(s) & \text{für } s \mathrel{\hat{=}} \text{ungerade} \\ -R_{x,x}(s) & \text{für } s \mathrel{\hat{=}} \text{gerade} \end{cases} \tag{3.64}$$

Im Bild 3.31 ist der Verlauf der AKF nach Gl. (3.64) dargestellt; wegen der Antisymmetrie bestehen günstige Voraussetzungen für Anwendungen in der Systemidentifikation [3.16] [3.17].

In Gl. (3.63) ist vorausgesetzt, daß die MF und die 1, 0-Folge gleiche Elementedauer aufweisen. Man kann aber auch eine Verknüpfung mit der doppelt so schnellen 1, 0-Folge durchführen, die dem Taktsignal des MF-Generators entspricht. In letzterem Fall entsteht keine Folge mit veränderter Periodendauer, sondern das MF-Signal wird lediglich vom NRZ- ins RZ-Format umgewandelt (s. Bild 1.3).

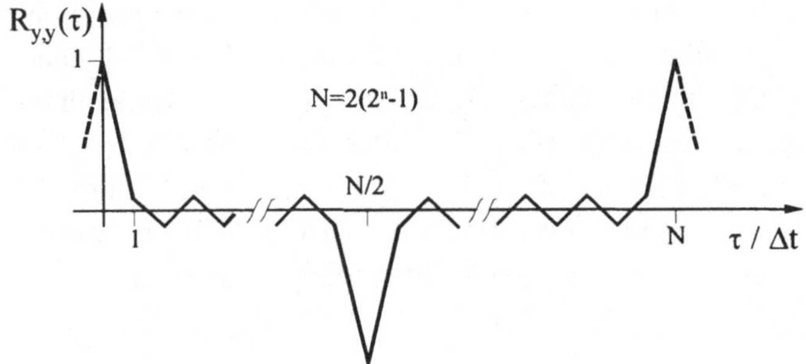

Bild 3.31
AKF modifizierter binärer MF

3.4.2 Produktfolgen

Die Definition der Produktfolgen ist nicht einheitlich, zumeist versteht man darunter die Modulo-2-Verknüpfung zweier binärer MF $\{a_i\}$, $\{b_i\}$, bzw. deren verzögerter Versionen; da das charakteristische Polynom der Folge $\{v_i\}$ lautet:

$$v_i = a_k \oplus b_\ell \rightarrow f_v(D) = f_a(D)\, f_b(D) \tag{3.65}$$

Wählt man die Periodenlängen N_a, N_b relativ prim zueinander, so ist auch die Periode $N_v = N_a N_b$. Für die AKF $R_{y,y}(s)$ ergeben sich (wieder unter Voraussetzung $y_i = 2v_i - 1$) vier verschiedene Werte [3.34]:

$$R_{y,y}(s) = \begin{cases} 1, & s \equiv 0 \bmod N_v \\ -\dfrac{1}{N_b}, & s = k_1 N_a \neq k_2 N_b,\ k_1, k_2 = 1,2,\ldots \\ -\dfrac{1}{N_a}, & s = k_2 N_b \neq k_1 N_a \\ \dfrac{1}{N_v}, & \text{sonst.} \end{cases} \tag{3.66}$$

Auch über die höheren statistischen Eigenschaften können einige allgemeine Aussagen getroffen werden [3.35]. Danach weist eine Produktfolge nicht grundsätzlich bessere Kennwerte auf, z.B. bezüglich der Gewichtsverteilung in den Unterfolgen, sondern es besteht weitgehende Ähnlichkeit zu MF mit annähernd gleichen Periodenlängen und vergleichbaren "Teilbarkeitseigenschaften" trinomischer Polynome durch das jeweilige charakteristische Polynom. Werden mehrere phasenverschobene Produktfolgen logisch verknüpft, so ist der Analyse möglicher linearer Abhängigkeiten besondere Beachtung zu schenken.

Grundsätzlich können Produktfolgen auch zum Aufbau nichtlinearer rekursiver Folgen dienen, wobei sich jedoch ein höherer schaltungstechnischer Aufwand ergibt. Eine wichtige Klasse von Produktfolgen stellen die Gold- und Kasami-Sequenzen dar (s. Abschn. 4.6.2).

3.4.3 Kombinationsfolgen

Verknüpft man nach einer gegebenen Booleschen Funktion B mehrere binäre MF und evtl. noch eine Taktkomponente cl bzw. die 10-Folge, z.B. [1.20]:

$$v_i = cl \oplus (a_k \wedge b_\ell) \tag{3.67}$$

so entsteht eine Kombinationsfolge, deren AKF und KKF an den Punkten der Teilperioden Zwischenmaxima aufweist. Dadurch kann ein serieller Suchvorgang zur Auffindung des Maximums der Korrelation einer Empfangsfolge großer Länge in bezug auf eine Referenzfolge wesentlich schneller ablaufen (s. Abschn. 4.5.3). Die Periodenlängen der Komponentenfolgen werden stets relativ prim gewählt, so daß die Periodenlänge N_v der Kombinationsfolge gleich dem Produkt der Einzelperioden N_a, N_b, ... ist. Die AKF der Kombinationsfolgen kann unter Annahme statistischer Unabhängigkeit näherungsweise nach den Methoden der Wahrscheinlichkeitsrechnung relativ einfach bestimmt werden. Exakte Werte erhält man aus den relativen Verbundhäufigkeiten, die man in Karnaugh-Tafeln eintragen kann [1.15].

Beispiel 3.14:

Die Eignung der "UND"-Verknüpfung zur Bildung von Kombinationsfolgen mit Zwischenmaxima in der AKF und KKF demonstriert Bild 3.32; $N_a = 7$ $N_b = 31$.

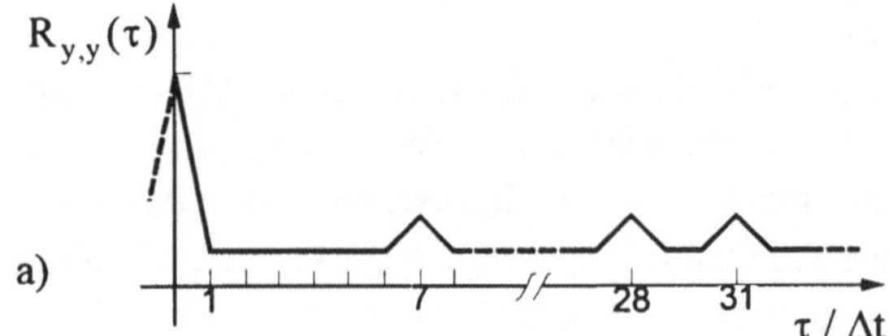

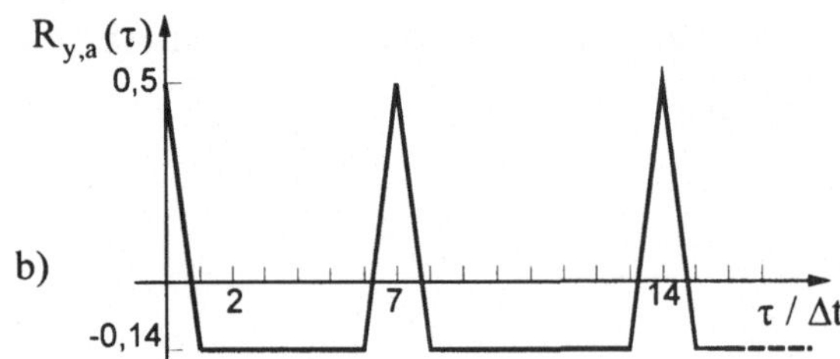

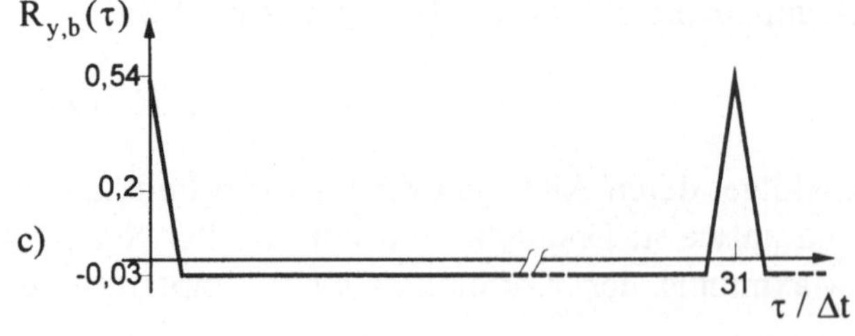

Bild 3.32
Korrelation einer Kombinationsfolge
a) AKF
b) KKF mit MF $\{a_i\}$
c) KKF mit MF $\{b_i\}$

Die Kombinationsfolgen werden auch als Entfernungsmeßcodes, nach ihrem hauptsächlichen Einsatzziel, bezeichnet. Es kann eine Optimierung nach verschiedenen Kriterien erfolgen, z.B. hohe Taktkorrelation, gleichmäßiger Zuwachs der Korrelation u.a. [1.15] [3.36] [3.37].

3.4.4 Verkettete Folgen

Verknüpft man zwei oder auch mehr Folgen nicht elementeweise, sondern in der Form

$$\mathbf{v}=(\mathbf{b}_1 \oplus \mathbf{a}),(\mathbf{b}_2 \oplus \mathbf{a}),\ldots,(\mathbf{b}_{N_b} \oplus \mathbf{a}), \qquad \mathbf{b}_j=(\mathbf{b}_i \ldots \mathbf{b}_j) \tag{3.68}$$

so entstehen Folgen, die als verkettete Folgen - in Analogie zu den störungsgeschützten Kettencodes - bezeichnet werden können. Jedes Element der Folge $\{b_i\}$ wird durch eine Periode $\mathbf{a}$ der Folge $\{a_i\}$ feinstrukturiert.

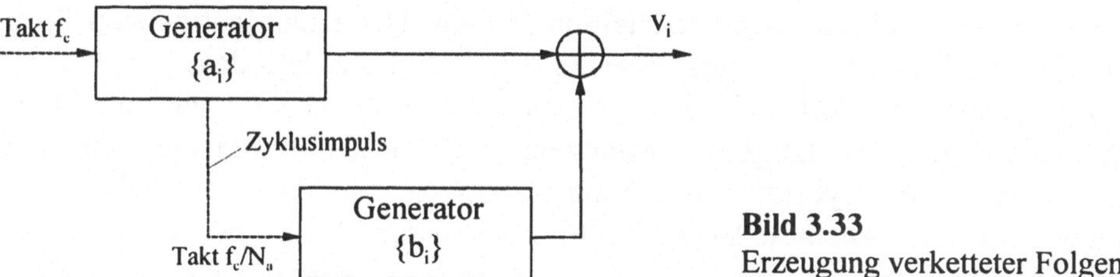

Bild 3.33
Erzeugung verketteter Folgen

Die Erzeugung verketteter Folgen, Gl. (3.68), kann auf der Basis der im Bild 3.33 dargestellten Prinzipschaltung oder nach den unter Abschn. 3.2.5 beschriebenen Methoden erfolgen.

3.5 Generatoren für Pseudozufallssignale

Die unter Abschnitt 3.2 bis 3.4 betrachteten Verfahren zur Erzeugung und Umformung von binären und mehrwertigen MF bieten die Grundlagen zum Aufbau einfacher und auch komplexer Generatoren für die *PRSV*. Das Schaltungsprinzip richtet sich in erster Linie nach den vorgegebenen statistischen Kennwerten der Signale, die erzeugt werden sollen.

Eine Unterscheidung in digitale und quasi-analoge Generatoren ist zweckmäßig. Besondere Vorteile der Nachbildung von Zufallsprozessen durch determinierte, jedoch nach gewissen Kriterien zufallsähnliche Signale (s. Abschn. 1.3.2), sind *die eindeutige Reproduzierbarkeit der statistischen Kennwerte* und *die relativ einfache* und definierte *Veränderbarkeit* der Parameter, z.B. *der "Ablaufgeschwindigkeit"*. Ferner ist es oft von Vorteil, daß die erwarteten Meßergebnisse bereits exakt nach endlicher Zeit t_M erhalten werden können, wenn die Meßzeit t_M gleich einem ganzzahligen Vielfachen der Periodendauer T_N des Testsignales ist. Demgegenüber muß die Tatsache beachtet werden, daß für den Fall $t_M << T_N$ nicht der vollständige "pseudostochastische Bereich" eines Pseudozufallssignales durchlaufen wird und daher insbesondere bei sehr großen Folgenlängen und/oder niedrigen Taktfrequenzen diese Einflußbedingungen geprüft werden sollten.

Als Nachteil kann mitunter das Vorhandensein von diskreten Spektrallinien und (linearen) Abhängigkeiten in Erscheinung treten. Die Kombination von "echten" Zufallsquellen (z.B. radioaktiver Zerfall oder Rauschdioden) mit Pseudozufallsgeneratoren wurde als ein Kompromiß vorgeschlagen. Die geringe Stabilität und ungenügende Langzeitkonstanz der "echten" Zufallssignalquellen würde in eine solche Hybridvariante Eingang finden, so daß eine solche kaum angewendet wird. Auch die Versuche, Ergebnisse der Chaos-Theorie für die Erzeugung von Zufallssignalen zu nutzen, haben noch wenig praktische Bedeutung erlangt.

3.5.1 Binärsignal-Generatoren

Erzeugung von Pseudozufallszahlen

Zunächst werden einige Bemerkungen zur Erzeugung von *Pseudozufallszahlen* für Simulationszwecke vorangestellt. Auf diese Aufgabenstellung soll jedoch nicht weiter eingegangen werden, da es sich dabei mehr um eine Problemstellung aus der Mathematik und Informatik handelt. Für die Durchführung von Simulationen als computergestützte Experimente auf der Basis von Modellen benötigt man Zufallszahlen. Statt der Ableitung von "echt zufälligen" Prozessen (z.B. Rauschen, Radioaktivität) bevorzugt man die algorithmische Erzeugung im Rechner selbst. Diese Zahlenfolgen werden zumeist für ein Intervall [0, 1] - möglichst gleichverteilt und statistisch unabhängig - erzeugt. Genügen diese Zahlenfolgen statistischen Test, d.h. es kann kein signifikanter Widerspruch zur Hypothese eines echten zufälligen Verhaltens festgestellt werden, so ist die Bezeichnung "pseudozufällig" berechtigt [3.38]. Es gibt viele (mathematische) Generatoren, die Zahlenfolgen mit "guten" statistischen Eigenschaften liefern [1.36] [1.37]. Die bekanntesten sind die Kongruenzgeneratoren der Form

$$Z_{i+1} = (a\, Z_i + c) \bmod m \tag{3.69}$$

Diese Beziehung entspricht der linearen Differenzengleichung, Gl. (2.76) zur Erzeugung von linearen rekursiven Folgen, welche die Basis der *PRSV* darstellen. Der Unterschied besteht jedoch im Modul m, der bei den Generatoren zur Computersimulation relativ groß gewählt wird, z.B. $m = 2^{31} - 1$ oder $m = 2^i$ [3.38]. Letztere Form liefert zwar nicht die maximale Periodenlänge, gestattet jedoch eine einfache Realisierung der Modulo-Operation durch Maskierung (Weglassen) der Bits mit einer Wertigkeit $\geq$ m. Wird das Inkrement c in Gl. (3.69) weggelassen, d.h. c = 0 gesetzt, so wird dieser *multiplikative Kongruenzgenerator* mit geeignetem Faktor a und Modul m häufig zur effektiven Berechnung von Pseudozufallszahlen verwendet.

In nachrichtentechnischen Simulationstools, z.B. *COSSAP* oder *SPW* werden MF-Generatoren zum Modul m = 2 verwendet. Dies entspricht der meßtechnischen Nachbildung von Datenquellen durch binäre MF, z.B. zur Bestimmung der Bitfehlerrate (BER) von Übertragungskanälen (s. Abschn. 4.3).

Auf die Fragen der Erzeugung von Pseudozufallszahlen mit großem Modul m soll daher nicht weiter eingegangen werden, mit Ausnahme der "Blum-Generatoren" (s. Abschn. 4.6.2).

Auch auf der Grundlage binärer MF kann eine recht praktische Methode zur Erzeugung von Pseudozufallzahlen im Intervall [0, 1] angegeben werden, Bild 3.34. Die Inhalte des LSFR werden zur Bildung von ξ als Dualzahl verwendet:

$$\xi = d_1\, 2^{-1} + d_2\, 2^{-2} + \ldots\, d_n\, 2^{-n} \tag{3.70}$$

Die Schaltung nach Bild 3.34 entspricht der "gewichteten Summation" für eine Gleichverteilung (s. Abschn. 3.3.1) und somit einer speziellen Digital-Analog-Umsetzung. Um die Korrelation aufeinanderfolgender Werte zu reduzieren, ist eine Unterabtastung mit einem Faktor K_u sinnvoll, d.h. es wird nur jeder K_u-te Wert des Summierers ausgegeben (oder der Takt des LFSR ist entsprechend höher). Auch erscheint die Verwendung eines LFSR mit "interner" Mod-2-Addition günstiger (vgl. Bild 3.3b).

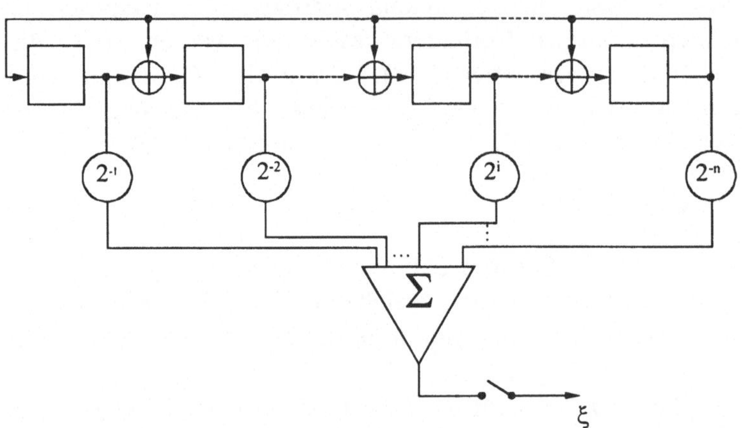

Bild 3.34 Erzeugung von Pseudozufallszahlen

In [3.39] wurde ein solcher Generator mit

$$n = 23,\ K_u = 4,\ g(x) = x^{23}+x^{18}+x^{16}+x^{13}+x^{11}+x^{8}+x^{5}+x^{2}+1$$

für die Modellierung der Bitfehler in einem symmetrischen Binärkanal verwendet.

Den Schwerpunkt bilden, wie bereits betont, die Generatoren für binäre Pseudozufallssignale. Besteht die Aufgabe, einzelne Binärsignale zu erzeugen, z.B. zur Nachbildung von Informations- oder Datenquellen, so ist dies auf der Basis der binären MF und der mehrwertigen, binär codierten MF mit weitgehenden Freiheitsgraden bezüglich der Folgenlänge möglich (s. Abschn. 3.2.4). Auch Abweichungen von der annähernden Gleichwahrscheinlichkeit sind über die Häufigkeitstransformation (s. Abschn. 3.3.2) einfach realisierbar bei Erfüllung gewisser Anforderungen an die statistische Unabhängigkeit und die AKF. Der Aufbau solcher Generatoren auf der Grundlage der im vorangegangenen Abschnitt beschriebenen Erzeugungsprinzipien braucht daher hier nicht im einzelnen dargestellt zu werden. Industrielle Generatoren machten bislang nur von der Erzeugung binärer MF Gebrauch. Als wichtigste Vorbedingung ist zu beachten, daß die Einzelperioden der Produkt- und Kombinationsfolgen (s. Abschn. 3.4.2 und 3.4.3). relativ prim sind. Zur Erfüllung höherer Ansprüche an die statistischen Kennwerte reicht dies nicht aus, da wegen der Verschiebe- und Addiereigenschaft der MF, Gl. (2.103), und der Dekompositionseigenschaft (s. Abschn. 2.3.6) Abhängigkeiten auftreten. Die Frage der statistischen Unabhängigkeit von Unterfolgen bzw. Binärwörtern der Länge M ist besonders bei Simulationsanwendungen von Bedeutung.

Dezimaler Pseudozufallsgenerator

Zur Erzeugung der Zahlen 0 ... 9 bietet sich die Kombination binärer und 5wertiger MF an [3.15]. Mit drei binären Schieberegistern wird eine 5wertige MF $\{a_i\}$ nach Bild 3.17, zweckmäßig im BCD-Code, erzeugt. Durch Addition (nicht mod 2, sondern im herkömmlichen Sinn) der binären und 5wertigen MF-Elemente werden die Elemente der dezimalen Pseudozufallfolge $\{v_i\}$ gebildet. Damit der Wertebereich 0 ... 9 durchlaufen wird, ist noch eine Wichtung der binären oder quinären Elemente erforderlich:

$$v_i = 2a_i + b_i$$

$$v_i = a_i + 5b_i \tag{3.71}$$

Zu beachten ist wieder, daß die Perioden der MF relativ prim sind.

Verwürfelgenerator

Zur Verbesserung der statistischen Eigenschaften von Datensignalen werden Scrambler oder Verwürfeler eingesetzt (s. Abschn. 4.4). Dieses Verfahren kann auch zur Erzeugung einer Anzahl k parallel zur Verfügung stehender binä-rer Pseudozufallfolgen mit geringen KKF-Werten herangezogen werden. Da-nach "verwürfeln" k identische MF-Generatoren, die bei autonomer Betriebs-weise eine MF mit der Periode N_a erzeugen würden, als Eingangsfolge eine MF der Periode N_b. Dabei sind zwei Bedingungen zu erfüllen, um günstige Korrelationseigenschaften der Ausgangsfolgen zu erhalten: Die Periodenlängen N_a und N_b sind relativ prim, d.h., die charakteristischen Polynome der MF sind teilerfremd, und sämtliche k Verwürfelungsregister arbeiten gegeneinander phasenverschoben, was sich z.B. durch unterschiedliche Schieberegisterbelegungen zum Startzeitpunkt erreichen läßt. Im Bild 3.35 ist die Prinzipschaltung eines solchen Generators dargestellt. Als Schieberegisterlängen werden $n_b \approx 40$ und $n_a = 8 \dots 20$ vorgeschlagen [3.40]. Es entstehen dann unter den gegebenen Voraussetzungen sehr große Periodenlängen $N_v = N_a\, N_b$ der Ausgangsfolgen, wobei zu beachten ist, daß im praktischen Betrieb u.U. nur eine Teilfolge zur Anwendung kommt.

Die Analyse der Ausgangsfolgen kann nach den Methoden der Theorie linearer Automaten und der Polynomalgebra erfolgen [1.5] [2.10] (s. Abschn. 2.2, 3.1). Das wesentliche Ergebnis besteht darin, daß - bei relativ primen Generatorpolynomen - zwei Zyklen der Länge $(2^{n_a}-1)(2^{n_b}-1)$ und $(2^{n_b}-1)$ entstehen. Der letztere entsteht nur bei einer der 2^{n_a} möglichen Startbedingungen und entspricht dann einer phasenverschobenen Eingangsfolge $\{b_{i+S}\}$. Die AKF der "langen" Ausgangsfolgen hat keinen exakt zweiwertigen Verlauf, sondern den einer Produktfolge, Gl. (3.66).

Es sind noch Erweiterungen, z.B. auf den Fall mehrwertiger MF, und Veränderungen dieser Konzeption denkbar, z.B. die Verwendung unterschiedlicher Verwürfelungsregister.

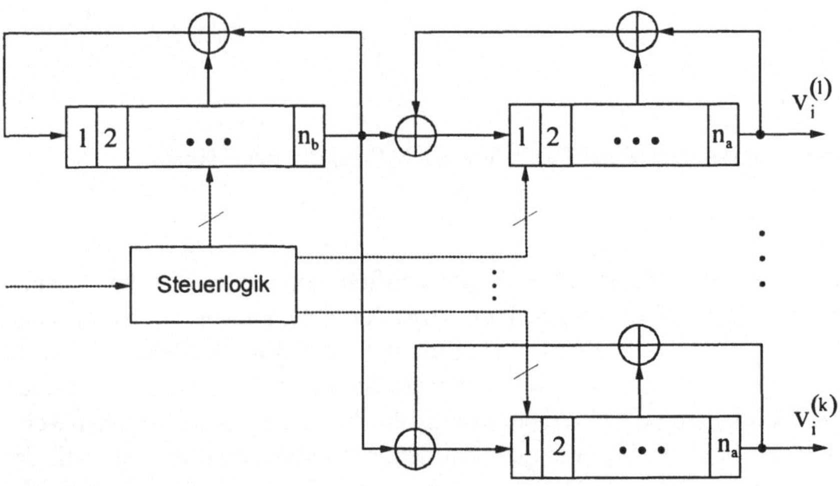

Bild 3.35
Verwürfelungs-Generator

Markoffketten-Generator

Zunächst wurde möglichst weitgehende statistische Unabhängigkeit bei der Erzeugung von Pseudozufallsprozessen angestrebt. Eine einfache statistische Bindung, wie sie in den Markoffketten zum Ausdruck kommt, bildet oft ein geeignetes Modell zur Analyse und Simulation. Der Aufbau eines Generators, der

Markoffketten in pseudozufälliger Weise erzeugt, kann so erfolgen, daß die Übergangs- oder bedingten Wahrscheinlichkeiten der Markoffkette durch vorgebbare relative Häufigkeit von Pseudozufallssignalen repräsentiert werden. Der dazu notwendige Auswahlvorgang zwischen den Pseudozufallsquellen ist über eine vom "Gedächtnis" der Markoffkette gesteuerte Umschaltung relativ einfach realisierbar. Bild 3.36 veranschaulicht das Prinzip eines Generators für binäre Markoffketten. Für die einzelnen Zufallselemente selbst ist wieder eine möglichst gute statistische Unabhängigkeit wünschenswert (s. Abschn. 3.3.2). Eine relativ einfach zu realisierende Methode zur Bereitstellung der Übergangswahrscheinlichkeiten ist die logische Verknüpfung (benachbarter) Elemente einer binären MF, wobei jedoch zusätzliche Abhängigkeiten in Kauf genommen werden müssen [2.23] [3.25].

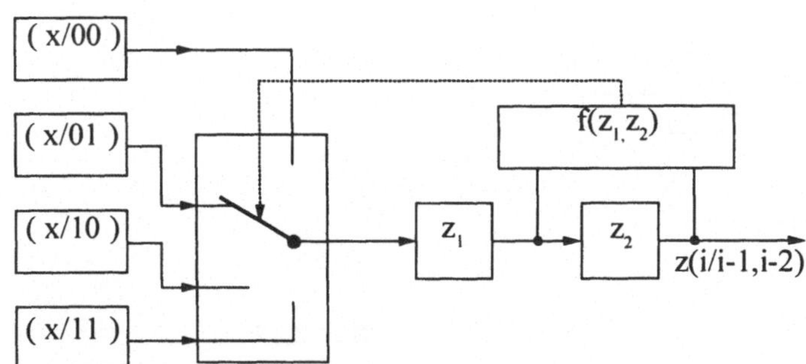

Bild 3.36 Markoffketten-Generator

"Langford"-Generator

Als eine zusätzliche Möglichkeit zur Beurteilung der "Zufälligkeit" einer gegebenen Signalfolge der Periode N kann man die Anzahl V_u der unabhängigen n-stelligen Vektoren betrachten. Eine MF vom Grad n besitzt nur n unabhängige Vektoren, da sich über die lineare Differenzengleichung, Gl. (2.76), alle weiteren Elemente der MF berechnen. Durch lineare Operationen läßt sich V_u nicht vergrößern, da dadurch die Struktur der Folge nicht verändert wird. Verknüpft man die Stufen des MF-Schieberegisters jedoch multiplikativ (logisch UND), und faßt diese über Modulo-2-Addition wieder zusammen, so entsteht eine Folge, die wesentlich mehr unabhängige Vektoren besitzt, insbesondere, wenn die Verknüpfungen nach der "Langford"-Anordnung gewählt werden [2.13]. Bild 3.37 zeigt als Beispiel einen solchen Generator für n = 8, wobei die Verknüpfung aus der Anordnung (4 1 3 1 2 4 3 2) resultiert: verknüpft werden je zwei mit der Zahl k gekennzeichnete Registerstufen, dabei treten alle Abstände 1 ... k genau einmal auf.

Eine Fortsetzung finden diese Überlegungen in der Konstruktion von Sequenzen höherer Komplexität, was für kryptographische Anwendungen von Bedeutung ist (s. Abschn. 4.7).

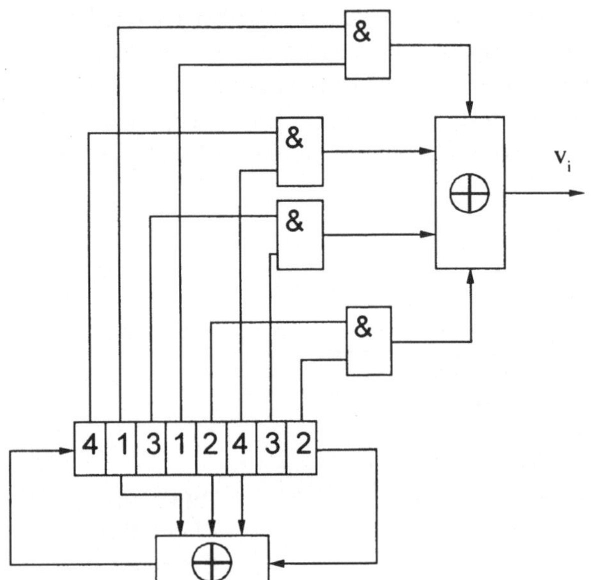

Bild 3.37
"Langford"-Generator

3.5.2 Quasi-Analogsignal-Generatoren

Hier können ebenfalls wieder eine Anzahl unterschiedlicher Generatortypen aufgebaut werden. Die einfachsten Realisierungen erhält man, wenn eine binäre oder auch mehrwertige MF durch einen Tiefpaß gefiltert wird. Da der Abstand der Spektrallinien der Periodenlänge N umgekehrt proportional ist, Bild 2.12, ist der untere Spektralbereich für große N nahezu "weiß". So reicht u.U. bereits ein einfacher RC-Tiefpaß aus, damit ein pseudozufälliges Rauschsignal aus einem hinreichend langen (z.B. $N = 2^{20} - 1$) MF-Signal abgeleitet werden kann. Besondere Schwierigkeiten bereitet die Erzeugung extrem tieffrequenter Rauschsignale mit stabilen und reproduzierbaren Parametern, wenn man von der herkömmlichen Technik ausgeht. Auf der Basis der Pseudozufalls-Signale sind jedoch sehr flexible Generatoren relativ einfach realisierbar, die auch hohen Anforderungen an die Langzeitkonstanz der Parameter genügen. Nach dem Verfahren der nichtrekursiven Transversalfilterung können unterschiedliche Amplitudenverteilungen approximiert werden (s. Abschn. 3.3.1). Es besteht ferner die Möglichkeit, durch geeignete Wahl der Gewichtsfaktoren h_ν Bild 3.22, die Tiefpaßfilterung mit vorgebbarem Frequenzverlauf zu realisieren. Tieffrequente Rauschgeneratoren können zur Untersuchung mechanischer Systeme (Schwingprüftechnik) und bei regelungstechnischen Problemen eingesetzt werden.

Zum Aufbau von Generatoren, die Pseudozufallssignale mit Gaußscher Amplitudenverteilung erzeugen, bestehen mehrere Möglichkeiten. Eine ist durch die nichtrekursive Transversalfilterung gegeben, wobei sich Signale mit Binomialverteilung der Amplituden besonders einfach erzeugen lassen (s. Abschn. 3.3.1). Die Binomialverteilung stellt bekanntlich eine Approximation der Gauß-Verteilung dar. Die Summierung von k Signalen mit beliebiger Verteilung nähert sich nach dem zentralen Grenzwertsatz mit zunehmender Anzahl k immer besser an ein Signal mit Gaußverteilung der Amplituden an. Wie bereits betont, trifft dies jedoch für die Summierung von mehr als n Elementen einer MF vom Grad n nicht mehr ohne Einschränkungen zu. Da jedoch die Gewichtsverteilung ($\Leftrightarrow$ Anzahl der 1-Elemente) in den Unterfolgen der Länge $M > n$ bei geeigneten MF recht gut die Forderungen nach statistischer Unabhängigkeit erfüllt [1.35] [2.25], stellt ein Generatorkonzept nach Bild 3.38 zur Erzeugung von Pseudozufallssignalen mit Gaußscher Amplitudenverteilung einen brauchbaren Kompromiß zwischen Aufwand und Ergebnis dar [3.41]. Sollen Pseudozufallsignale mit beliebig vorgebbaren Amplitudenverteilungen erzeugt werden, so ist dies über die Abtastung und Transformation von binären (Pseudo-)Zufallsvariablen bei entsprechend höherem technischem Aufwand möglich [3.42]. Aussagen zur AKF oder anderen Kennwerten sind jedoch nur schwer zu treffen.

Bislang nicht beachtet wurde die Möglichkeit, vielstufige MF-Signale selbst als Quelle für quasi-analoge Pseudozufallssignale zu verwenden. Aus Beispiel 3.6 und Tafel 3.2 ist ersichtlich, daß die dort erzeugte 31wertige MF vom Grad $n = 2$ alle Zahlenkombinationen (x, y), x, y $\in$: $\{0 \ldots 30\}$ in scheinbar regelloser Reihenfolge genau einmal je Periode enthält (s. Abschn. 2.3.5). Derartige Signale bieten sich daher für Prüfzwecke an, z.B. zur Kontrolle der korrekten AD-Umsetzung oder Signalspeicherung.

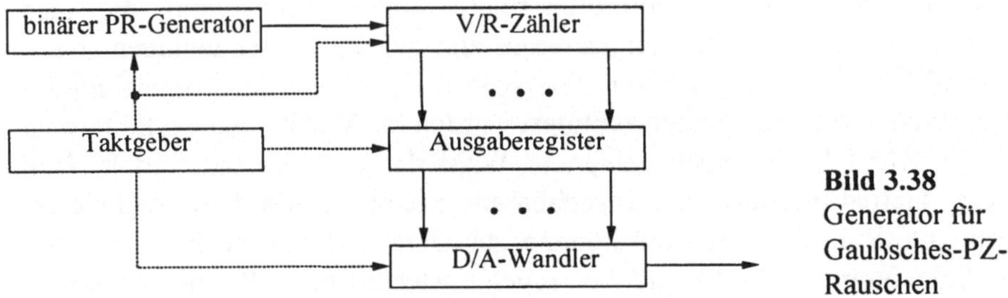

Bild 3.38 Generator für Gaußsches-PZ-Rauschen

4 Anwendungen der Pseudorandom-Signalverarbeitung

In diesem Kapitel sollen wichtige informationstechnische Anwendungen der Pseudorandom-Signalverarbeitung (*PRSV*) in einführender Form behandelt werden. Auch in den vorhergehenden Kapiteln wurden an verschiedenen Stellen bereits Anwendungsmöglichkeiten von Korrelationssignalen und Pseudorandom-Codes betrachtet. Den Schwerpunkt bildet die *PRSV* auf der Basis von m-Sequenzen, da sich ihr Einsatz in der Praxis aufgrund der günstigen Eigenschaften und der einfachen Erzeugungsmöglichkeiten vielfältig bewährt hat. Erstmals werden dabei Anwendungen von PR-Sequenzen in verschiedenen Fachdisziplinen dargestellt und dadurch Zusammenhänge verdeutlicht.

Die bekannteste Anwendung der *PRSV* ist die Spread-Spectrum- und Codemultiplex-Technik, worüber spezielle Werke, z.B. [1.23] [4.1] existieren. Auch in allgemeineren Lehrbüchern über digitale Nachrichtenübertragung finden sich dazu ein oder mehrere Kapitel, z.B. [1.3] [1.4] [1.18] [4.2] [4.3]. Die Anzahl von Arbeiten zur Spread-Spectrum-Technik ist im internationalen Maßstab enorm angewachsen, wie am Beispiel des im Zweijahresrhythmus stattfindenen Kongresses ISSSTA (International Symposium on Spread Spectrum Techniques and Applications) zu erkennen ist. Wegen der Fülle des Materials können hier, wie bereits in der Einführung erläutert, nur grundlegende Aspekte dargestellt werden. Auch im Satelliten-Navigationssystem GPS, das aufgrund seiner hervorragenden Leistungsmerkmale zunehmende Verbreitung erfährt, kommt die *PRSV* zum Einsatz. Weniger bekannte Anwendungen der *PRSV* finden sich als Systemkomponenten im neuen digitalen Hörfunk DAB (Digital Audio Broadcasting) und zukünftigen digitalen Fernsehen DVB (Digital Video Broadcasting). Diese als Scrambler bezeichneten Digitalschaltungen dienen der

PRSV von Datensignalen zur spektralen Formung und Energieverwischung und finden sich auch im DECT-Standard des Schnurlos-Telefons und in Systemen der leitungsgebundenen Datenübertragung nach dem ATM-Standard. Ebenfalls im folgenden Kapitel wird eine andere Art des Scrambling dargestellt, das der Echtzeitverschlüsselung dient und in den neuen Pay-Diensten im Hörfunk und Fernsehen zur Anwendung kommt.

Bei fast allen Verfahren der Informationsübertragung und -speicherung stellt die Bitfehlerrate (BER = Bit Error Rate) ein entscheidendes Qualitätsmerkmal (QoS = Quality of Service) dar. Für die BER-Messung hat sich die *PRSV* durchgesetzt, da auf der Empfangsseite die Fehlerzählung relativ einfach über das synchronisierte Referenz-PR-Signal realisiert werden kann. Auf die vorteilhaften Pseudorandom-Eigenschaften der m-Sequenzen können sich weitere Verfahren der Analyse von Systemen der Informationstechnik stützen. Dazu zählen die Maximalfolgen-Meßtechnik in der technischen Akustik und die Signaturanalyse, die im folgenden zuerst beschrieben wird.

4.1 Signaturanalyse

Grundsätzlich kann man zwischen Fehlern unterscheiden, die durch Fehlfunktionen von Bauelementen oder Baugruppen, z.B. defekte Schaltkreise, verursacht wurden, und Fehlern, die durch "äußere" Störeinwirkungen, z.B. Überlagerung von Schaltimpulsen, hervorgerufen werden. Die strenge Trennung zwischen diesen Fehlerarten ist in der Praxis selbstverständlich, da sie zunächst ganz unterschiedliche Maßnahmen erfordert, z.B. Reparatur bzw. geeignete Schaltungskonzeption u.a.. Durch neuere Entwicklungen kann jedoch eine "Auflockerung" dieser Trennlinie beobachtet werden. Eine bewährte Methode der Erkennung und Korrektur von Übertragungsfehlern ist die Verwendung linearer Blockcodes, deren theoretisches Fundament durch die Theorie der linearen Automaten und die Polynomalgebra gebildet wird.

Im Falle digitaler Schaltungen und Systeme führte die Suche nach leistungsfähigen Prüf- und Testhilfen zu Verfahren, die man unter die Überschriften Signaturanalyse, Logikanalyse und computergestützte Prüfautomaten einordnen kann. Diese Verfahren erfordern in der o.g. Reihenfolge zunehmenden technischen Aufwand und sollten nicht in Konkurrenz zueinander, sondern als sinnvolle Ergänzung gesehen werden.

4.1.1 Prinzip und systemtheoretische Beschreibung

Die Signatur- oder Kennzeichenanalyse findet zunehmend Eingang als effektives Prüf- und Testverfahren von Systemen mit hochintegrierten, digitalen Schaltkreisen, insbesondere von Mikroprozessor-Konfigurationen, so daß diesem Thema schon spezielle Fachbücher gewidmet wurden, z.B. [4.5] [4.7]. Das Konzept der Signaturanalyse veranschaulicht Bild 4.1.

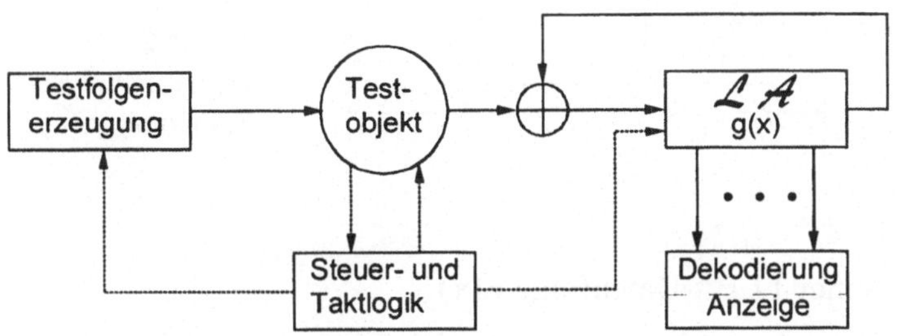

Bild 4.1 Prinzip der Signaturanalyse

Mit zunehmender Komplexität der zu testenden Schaltung treten mit den klassischen Prüfverfahren Schwierigkeiten auf, die sowohl im Aufwand als auch in den Prüfbedingungen begründet sind. Die Belegung mit speziell ausgearbeiteten Testschrittfolgen und die Auswertung mittels Rechner kann zumeist nur mit geringeren Geschwindigkeiten erfolgen, als sie im Echtzeitbetrieb auftreten. Dadurch können dynamisch auftretende Fehler u.U. nicht erkannt werden. Das Verfahren der Signaturanalyse stellt einen Sonderfall der in der Theorie der störungsgeschützten Codierungen seit langem bekannten Methoden zur Fehlererkennung mit zyklischen Linearcodes dar [1.5] [1.13]. Nach Bild 4.1 wird an den Eingang eines autonomen linearen Automaten eine Datenfolge gelegt, die als Testantwort an einem Punkt der zu prüfenden Schaltung entnommen wurde. Nach einer definierten Anzahl m von eingegebenen Binärsymbolen wird der Einlesevorgang gestoppt und der Inhalt des Schieberegisters ausgewertet. Als effektive Auswertemethode bei gerätetechnischen Signatur-Analysatoren hat sich die Decodierung von je 4 bit als Hexadezimal (0 ... f), durchgesetzt. Die optische Anzeige kann mit 7-Segment-LED-Elementen erfolgen, wobei als günstige Zuordnung eine Abweichung von der Standard-Hexa-Schreibweise vorgesehen wurde (0, 1, 2, ... , 9, A, C, F, H, P, U) [4.8] [4.120].

Vier 7-Segment-Anzeigeelemente bringen eine sogenannte Signatur zur Darstellung, die unmittelbar für die eingegebene Datenfolge eine "Falsch-Richtig"-Aussage durch Vergleich der "Soll"- und "Ist"-Signaturen ermöglicht. Es leuchtet ein, daß die Ablesung einer vierstelligen Signatur wesentlich rationeller ist, als die "bitweise" Kontrolle einer langen Datenfolge.

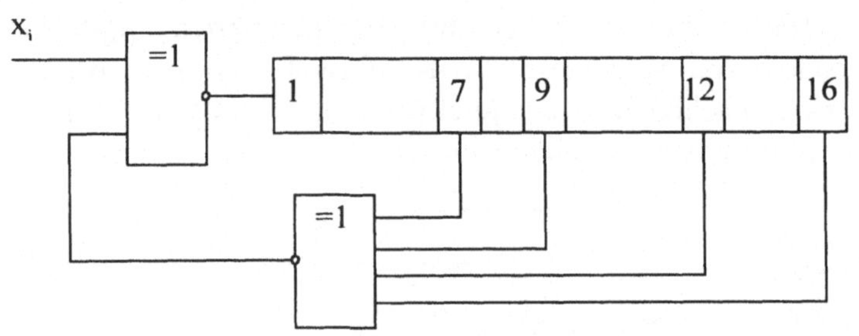

Bild 4.2 Signaturanalyse-Schieberegister

Beispiel 4.1: Eingabe einer 11 Bit-Datenfolge E(x)

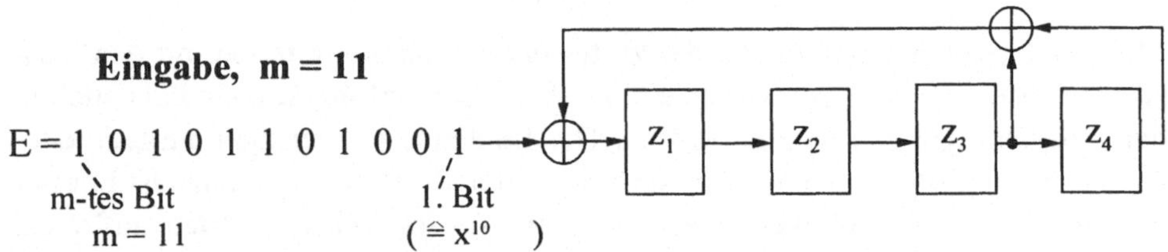

Bild 4.3 Vierstufiges Signaturregister

Die Signatur **s** = **z**(i = 11) = (z_4 z_3 z_2 z_1) = (1101) ≙ H ergibt sich nach Eingabe der Datenfolge E(x). Zu Beginn muß sich das Signaturregister im Zustand **z**(i = 0) = **0** befinden. Zur Bestimmung der Signatur kann die Schaltung E(x) simuliert (abgearbeitet) werden, ferner besteht die Möglichkeit der formalen Polynomdivision:

$$(x^{10} + x^7 + x^5 + x^4 + x^2 + 1) : (x^4 + x + 1) = x^6 + x^2 + x + 1$$

Dabei ist zu beachten, daß erst die Koeffizienten der fortgesetzten Division des Restes der Signatur entsprechen:

$$(x^3 + x^2) : (x^4 + x + 1) = 1\,x^{-1} + 1x^{-2} + 0\,x^{-3} + 1\,x^{-4}$$

$$\underline{x^3 + 1 + x^{-1}}$$

$$x^2 + 1 + x^{-1}$$

$$\underline{x^2 + x^{-1} + x^{-2}}$$

$$1 + x^{-2}$$

$$\underline{1 + \quad + x^{-3} + x^{-4}}$$

$$x^{-2} + x^{-3} + x^{-4}$$

Bei "internen" Mod-2-Addern, d.h. zwischen den Verzögerungsstufen, s. Bild 3.3b ist der Rest mit der Signatur identisch. Die Unterschiede in den Signaturen bei Registern mit "externen" und "internen" Mod-2-Addern sind auf Grund der Äquivalenz beider Schaltungsstrukturen überführbar; einen dazu geeigneten Algorithmus findet man in [4.9]. Es besteht eine weitgehende Analogie zum Problem der Prüfbit- und Syndromberechnung mittels Polynomdivision bei zyklischen Blockcodes [1.5] [1.13].

Jede sequentielle, digitale Schaltung kann anschaulich durch einen zugeordneten Schaltwerksgraphen beschrieben werden (vgl. 3.1.2 Zyklusverhalten). Im Unterschied zu einem autonomen Automaten bestehen in jedem Zustand zwei Möglichkeiten für einen Übergang in den Folgezustand entsprechend der binären Eingangssignale 1 bzw. 0, (was dem autonomen Fall entspricht). In Bild 4.4 ist der zum Signaturregister nach Bild 4.3 gehörige Schaltwerksgraph mit seiner Automatentabelle dargestellt.

Eine wichtige Gesetzmäßigkeit linearer digitaler Systeme ist die Superpositionseigenschaft, die für weitergehende theoretische Untersuchungen der Signaturanalyse genutzt wird [4.10]:

$$\mathbf{s}(E^* + E) = \mathbf{s}(E^*) + \mathbf{s}(E) \tag{4.1}$$

Allgemein besagt dieses Gesetz, daß die Signatur einer Eingabefolge als Überlagerung (Superposition) der Signaturen erhalten werden kann, die als "Antwort" auf verschobene "1"-Eingabe auftreten. Konkret für Beispiel 4.1 bedeutet dies, daß folgende Signaturen zu addieren (mod 2) sind:

```
E1  1 0 0 0 0 0 0 0 0 0 0  →  S1  =  (0111)  ≙  7
E2  - - - 1 0 0 0 0 0 0 0  →  S2  =  (1010)  ≙  A
E3  - - - - - 1 0 0 0 0 0  →  S3  =  (0110)  ≙  6
E4  - - - - - - 1 0 0 0 0  →  S4  =  (0011)  ≙  3
E5  - - - - - - - - 1 0 0  →  S5  =  (0100)  ≙  4
E6  - - - - - - - - - - 1  →  S6  =  (0001)  ≙  1
                              ------------------------
                                   +  (1101)  ≙  H
```

Man erkennt hier eine gewisse Analogie zu linearen analogen Systemen, wo die "Antwort" auf den Dirac-Impuls für die Berechnung der Systemantwort auf beliebige Ausgangssignale genutzt werden kann (Faltungsintegral [1.1]).

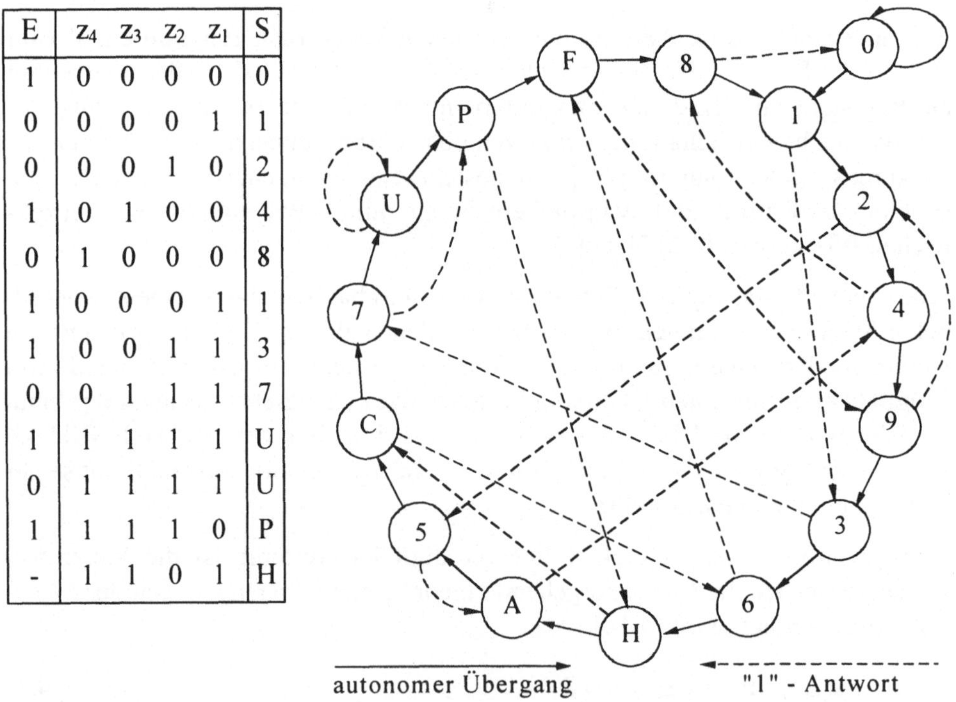

E	z_4	z_3	z_2	z_1	S
1	0	0	0	0	0
0	0	0	0	1	1
0	0	0	1	0	2
1	0	1	0	0	4
0	1	0	0	0	8
1	0	0	0	1	1
1	0	0	1	1	3
0	0	1	1	1	7
1	1	1	1	1	U
0	1	1	1	1	U
1	1	1	1	0	P
-	1	1	0	1	H

Bild 4.4
Schaltwerksgraph und Automatentabelle zu Bild 4.3.

Die Testdatenfolge zur Anregung des Prüfobjektes kann eine binäre MF sein oder eine andere geeignete Struktur besitzen. Ein weiterer Bezug der Signaturanalyse zur *PRSV* ist das rückgekoppelte Schieberegister für die Komprimierung der Eingangsdatenfolge in eine Signatur.

Als geeignetes Rückkopplungspolynom wurde das Signaturregister nach Bild 4.2 vorgeschlagen [4.8] - [4.11]:

$$g(D) = D^{16} + D^{12} + D^{9} + D^{7} + 1 \tag{4.2}$$

Dieses Polynom ist irreduzibel und primitiv und stellt bezüglich der Nichterkennung von Fehlern (Maskierung, Aliasing) eine "gute Wahl" dar [4.12] [4.13].

Die abgeschätzte Wahrscheinlichkeit p_E, daß fehlerhafte Datenfolgen erkannt werden, ist sehr hoch [4.8] [4.12]:

$$p_E = 1 - \frac{2^{m-n} - 1}{2^m - 1} \approx 1 - \frac{1}{2^n}, \qquad m >> n, \tag{4.3}$$

d.h., für n = 16 beträgt sie 99,998 %. Mit den Methoden der Polynomalgebra kann Gl. (4.3) leicht nachgewiesen werden [1.5] (s. Abschn. 2.2). Danach erfolgt mittels der Schieberegisterschaltung eine Division eines Eingangspolynoms x(D), das eindeutig der 1-bit-Eingangsfolge zugeordnet ist, durch das Rückkopplungspolynom g(D). Das Ergebnis ist ein Restpolynom r(D), dessen Koeffizienten im Schieberegister stehen und als Signatur decodiert werden. Ergeben zwei Eingangsfolgen $x_1(D)$, $x_2(D)$ den gleichen Rest r(D), so kann geschrieben werden:

$$q_1(D)\, g(D) + r(D) = x_1(D) \tag{4.4}$$

$$q_2(D)\, g(D) + r(D) = x_2(D). \tag{4.5}$$

Die Polynome $q_1(D)$ und $q_2(D)$ in Gln. (4.3) (4.4) sind vom Grad $n \leq m - n$, so daß 2^{m-n} verschiedene Eingangsfolgen auf die gleiche Signatur führen und daher nicht unterschieden werden können, hieraus folgt unmittelbar Gl. (4.3). Ferner erscheint es vorteilhaft, daß Datenfolgen, die sich genau um ein Bit an einer beliebigen Position k unterscheiden, mit Sicherheit verschiedene Signaturen bilden. In der Polynombeschreibung bedeutet die Invertierung des k-ten Elementes:

$$x_2(D) = x_1(D) + D^k. \tag{4.6}$$

Wenn die Eingangspolynome $x_1(D)$, $x_2(D)$ gleiche Reste $r_1(D) = r_2(D)$ ergeben sollen, müßte gelten:

$$q_2(D)g(D) = g(D)\left[q_1(D) + \frac{D^k}{g(D)}\right], \tag{4.7}$$

was insofern zum Widerspruch führt, da D^k nicht ohne Rest durch das primitive Polynom g(D) teilbar ist. In der Praxis sind noch Fragen zur Bildung der Start/Stop-Signale, der Flankenauswahl und der Ablaufsteuerung zu beachten. Zweckmäßig erweist sich auch die Überwachung der "Stabilität" der Signaturen, um so Hinweise auf evtl. Kontakt- und Schaltunsicherheiten zu erhalten [4.8] [4.11].

Obwohl auch Signaturpolynome der Form

$$g(D) = D^n + 1 \quad \text{oder } g(x) = x^n + 1 \tag{4.8}$$

verwendet werden, d.h. es handelt sich um eine sehr einfache Rückkopplung, ist unter bestimmten Bedingungen die Fehlererkennungswahrscheinlichkeit ungünstiger, so daß sie eine "schlechte Wahl" darstellen [4.12]. Die Vorteile der primitiven Rückkopplungspolynome werden dann in Frage gestellt, wenn die Testfolgensequenz zur Stimulierung des Prüfobjektes und das Signaturregister zur Datenkompression (Bild 4.1) durch zueinander reziproke Polynome beschrieben werden (s. Gl. (2.8), [4.14]). LFSR mit zueinander reziproken Rückkopplungspolynomen erzeugen zeitlich invers laufende Sequenzen. Signaturregister mit einem Rückkopplungspolynom der Form

$$g(x) = f_R(x) = (x + 1)\, p(x) \tag{4.9}$$

$$p(x) \mathrel{\hat{=}} \text{primitives Polynom}$$

zeichnen sich durch ein optimales Fehlererkennungsverhalten aus, wie eine tiefergehende Analyse zeigt [4.10] [4.13]. Die Aussage für Polynome nach Gl. (4.9) steht in Übereinstimmung mit der Codierungstheorie, wonach in redundanten linearen Blockcodes der Faktor (x + 1) die Erkennung aller ungeradzahliger Fehler gestattet. Primitive Polynome p(x) sind als Rückkopplungsfunktion in verschiedener Hinsicht von Vorteil. Bei linearen Blockcodes definieren sie die Klasse der Hammingcodes und als Teilpoynome auch die BCH-Codes [1.5] [1.13]. Ein linearer autonomer Automat mit primitiver Rückführung erzeugt einen Zyklus maximaler Länge $N = 2^n - 1$ (s. Abschn. 3.1.2), wodurch in der Anwendung als Signaturregister die Erkennung auch aller Zweifachfehler garantiert wird, sofern die Bedingung ($m < N$) erfüllt ist [4.10].

Außer in Form von gesonderten tragbaren Geräten, kann die Signaturanalyse auf Schaltkreis-(Chip)-Niveau, über die Leiterplatte (Board) bis zum kompletten größeren digitalen System, (z.B. Mikrorechner oder Workstation) in die Hardware zum Zwecke des Selbsttest implementiert werden (Built-In Self Test, BIST) [4.15]. Wichtig für die vollständige Anwendbarkeit der Signaturanalyse ist, daß bereits bei der Schaltungsentwicklung darauf Rücksicht genommen wird, bei der Erarbeitung der Prüfdokumentation und Bereitstellung evtl. zusätzlicher Hardware [4.11]. Oft können auch auf einem größeren Schaltkreis vorhandene Register über eine spezielle Steuerung (diagnostic control) auf unterschiedliche Funktionen, z.B. LFSR zur Testmuster-Generierung oder Datenkomprimierung, eingestellt werden. Ein Beispiel dafür ist der "Macrolan-Chip", wo 70 LFSRs zu Testzwecken konfiguriert wurden, das kürzeste 10 bit und das größte LFSR 41 bit lang [4.16]. Die Anzahl der Testmusterbits und damit auch die Länge m der in die Signaturregister einzulesenden Datenfolgen liegt im Bereich $m = 10^3 \ldots 10^7$, je nach Testbarkeitsbedingungen und Fehlerbedeckungsanforderungen [4.15].

Heutzutage stehen dem Schaltkreisentwerfer leistungsstarke, kommerzielle Softwaretools zur Logik- und Fehlersimulation zur Verfügung. Die Belange des BIST-Entwurfes werden darin teilweise berücksichtigt, einige Firmen bieten bereits spezielle Tools für den BIST-unterstützten VLSI-Entwurf an.

Die zu testenden Schaltkreise enthalten zumeist kombinatorische und sequentielle Logikelemente in größerer Anzahl. Durch Signaturanalyse können durchaus "gemischte" Logikschaltungen getestet werden, wobei die Beschränkung auf kombinatorische Logik eine tiefergehende theoretische Analyse erlaubt [4.12]. Aus technologischen Gründen darf die Anzahl der Signalleitungen an einem Schaltkreis nicht zu groß werden, d.h. die Anschluß-Pins für die "normale" Funktion sollen auch für Test- und Prüfzwecke verwendet werden. Ferner kann über eine Eingangsleitung eine Anzahl Testsymbole in einen Schieberegister-Speicher (Scan Path) auf dem zu testenden Schaltkreis eingegeben werden. Die Testantworten können zunächst parallel in ein Scan-Ausgangsregister geschrieben und seriell ausgegeben werden. Auf diese Weise ist ein Austausch zwischen Pinanzahl und der Zeit für eine Testantwort möglich. Es sind verschiedene Konfigurationen der BIST-Kategorien "Test per Scan" und "Test per Clock" zu unterscheiden [4.15].

4.1.2 Erweiterungen der Signaturanalyse

Das Konzept der seriellen, eindimensionalen Signaturanalyse, Bilder 4.1, 4.2, reicht somit nicht aus, da die meisten digitalen Systeme über parallele Ein- und Ausgabeleitungen, insbes. Bussysteme (1, 2, 4-Byte), und auch im Innern über parallelen "Datentransfer" verfügen. Eine naheliegende Erweiterung stellt daher ein Signaturregister nach Bild 4.5 mit n parallelen Eingängen $x_1(i)$, ... $x_n(i)$ dar (PSA).

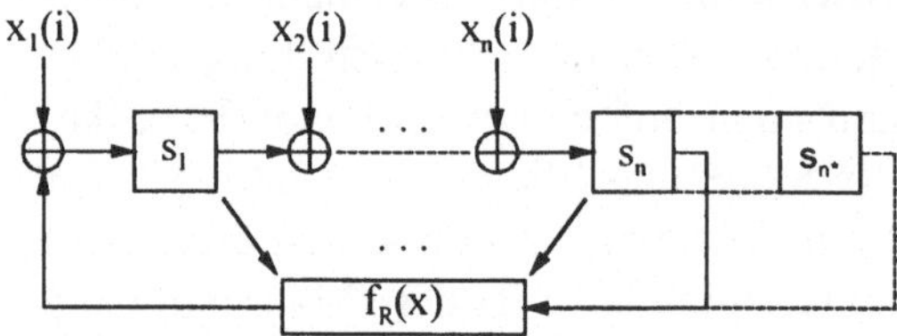

Bild 4.5
Signaturregister mit Parallel-Eingabe

Formal handelt es sich um eine Abbildung X $\Rightarrow$ S von m Vektoren **x** aus der Eingabemenge X auf einen Vektor **s** aus der Menge der Signaturen S. Die Qualität der Abbildung kann durch ein Unterscheidungspotential gekennzeichnet werden. Setzt man wie bei der seriellen Signaturanalyse voraus, daß alle Signaturen annähernd gleich wahrscheinlich auftreten, so kann für die Erkennungswahrscheinlichkeit p_E geschrieben werden:

$$p_E = 1 - p_{NE} = 1 - \frac{N_x / N_s - 1}{N_x - 1} \tag{4.10}$$

wobei N_x die Anzahl der möglichen verschiedenen Folgen von Eingabevektoren und N_S die Anzahl der verschiedenen Signaturen bezeichnet. Aus Gl. (4.10) folgt für den eindimensionalen Fall sofort Gl. (4.3). Im Falle der PSA ist die Zahl $N_{x,PSA} = 2^{nm}$ für gleiche Eingabelänge m wesentlich größer als die Zahl $N_{x,SA} = 2^m$ bei serieller SA. Wenn die Zahl N_s der Signaturen gleich bleibt, d.h. bei gleicher Registerlänge n, muß man allgemein mit einer höheren Maskierungswahrscheinlichkeit bei PSA rechnen. Eine Verbesserung, die noch näher zu untersuchen wäre, kann durch die in Bild 4.5 angedeutete Verlängerung $n^* > n$ der Registerlänge erreicht werden [4.17]. Trotz offener Fragen der PSA, einige theoretische Ergebnisse finden sich in [4.12], findet die PSA in verschiedenen Varianten Anwendung (Multible-Input Signatur Register, MISR).

Hier soll noch eine mögliche "Degradation" durch Auftreten sehr kurzer Zyklen gezeigt werden.

Zyklusverhalten eines PSA-Registers bei konstantem Eingabevektor x(i) = x:

Das Zustandsverhalten des Signaturvektors **s**(i) wird durch die Gleichung (vgl. Gl. (3.1))

$$\mathbf{s}(i+1) = \mathbf{A}\,\mathbf{s}(i) \oplus \mathbf{B}\,\mathbf{x} \tag{4.11}$$

beschrieben, wobei die Übergangsmatrix **A** das autonome Verhalten des linearen digitalen Systems und die Matrix **B** die Einwirkung des Eingabevektors **x** auf die verschiedenen Komponenten des Signaturvektors angeben. Für den o.g. Sonderfall kann geschrieben werden:

$$\mathbf{s}(i+1) = \begin{bmatrix} c_1 & c_2 & \dots & & c_n \\ 1 & 0 & \dots & & 0 \\ 0 & 1 & \dots & & 0 \\ \vdots & & \ddots & & \vdots \\ 0 & & \dots & 1 & 0 \end{bmatrix} \mathbf{s}(i) \oplus \mathbf{x} \tag{4.12}$$

Die Koeffizienten $c_1 \dots c_n$ der ersten Zeile in Gl. (4.12) beinhalten die Rückkopplungsbedingung $f_R = g(D)$ des Signaturregisters. Im allgemeinen entspricht diese Funktion einem irreduziblen primitiven Polynom, so daß sich bekanntlich im autonomen Fall, d.h. **x** = **0**, das Zyklusverhalten eines Maximalfolgen-Schieberegisterautomaten ergibt (s. Abschn. 3.1.2).

Alle möglichen n-stelligen Binärvektoren **a**(i) ≠ **0** liegen in *einem* Zyklus maximaler Länge, der die Periodenlänge $N = 2^n - 1$ aufweist. Der **0**-Zustand reproduziert sich fortlaufend selbst und ergibt somit die Zykluslänge 1.

Das Verhalten eines PSA-Registers mit beliebigem Eingabevektor **x** ≠ **0** unter der Voraussetzung **x**(i) = konst. kann eindeutig auf das Zyklusverhalten des autonomen Falles abgebildet werden. Zunächst ergibt sich aus der Addition der Gl. (4.11) mit der entsprechenden, im Taktzeitpunkt um "1" erhöhten Gl. (4.13)

$$\mathbf{s}(i+2) = \mathbf{A}\,\mathbf{s}(i+1) \oplus \mathbf{B}\,\mathbf{x} \tag{4.13}$$

die Beziehung:

$$\mathbf{s}(i+2) \oplus \mathbf{s}(i+1) = \mathbf{A}\,[\mathbf{s}(i+1) \oplus \mathbf{s}(i)] \tag{4.14}$$

Aus Gl. (4.14) ist zu erkennen, daß die rechte Seite dem autonomen Fall entspricht, wenn man die Substitution

$$\mathbf{s}(i+1) \oplus \mathbf{s}(i) = \mathbf{a}(\ell) \tag{4.15}$$

verwendet. Die Modulo-2-Summe jeweils aufeinanderfolgender Zustände des PSA-Registers sind identisch mit der Zustandsfolge des autonomen Schieberegisterautomaten. Aufgrund der eindeutigen Zuordnung von je zwei aufeinanderfolgenden Signaturen des PSA-Registers zu den Zuständen des Maximalfolgenzyklus, folgt ein bezüglich der Periodenlängen gleichartiges Zyklusverhalten wie im autonomen Fall. Der $\mathbf{s}(i)$-Zyklus ist jedoch nicht mit dem MF-Zyklus identisch. Die Bedingung für den "kurzen" $\mathbf{s}(i)$-Zyklus $\mathbf{s}(i) = \mathbf{s}_0$ findet man leicht aus der Zustandsgleichung:

$$\mathbf{s}_0 = \mathbf{A}\,\mathbf{s}_0 \oplus \mathbf{x} \tag{4.16}$$

Für einen gegebenen Eingabevektor $\mathbf{x}$ kann man mit Gl. (4.16) also stets einen bestimmten Zustand $\mathbf{s}_0$ eines PSA-Registers finden - in Abhängigkeit von der in der Matrix $\mathbf{A}$ enthaltenen Rückkopplungsbedingung - der zur Zykluslänge "1" führt.

$$\mathbf{s}_k(i) = \mathbf{A}\,\mathbf{s}_k(i) \oplus \mathbf{x}_0 \tag{4.17}$$

Die für lineare Maximalfolgen bekannte Verschiebe- und Addiereigenschaft, Gl. (2.103) kann auch in Form der Zustandsvektoren geschrieben werden:

$$\mathbf{a}(j) \oplus \mathbf{a}(k) = \mathbf{a}(\ell) \tag{4.18}$$

Aus dem Vergleich von Gl. (4.15) und Gl. 4.18) ergibt sich die Beziehung:

$$\mathbf{a}(j) \oplus \mathbf{a}(k) = \mathbf{s}(i+1) \oplus \mathbf{s}(i) \tag{4.19}$$

Als eine Lösung folgt das Ergebnis:

$$\mathbf{s}(i) = \mathbf{a}(j) \oplus \mathbf{x}^* \tag{4.20}$$

das man auch folgendermaßen ausdrücken kann:

Die Zustandsfolge eines PSA-Signaturregisters mit konstantem Eingabevektor stimmt bis auf Phasenverschiebung und Addition eines konstanten Terms $\mathbf{x}^*$ *mit dem Maximalfolgen-Zyklus überein.*

Aus Gl. (4.20) ist ferner für die einzelnen Komponenten der Signatur ablesbar:

Die Komponenten der PSA-Signaturen bei konstantem Eingabevektor bilden lineare Maximalfolgen oder negierte lineare Maximalfolgen des zugeordneten autonomen rückgekoppelten Schieberegisters. Offensichtlich werden genau die Maximalfolgen negiert, wo der $\mathbf{x}^*$-Vektor eine "1" aufweist. Ferner läßt sich zeigen, daß der Vektor $\mathbf{x}^*$ mit dem Zustandsvektor $\mathbf{s}_0$ für den 1-Zyklus identisch ist.

Beispiel 4.2:

Für ein PSA-Signaturregister nach Bild 4.6 reproduziert sich bei konstantem Eingabevektor $\mathbf{x}$ = (1111) und dem nach Gl. (4.15) berechneten Anfangszustand $\mathbf{s}_0$ = (0101) stets der gleiche Folgezustand, d.h., es tritt der 1-Zyklus auf. Diese Verhältnisse kann man auch leicht direkt nachprüfen.

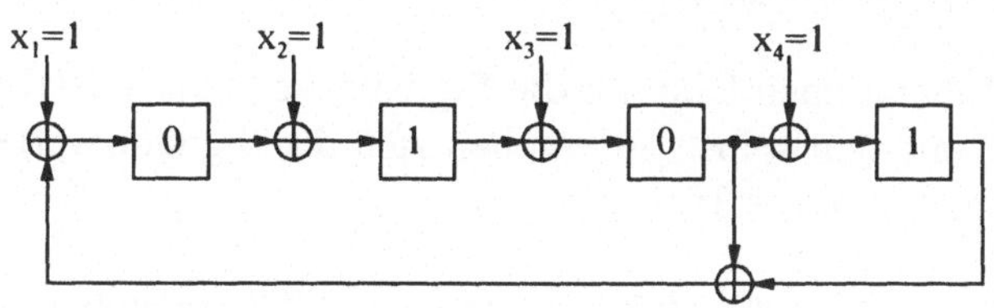

Bild 4.6
PSA-Register mit Kurzzyklus

Mehrwertige Signaturanalyse

Da lineare Automaten über dem GF(p) mit p $\hat{=}$ Primzahl und GF (q), mit q $\hat{=}$ Primzahlpotenz existieren (s. Abschn. 3.1), kann die serielle und auch die parallele Signaturanalyse auf den mehrwertigen (oder mehrstufigen) Fall ausgedehnt werden [4.17]. Bislang wurde von diesen Möglichkeiten kaum Gebrauch gemacht, da mehrvalente Logik (noch) wenig eingesetzt wird. Das Vorgehen soll am Beispiel eines ternären Signaturregisters Bild 4.7 und des zugehörigen Schaltwerksgraphen Bild 4.8 gezeigt werden. Die Gültigkeit des Superpositionsprinzips als Folge der Linearität (mod 3) wird mit der nebenstehenden Tabelle demonstriert.

Beispiel 4.3: Ternäres Signaturregister n = 2

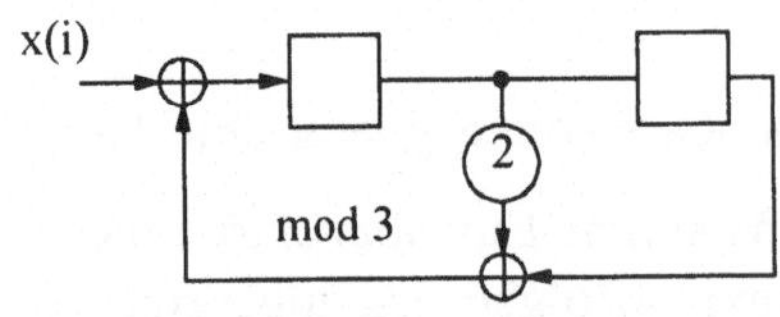

Bild 4.7
Ternäres Signaturregister

Im Unterschied zum binären Signaturregister hat im Schaltungsgraphen des ternären Registers nach Bild 4.8 jeder Zustand drei zulaufende und drei ablaufende Zweige, entsprechend den möglichen Eingaben $x_i = 0$ (autonomer Zyklus), $x_i = 1$ bzw. $x_i = 2$.

Der Übersicht halber sind im Bild 4.8 nicht alle Zweige eingezeichnet. Ausgehend vom Startzustand (11) = z_1 wurden die Zustände in der Aufeinanderfolge des autonomen Zyklus, d.h. wie er bei der Erzeugung der ternären MF auftritt, numeriert. Die Gültigkeit des Superpositionsprinzips nach Gl. (4.1) kann hier in anderer Form als im Beispiel 4.1 gezeigt werden:

$$\mathbf{s}(1 + 1) = \mathbf{s}(1) + \mathbf{s}(1) = \mathbf{s}(2) \qquad (4.21)$$

Addiert man in der Tabelle nach Bild 4.8 die Signaturwerte $s_1(i)$, $s_2(i)$ für konstante Eingabe $x_i = 1$ mit sich selbst, so ergeben sich die Signaturwerte für die konstante Eingabe $x_i = 2$, z.B. $t_i = 3$:

$$(2,0) + (2,0) = (1,0) \bmod 3,\ t_i = 4\text{: } (2,2) + (2,2) = (1,1) \bmod 3$$

Ferner sind in der Spalte für $x_i = 1$ der Zustand z_i = (11) und in der Spalte für $x_i = 2$ der Zustand z_5 =(22) nicht enthalten, die jeweils auf einen Kurzzyklus führen - sich analog dem autonomen Fall z_0 = (00) - selbst reproduzieren.

Wie bereits in [4.17] vorgeschlagen, kann die serielle Signaturanalyse auf den mehrdimensionalen Fall ausgedehnt werden, d.h., Elemente des GF(q), z.B. $q=2^8$, sind "zu verarbeiten". Es werden mit dieser Form der *PRSV* die Signaturen von GF(q)-Symbolen, z.B. Bytes, gebildet (→ Analogie zu den Reed-Solomon-Codes, [1.5] [1.13]). Die Realisierung kann in binärer Codierung erfolgen (vgl. Bild 3.17), was einen höheren Aufwand als die PSA nach Bild 4.5 erfordert, dafür aber evtl. günstigere Fehlererkennungseigenschaften liefert.

T_i	$x_i = 0$ s_1	s_2	$x_i = 1$ s_1	s_2	$x_i = 2$ s_1	s_2
0	0	0	0	0	0	0
1	1	1	1	0	2	0
2	0	1	0	1	0	2
3	1	0	2	0	1	0
4	2	1	2	2	1	1
5	2	2	1	2	2	1
6	0	2	2	1	1	2
7	2	0	0	2	0	1
8	1	2	0	0	0	0
9	1	1	1	0	2	0

Linearität → Superpositionsgesetz

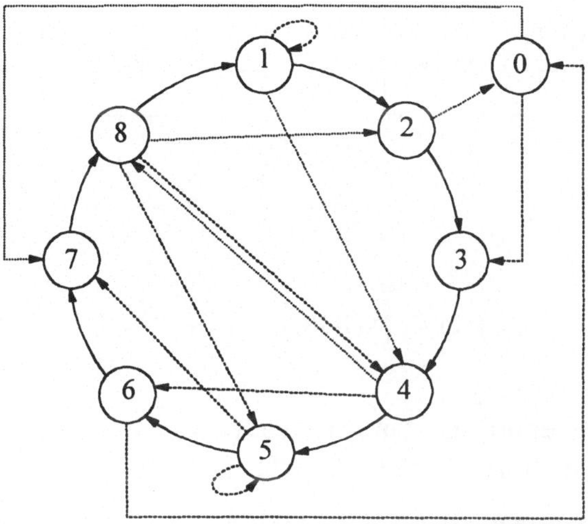

Zustand	s_1 s_2
0	0 0
1	1 1
2	0 1
3	1 0
4	2 1
5	2 2
6	0 2
7	2 0
8	1 2

Bild 4.8
Schaltwerksgraph und Signaturtabelle des Registers nach Bild 4.7

4.2 Korrelationsanalyse von linearen Systemen

Der Zusammenhang zwischen Ein- und Ausgangssignal eines analogen LTI (Linear Time Invariant) Systems kann bekanntlich vollständig durch das Faltungsintegral beschrieben werden, Bild 4.3 [1.1]:

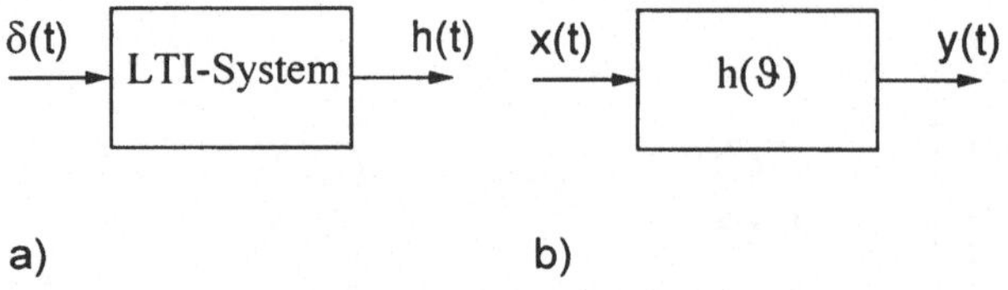

δ(t) → LTI-System → h(t)   x(t) → h(ϑ) → y(t)

a)   b)

Bild 4.9
Lineares System
a) allgemeine LTI-Antwort
b) Impulsantwort

$$y(t) = \int_{-\infty}^{+\infty} x(\vartheta)h(t-\vartheta)d\vartheta, \tag{4.22}$$

wobei h(t) die Antwort des Systems auf einen extrem kurzen Impuls, idealisiert den Dirac- oder δ(t)-Impuls, darstellt.

Setzt man Gl. (4.21) in Gl. (2.2) der KKF ein, so ergibt sich nach einer zulässigen Umformung ein Zusammenhang zur AKF des Eingangssignals:

$$R_{x,y}(\tau) = \int_{\infty}^{\infty} h(\vartheta)R_{x,x}(\tau-\vartheta)\,d\vartheta. \tag{4.23}$$

Damit läßt sich bei bekannter AKF und KKF die Impulsantwort h(t) als wichtige Systemkenngröße aus Gl. (4.23) ermitteln. Die dazu erforderliche Rückfaltung wird dann besonders einfach, wenn weißes Rauschen als Eingangssignal verwendet wird. Die Verwendung von PR-Signalen statt "echten" Rauschsignalen hat sich in der Praxis als vorteilhaft erwiesen. In diesem Falle ist die AKF eine Deltafunktion und Gl. (4.23) vereinfacht sich wegen der Ausblendeigenschaft [1.1] [1.3]:

$$R_{x,x}(\tau) = S_0\,\delta(\tau) \tag{4.24}$$

$$R_{x,y}(\tau) = S_0\,h(\tau). \tag{4.25}$$

Die Gewichtsfunktion oder Impulsantwort ist damit direkt proportional der KKF, die man durch Messungen ermitteln kann. Falls die Kreuzspektraldichte $S_{x,y}(f)$ bestimmt werden kann, erhält man auch sofort den Frequenzgang des Systems [1.1]:

$$H(j\omega) = \int_{-\infty}^{\infty} h(t)e^{-j\omega t}dt = \frac{S_{xy}(j\omega)}{S_0} \tag{4.26}$$

Die Verwendung von "echten" Rauschsignalen mit konstanter spektraler Leistungsdichte S_0 ist aus den bereits genannten Gründen der unzureichenden Parameterstabilität und zeitlichen Reproduzierbarkeit mit Schwierigkeiten verbunden. Für die praktische Anwendung des Verfahrens eignen sich daher besser pseudozufällige Signale, die noch den zusätzlichen Vorteil haben, daß die KKF bereits nach endlicher Meßzeit mit voller Genauigkeit erhalten wird. In Bild 4.10 ist das Prinzip dieser Systemanalyse durch *PRSV* dargestellt.

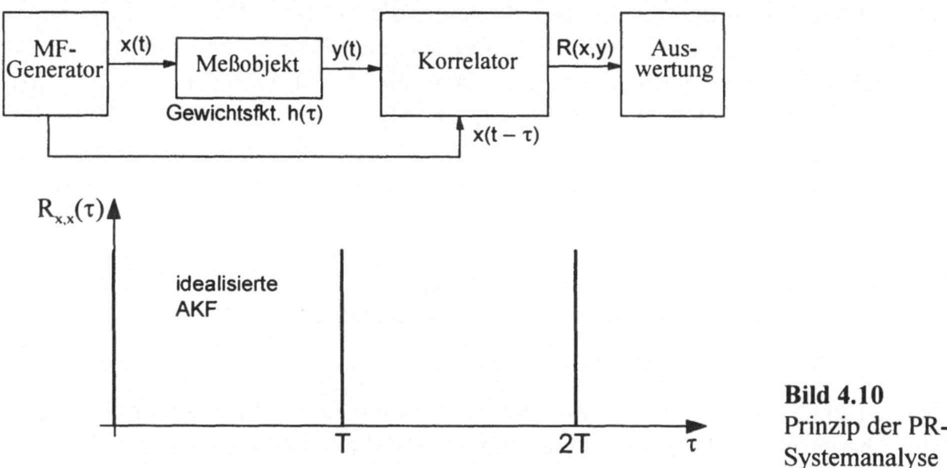

Bild 4.10 Prinzip der PR-Systemanalyse

4.2.1 Systemidentifikation in der Regelungstechnik

In der Regelungstechnik besteht oft die Forderung, daß die Identifikation (Kennwertermittlung) im Interesse eines kontinuierlichen Prozeßverlaufes während des Betriebes und ohne merkliche Störungen durchgeführt wird. Die Korrelationsanalyse stellt dazu eine geeignete Methode dar, die in verschiedenen Arbeiten weiterentwickelt und ausgebaut wurde [3.16] - [3.19] [4.18] - [4.20].

Auf Grund der Korrelationsbildung wird eine gute Unterdrückung der bei technischen Prozessen stets vorhandenen Störungen erreicht. Obwohl die Faltungsoperation Gl. (4.22) auf lineare Systeme beschränkt ist, kann die Korrelationsanalyse unter gewissen Voraussetzungen auch auf nichtlineare Systeme ausgedehnt werden, insbesondere wenn bei kleiner Aussteuerung durch das Testsignal eine lineare Näherung im Arbeitspunkt möglich ist.

Unter der Voraussetzung $h(\vartheta) = 0$ für $t \leq 0$ kann Gl. (4.23) bei einem mit T periodischen Eingangssignal geschrieben werden:

$$R_{x,y}(\tau) = \int_0^T h(\vartheta)R_{x,x}(\tau - \vartheta)d\vartheta + \int_T^{2T} h(\vartheta)R_{x,x}(\tau - \vartheta)d\vartheta + \ldots \quad (4.27)$$

Die Auswahl der Testsignale erfolgt mit Rücksicht auf die dynamischen Eigenschaften des zu untersuchenden Systems, die Fehlereinflüsse und die angestrebte Genauigkeit. Als Testsignale sind zunächst Binärfolgen mit zweiwertiger AKF von besonderem Interesse (s. Abschn. 2.4.1), wobei die binären MF sehr einfach verschoben werden können (s. Abschn. 3.3.3). Für die Schnelligkeit der Korrelationsrechnung ist wichtig, daß die Multiplikation von Ein- und Ausgangssignal als Vorzeichenbewertung ausgeführt werden kann (Polaritätskorrelation).

$$R_{x,y}(\tau) = \frac{1}{T}\int_0^T y(t)x(t-\tau)dt = \frac{|x|}{T}\int_0^T y(t)\,\mathrm{sgn}\,x(t-\tau)d\tau. \quad (4.28)$$

Dies ist ohne Informationsverlust bei binären und ternären Testsignalen gegeben. Theoretisch kann zur Bestimmung der KKF auch das Ausgangssignal verzögert werden. Da letzteres jedoch amplitudenkontinuierlich ist, erscheint die Form Gl. (4.28) für die praktische Realisierung günstiger. Damit bei Drift, d.h. langsamer Änderung des Ausgangssignals, nicht unterschiedliche Fehler für verschiedene Werte auftreten, ist eine Driftkorrektur erforderlich [3.18] [4.20].

Ternäre MF sind gut geeignet zur Identifikation von Regelstrecken mit Integralgliedern, da die AKF "Zwischenwerte" exakt gleich Null hat (Bild 2.10). Aber auch binäre MF-Signale und davon abgeleitete Modifikationen stellen vielseitig einsetzbare Testsignale zur Korrelationsanalyse dar. Eine günstige Variante zur "feinfühligen" Anpassung des Testsignals an den Prozeß stellen *differenzierte* binäre MF dar. Diese wird so gebildet, daß nur jeweils von den positiven bzw. negativen Flanken des MF-Signals ein positiver bzw. negativer Impuls einstellbarer Breite abgeleitet wird.

Es bereitet keine Schwierigkeiten, die Periodendauer T bzw. T/2 bei ternären MF und binären MF so festzulegen, daß die Bedingung

$$h(\tau) = 0, \qquad \tau \geq T \text{ bzw. } T/2 \quad (4.29)$$

erfüllt ist. Es wurden relativ kurze Periodenlängen der Testsignale vorgesehen, z.B. N = 15 bei stark und N = 63 bei schwach gestörtem Ausgangssignal [3.17] oder N = 255 [4.18]. Die Elementarimpulsdauer Δt muß in der Größenordnung der minimalen Systemzeitkonstanten T_{min} liegen und die Periodendauer um etwa eine Größenordnung über den maximalen Systemzeitkonstanten T_{max}. Es ist auch günstig, über mehr als eine Periode zu messen, zumindest *aber eine vollständige Periode vor der Messung das Testsignal anzuschalten*, damit die Bedingung der periodischen AKF gegeben ist [3.16]. Unter diesen Voraussetzungen erhält man die Gewichtsfunktion zu

$$h(\tau) = K\, R_{x,y}(\tau), \qquad \tau \geq \Delta t. \tag{4.30}$$

Da die AKF der Pseudozufallssignale im Unterschied zu Gl. (4.24) eine δ-Funktion nur annähern kann, muß der Proportionalitätsfaktor K in Gl. (4.14) gesondert ermittelt werden, entweder aus der Dreiecksfläche der AKF (Bilder 2.9, 2.10, 3.34) oder experimentell über ein Testobjekt mit bekannter Gewichtsfunktion [3.17] [4.21]. Die zu bewertende Fläche ist im Intervall $0 < \tau < \Delta t$ nicht mehr konstant, so daß man diesen Bereich nach Möglichkeit ausklammert.

Die Korrelationsanalyse kann auch auf den mehrdimensionalen Fall ausgedehnt werden, wobei darauf zu achten ist, daß die Eingangs-Testsignale unkorreliert sind (Erzeugung z.B. nach Bild 3.38).

4.2.2 Maximalfolgen-Meßtechnik in der Akustik

Wesentliche Fortschritte wurden in der Korrelationsanalyse von Systemen der Technischen Akustik erreicht [4.22] - [4.24]. Die *PRSV* ist unter der Bezeichnung "Maximalfolgenmeßtechnik" in der akustischen Meßtechnik zu einem festen Begriff geworden mit kommerziell verfügbarer Hard- und Software, z.B. dem Meßsystem MLSSA (Maximum Length Sequence System Analyzer) [4.25]. Bei der Untersuchung von akustischen und elektroakustischen Systemen, z.B. Schallwandler (Lautsprecher, Mikrofone ...), Schalldämpfer, Musikinstrumenten bis hin zu Konzerträumen treten komplizierte Meßprobleme auf. Durch Anwendung der Korrelationsmeßtechnik auf der Basis der Systemanregung mit bipolaren MF-Signalen können Impulsantworten und Übertragungsfunktionen unter sehr schlechtem Signal-Rauschabstand gemessen werden. Neben den binären MF wurden auch die Legendre-Folgen (s. Abschn. 2.4.3) als

Testsignale mit FFT-Auswertung in Betracht bezogen [2.39] [4.26]. Die MF weisen einen weiteren Vorteil für die praktische Anwendung auf, dies ist die schnelle Signalverarbeitung der Meßsignale auf Basis der Hadamard-Transformation. Dadurch sind auch bei längeren MF Echtzeitberechnungen möglich. Die Periodendauer T des MF-Anregungssignales sollte so groß gewählt werden, daß die Impulsantwort abgeklungen ist. Ist diese Bedingung nicht erfüllt, so entsteht ein Aliasing-Fehler für die diskreten Werte h_k der Impulsantwort durch die Periodizität der MF-AKF bei der Rückfaltung [4.22]. Die Anregung eines LTI-Systems durch ein MF-Signal kann man sich auch im Frequenzbereich vorstellen, indem viele einzelne Sinusschwingungen entsprechend der spektralen Zusammensetzung der MF (vgl. Gl.(2.166) und Bild 2.12) an den Systemeingang gelegt werden. Da diese Sinusschwingungen mit $sp^2(i\ \pi/N)$ gewichtet werden, wählt man als Taktfrequenz f_c und somit auch als Abtastrate einen Wert $f_c \approx 3\ f_G$. Damit wird sichergestellt, daß die Leistung der Anregungssignale innerhalb des auswertbaren Frequenzbereiches (0 … f_G) nur geringfügig abgefallen ist.

Beispiel 4.4:

Systemzeitkonstante, z.B. Nachhallzeit: $T_s = 3$ s, $f_G = 10$ kHz.

Periodendauer der MF: $T = N\Delta t = N / f_c = \dfrac{2^n - 1}{3f_G} > 3\ \text{s}$

Grad der MF: $n \geq 17$

Das Beispiel verdeutlicht, daß bei der MF-Meßtechnik in der Akustik Sequenzen mit relativ langen Periodenlängen N angewendet werden, z.B. n = 10 … 20. Ein schneller Algorithmus für die effiziente Berechnung der diskreten Werte h_k der Impulsantwort ist daher für Echtzeitanwendungen Voraussetzung.

Aus den Gln (2.151), (2.152) ist ersichtlich, daß ein enger Zusammenhang zwischen Hadamard-Matrizen und binären MF besteht. Alle zyklischen Verschiebungen der MF, ergänzt um ein Element "+1", bilden $(2^n - 1)$ Zeilen einer speziellen Hadamard-Matrix. Die fehlende erste Zeile besteht nur aus "+1"-Elementen. Schreibt man Gl. (4.24) in zeitdiskreter Form, (es sei $S_0 = 1$ normiert):

$$h_k = \frac{1}{N}\sum_{i=0}^{N-1} x_i + ky_i \tag{4.31}$$

so ist eine Darstellung in Matrizenform möglich [4.24]

$$\mathbf{h} = \frac{1}{N+1}\mathbf{P}_2\mathbf{H}(\mathbf{P}_1 y) \tag{4.32}$$

In Gl. (4.31) sind somit die Abtastwerte y_i am Systemausgang über die Hadamard-Matrix und zwei Permutationsmatrizen $\mathbf{P}_1$, $\mathbf{P}_2$ mit einander verknüpft. Diese Eigenschaft ist entscheidend für den Aufbau eines Algorithmus, der schnellen *Hadamard Transformation* (FHT), zur effektiven Berechnung der Impulsantwort im Zeitbereich. Die bei längeren MF große Anzahl von Multiplikationen nach Gl. (4.31) kann auf eine wesentlich geringere Anzahl Additionen und Subtraktionen reduziert werden. Die Genauigkeit des MF-Verfahrens kann durch Mittelung über mehrere Perioden weiter erhöht werden. Zwei Voraussetzungen bei der MF-Korrelationsanalyse müssen beachtet werden:

- Das LTI-System muß sich im *eingeschwungenen Zustand* befinden, d.h. nach Starten des MF-Signales muß mindestens *eine Periodendauer* bis zur Registrierung der Meßwerte abgewartet werden
- Die Anregungsamplituden dürfen nicht zu hoch sein, damit keine *nichtlinearen Effekte* auftreten.

4.2.3 Weitere Anwendungsbereiche der Korrelationsanalyse

Die Leistungsfähigkeit der Korrelationsanalyse führte zu Anwendungen in unterschiedlichen Fachgebieten. Da die pseudozufälligen Testsignale gut an die jeweilige Aufgabenstellung angepaßt werden können, sind auch sehr "langsame" Systeme analysierbar, z.B. *Gaschromatographie* [4.27]:

Statt der konventionellen Analysemethode, bei der einzelne Gasproben eingegeben und die Reaktion beobachtet wird, erfolgt die Probenzufuhr gesteuert durch ein binäres MF-Signal, und die Systemreaktion wird mit dem Eingangssignal kreuzkorreliert. Selbstverständlich müssen geeignete Signalwandler zwischengeschaltet werden.

Die Bestimmung der Gewichtsfunktion nach Gl. (4.25) kann auch zur meßtechnischen Untersuchung *linearer Vierpole* und bei kleiner Aussteuerung auch von nichtlinearen Bauelementen dienen. In der nachrichtentechnischen Meßpraxis wurde davon, im Unterschied zur Regelungstechnik, bislang wenig Gebrauch gemacht [4.28]. Die erforderliche Änderung der Verzögerung $\tau = s\Delta t$ kann nach dem "Master-Slave-Prinzip" oder vorteilhafter auf der Grundlage der Verschiebe- und Addiereigenschaft erfolgen (s. Abschn. 3.3.3).

Die sehr komplexen Strukturen *neurophysiologischer Systeme* und vor allem die nur begrenzten Möglichkeiten der Signalein- und -auskopplung lassen die Anwendung von Korrelationsverfahren, insbesondere auch zur Störunterdrükkung, als naheliegend erscheinen. Das bekannte Verfahren der direkten Ableitung und Verarbeitung von Hirnpotentialen (EEG) kann zur Korrelationsanalyse mittels Pseudozufallssignalen umgestellt werden. Die "Eingabe" des Testsignales erfolgt akustisch, und die dadurch "evozierten" Hirnpotentiale werden nach Verstärkung zusammen mit den Eingangssignalen auf einen Fourier-Analysator gegeben [4.29].

Die Identifikation biologischer Systeme mittels linearer MF-Signale bringt durch Abhängigkeiten höherer Ordnung im Testsignal Fehlerquellen auf Grund der nichtlinearen Systemanteile, so daß auch echte Zufallssignale als Testsignale diskutiert werden [4.30].

Die relativ komplizierten Übertragungseigenschaften von Mobilfunkkanälen sind durch Mehrwegeausbreitung gekennzeichnet [1.3] [1.18]. Für kurze Zeitintervalle kann der *Mobilfunkkanal* als LTI-System angesehen werden, so daß die Impulsantwort als Funktion verschiedener Parameter gemessen werden kann. Neben speziellen Chirp-Signalen wird für "Channel Sounder" auch die PR-Systemanalyse nach Bild 4.10 angewendet, z.B. [1.21] [4.136].

4.3 Bitfehler-Analyse

4.3.1 Simulation von Datensignalen und BER-Messung

Bei vielen experimentellen Arbeiten auf dem Gebiet der Informationsübertragung und -speicherung werden Nachbildungen der Informations- oder Nachrichtenquellen benötigt. Hier bieten die binären und mehrwertigen MF und die davon ableitbaren Signale vielfältige Möglichkeiten. Insbesondere bei der quantitativen Untersuchung von, digitalen Übertragungssystemen, der Messung von Bitfehlerraten als Näherungswert der Fehlerwahrscheinlichkeiten, ist der Einsatz von binären MF eine gebräuchliche Praxis geworden, z.B. [4.31]. Durch freie Wahl der Ablaufgeschwindigkeit über die Taktfrequenz ist die Anpassung an die Schnittstellen-Bedingungen relativ einfach möglich. Zu beachten sind die statistischen Eigenschaften der nachzubildenden Signale. Der am häufigsten interessierende Fall wird die Nachbildung von binären Daten sein, wozu meist binäre MF von kurzen bis zu großen Längen N gewählt werden ($N = 2^n - 1$, n = 5, 7, 8, 9, 10, 11, 13,15, 16, 20, 23, 25, 31). Als Regel gilt, daß mit höher werdender Übertragungsgeschwindigkeit auch N größer gewählt werden muß.

Befinden sich in den zu untersuchenden Systemen jedoch Signalverarbeitungs-Baueinheiten, z.B. zyklische Coder, Scrambler, digitale Filter, so können spezielle, singuläre Zyklen u.ä. auftreten, die nicht den erwarteten Mittelwerten im Betrieb entsprechen. Es ist daher zweckmäßig, mit mehreren MF unterschiedlicher Länge zu arbeiten. Die Fragen der Erzeugungsmöglichkeiten von MF-Signalen und der Aufbau von Signalgeneratoren wurden bereits betrachtet. Danach bestehen eine Reihe von Varianten, sowohl zur Nachbildung von binären als auch analogen Signalen, z.B. Sprach- und Bildinformation.

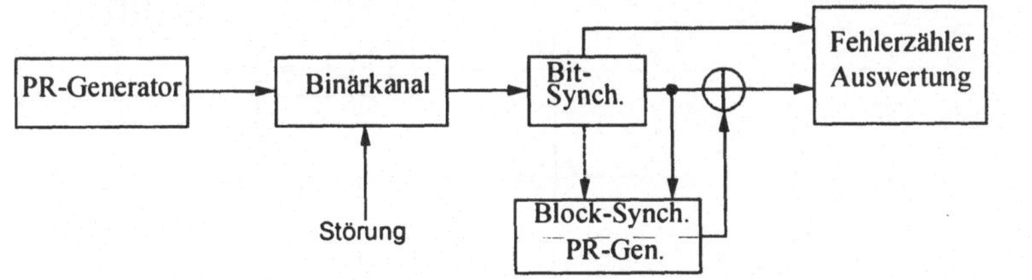

Bild 4.11 Fehlerstruktur-Messung

Durch die *PRSV* auf Basis der MF kann der "Soll-Ist"-Vergleich bei Fehlerwahrscheinlichkeits-Untersuchungen wesentlich vereinfacht werden. Bei Synchronlauf der MF auf der Empfangsseite mit der MF auf der Sendeseite ist der Vergleich ohne Rückkanal oder Schleifenverbindung möglich, Bild 4.11 veranschaulicht das Meßprinzip.

Die Bitfehlerrate (Bit Error Rate BER) ist eine wichtige Kenngröße in der gesamten Datenübertragungs- und -verarbeitungstechnik:

$$\mathrm{BER} = \frac{\text{Anzahl Bitfehler}}{\text{Gesamtzahl Bits}}$$

Da bei BER-Analysen von digitalen Übertragungssystemen das Vorhandensein des Datentaktes zumeist vorausgesetzt werden kann, ist es nicht sinnvoll, die komplizierteren Synchronisationssysteme wie bei der PR-Laufzeitmessung und Spread-Spectrum-Technik zu verwenden, (s. Abschn. 4.5, 4.6). Eine Möglichkeit zur Bereitstellung einer synchronisierten MF auf der Empfangsseite besteht nach Bild 4.12 im Einschreiben in ein LFSR, das die gleichen Rückkopplungen aufweist wie auf der Sendeseite. Es besteht hier eine weitgehende Analogie zum selbstsynchronisierenden Scrambler (s. Bild 4.30). Die Fragen der Fehlerfortpflanzung müssen hier ebenfalls Beachtung finden.

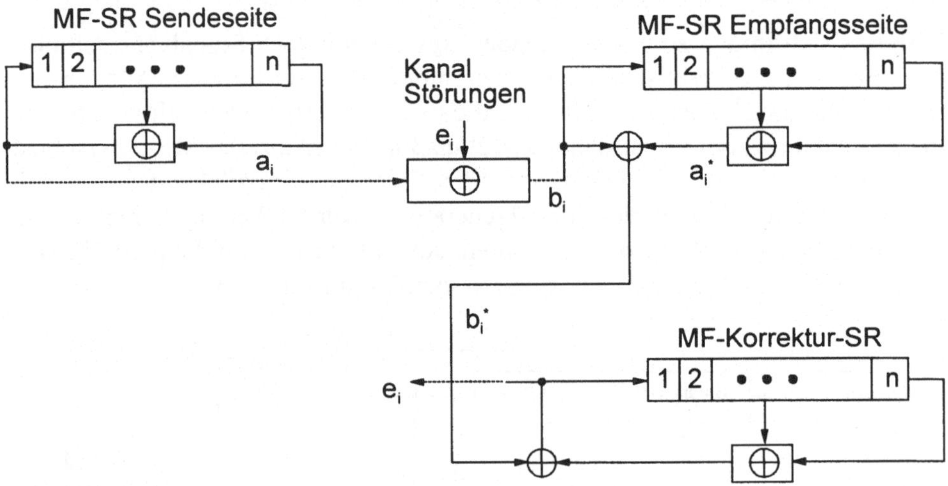

Bild 4.12
BER-Meßprinzip mit Korrekturregister

Tritt ein Bitfehler auf, so würde er über die Rückkopplung mehrmals in den Vergleich $a_i \leftrightarrow a_i^*$ eingehen und das Ergebnis verfälschen. Dieser Effekt kann über das Korrekturregister behoben werden. Mit Gl. (2.76) und den aus Bild 4.12 ablesbaren Zusammenhängen ergibt sich folgende Herleitung für die Fehlerbits e_i:

$$b_i = a_i \oplus e_i \tag{4.33}$$

$$a_i^* = \sum_{\nu} c_\nu (a_i \oplus e_i) \tag{4.34}$$

$$b_i^* = b_i \oplus a_i^* \tag{4.35}$$

$$e_i = \sum_{\nu} c_\nu \, e_{i-\nu} \oplus b_i^* \tag{4.36}$$

Durch Einsetzen von Gln. (4.33) (4.34) in (4.35) und anschließend von Gl. (4.35) in (4.36) hebt sich die Fehlerabhängigkeit auf:

$$e_i = \sum_{\nu} c_\nu e_{i-\nu} \oplus a_i \oplus e_i \sum_{\nu} c_\nu a_{i-\nu} \oplus \sum_{\nu} c_\nu a_{i-\nu} \tag{4.37}$$

Die Methode der Selbstsynchronisation weist noch gewisse Nachteile auf, da Initialisierungs- und Startbedingungen zu beachten sind. Eine in der Praxis bewährte Methode nutzt die Synchronisierung durch Korrelation [4.32]. Zunächst laufen auf der Sende- und Empfangsseite zwei identische MF-Generatoren taktsynchron und mit zufälliger Phasenverschiebung. Wird unter dieser Bedingung die Korrelation von empfangener und lokaler MF nach Gl. (2.52) durchgeführt, so ergibt sich der in Bild 4.13 veranschaulichte Sachverhalt:

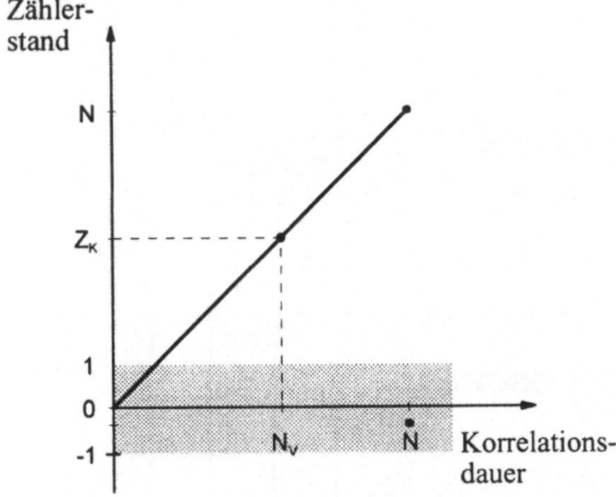

Bild 4.13
Korrelationsergebnis als Funktion der Korrelationsdauer und des Synchronzustandes

Ein Zähler summiert die Werte (A – D), d.h. Anzahl der Übereinstimmungen vermindert um die der Nichtübereinstimmungen beim Bitvergleich. Betrachtet man zunächst den fehlerfreien Fall, so wird im unsynchronisierten Zustand das Zählergebnis um den Nullwert schwanken (Partialkorrelation) und bei einer Korrelationszeit von $\tau_k = N \, \Delta t$, d.h. gleich der MF-Periodenlänge exakt den Wert -1 annehmen, (s. Gl. (2.120)). Liegt jedoch Synchronität vor, so liefert jeder Vergleich ein positives Ergebnis und das Korrelationsergebnis wächst linear mit der Korrelationsdauer. Um den Synchronzustand zu erreichen, muß die Referenzfolge systematisch um ein Bit verschoben werden. Dies geschieht am einfachsten durch Ausblenden eines Taktimpulses. Nach jeder erneuten Verschiebung muß der erreichte Zählerstand geprüft werden:

$$Z_k \geq N_V >> 1 \Rightarrow \text{Syn.} \tag{4.38}$$

Aus Bild 4.13 ist erkennbar, daß die Prüfung des Korrelationswertes nicht bis zur vollen Periodendauer $N\Delta t$ erforderlich ist, sondern nur bis zu einer hinreichend großen Vergleichszahl N_V. Treten Fehler auf, so ändert sich aufgrund der AKF-Eigenschaft dieses Verhalten nur unwesentlich bis zu BER $\leq$ 10%. Nach Erreichen des Synchronzustandes kann die Fehlerzählung über einen frei wählbaren, statistisch hinreichend langen Zeitraum durchgeführt werden. Um ein komfortables Bitfehler-Meßsystem nach diesem Konzept zu realisieren, s. Bild 4.14, sind noch eine Reihe von Steuer-, Kontroll- und Speicherfunktionen in Hard- und Software zu realisieren [4.33].

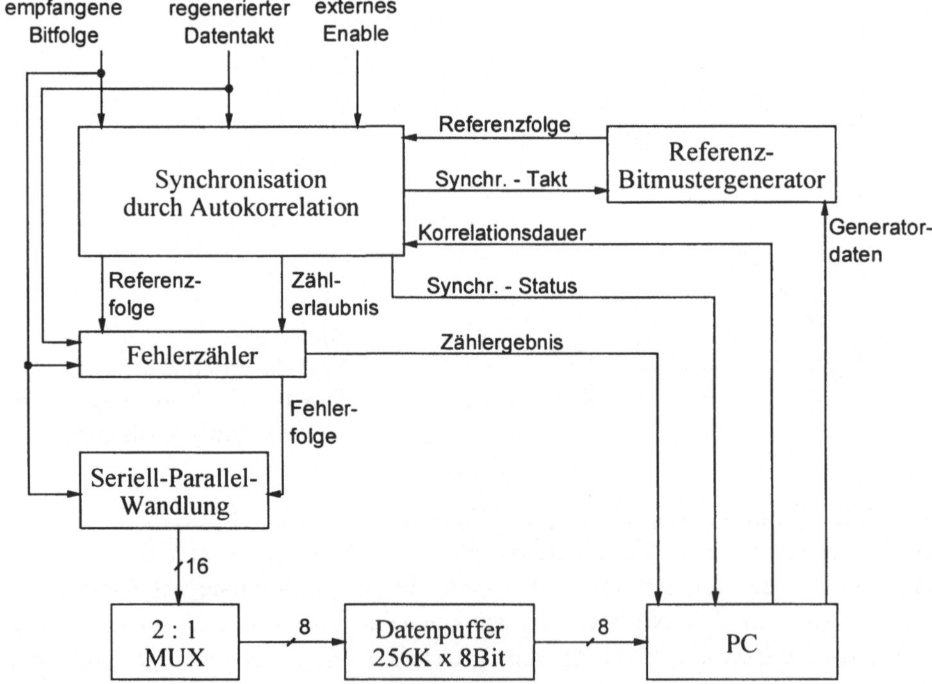

Bild 4.14
Blockschaltbild des BER-Analysesystems

Eine sinnvolle Ergänzung stellt noch die Bereitstellung kurzer, frei definierbarer Bitmuster dar. Um die Fehlerstruktur (z.B. Burstlängen) genauer analysieren zu können, sollte eine Übernahme der Fehlerfolgen in den Rechner möglich sein. Dazu ist eine Geschwindigkeitsanpassung über Serien-/ Parallelwandlung erforderlich [4.33].

4.3.2 Modellierung von Binärkanälen

Auch zu definierten und reproduzierbaren Nachbildungen von Störungen kann die *PRSV* genutzt werden. Besondere praktische Bedeutung besitzen Binärkanäle, Bild 4.15 zeigt das Modell oder Kanalschema eines gestörten Binärkanals [1.12].

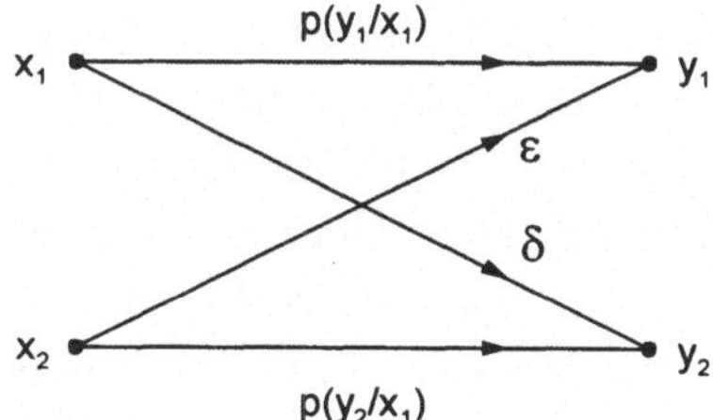

Bild 4.15
Modell eines gestörten Binärkanals

Am Kanaleingang werden die Symbole x_1, x_2 einer Informationsquelle mit den Wahrscheinlichkeiten $p(x_1)$, $p(x_2)$ eingegeben. Mit einer Wahrscheinlichkeit $p(y_1/x_1) = 1 - \delta$ erfolgt der Übergang zum Symbol y_1 am Kanalausgang. Die bedingte Wahrscheinlichkeit $p(y_2/x_1) = \delta$ stellt einen fehlerhaften Übergang dar, der die Ursache in einer Störung hat. In analoger Weise gelten die Verhältnisse für das Eingangssymbol x_2, d.h. $p(y_2/x_2) = 1 - \varepsilon$, $p(y_1/x_2) = \varepsilon$. In der Praxis überwiegt der Fall symmetrischer Störungen, d.h. die gestörten Übergänge sind mit der Fehlerwahrscheinlichkeit $p_F = \delta = \varepsilon$ identisch, was auch der BER bei endlicher Übertragungszeit entspricht (relative Häufigkeit $\rightarrow$ Wahrscheinlichkeit). Der symmetrische Binärkanal (SBK) erreicht seine maximale Übertragungskapazität für gleichwahrscheinliche Eingangssymbole $p(x_1) = p(x_2) = 1/2$, was in der Praxis zumeist erfüllt ist. In Bild 4.16 ist das Prinzip der technischen Nachbildung eines SBK dargestellt.

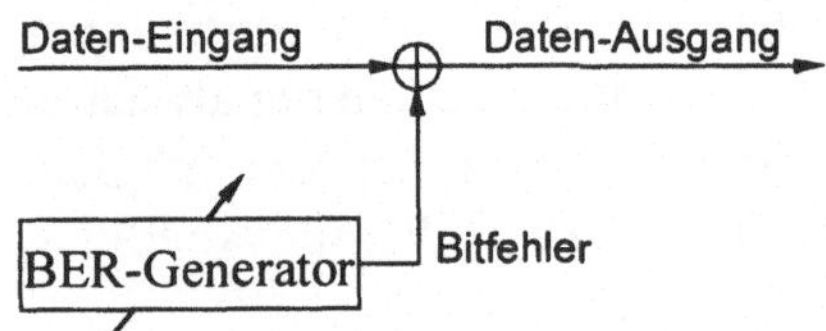

Bild 4.16
Realisierung des SBK-Modells

Für die Realisierung des BER-Generators auf der Basis der *PRSV* wurden zwei Varianten entwickelt. Die erste beruht auf der Häufigkeitstransformation von m-Sequenzen (s. Abschn. 3.3.2).

BER-Generator mittels Häufigkeitstransformation

Bild 4.17 zeigt das Schaltungsprinzip zur Realisierung der Häufigkeitstransformation durch einfache konjuktive Verknüpfung der Stufen eines LFSR, das eine binäre MF vom Grad n = 33 erzeugt. Die nachfolgende Tabelle enthält in Bezug auf statistische Unabhängigkeit "optimierte" Abgriffe des LFSR. Diese sind als Eingänge des AND-Gatters zu wählen, um Häufigkeiten $h(1) = 1/2^k$, Gl. (3.56), zu erzeugen. Diese Schaltung ist geeignet zur Nachbildung von Bitfehlern, die mit einer Wahrscheinlichkeit $p_F = h(1)$ auftreten. Über einen mod-2-Adder können diese 1-Symbole die Binärzeichen eines Datenstromes entsprechend der Häufigkeit ihres Auftretens negieren. Die Auswirkung von definierten Bitfehlerraten (p_F = BER), z.B. auf die Übertragung von MPEG-codierten Audio- und Videosignalen, kann auf diesem Wege relativ einfach untersucht werden [4.34].

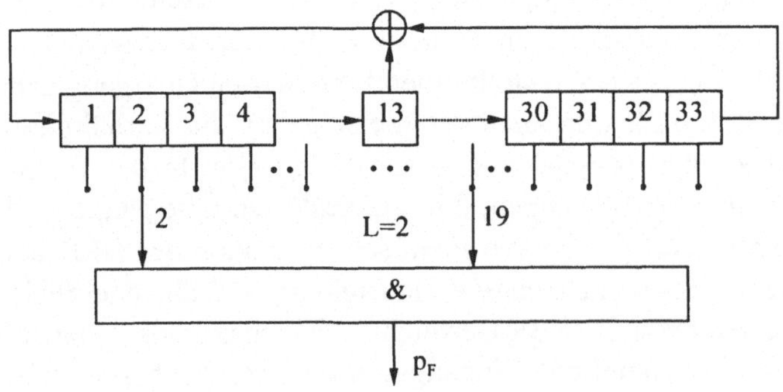

Bild 4.17
Prinzipschaltung zur Häufigkeitstransformation

p_F	L	Nummern der Ausgänge des Schieberegisters = Eingänge des &-Gatters
0,5	1	beliebig
0,25	2	2, 19
0,125	3	2, 13, 23
0,0625	4	2, 10, 17, 26
0,031	5	2, 8, 15, 22, 29
0,0156	6	1, 6, 12, 17, 23, 29
0,0078	7	1, 5, 11, 16, 21, 25, 30
$3{,}9 \cdot 10^{-3}$	8	1, 4, 9, 13, 18, 22, 27, 30
$1{,}95 \cdot 10^{-3}$	9	1, 4, 8, 12, 17, 21, 24, 27, 30
$9{,}76 \cdot 10^{-4}$	10	1, 4, 7, 12, 15, 18, 21, 24, 27, 31
$4{,}88 \cdot 10^{-4}$	11	1, 3, 6, 9, 11, 14, 16, 19, 22, 26, 31
$2{,}44 \cdot 10^{-4}$	12	1, 3, 5, 8, 11, 14, 17, 19, 22, 25, 28, 31
$1{,}22 \cdot 10^{-4}$	13	1, 3, 5, 8, 11, 13, 16, 19, 22, 25, 27, 29, 32
$6{,}1 \cdot 10^{-5}$	14	1, 3, 5, 8, 11, 13, 16, 19, 21, 23, 25, 27, 29, 32
$3{,}05 \cdot 10^{-5}$	15	1, 3, 5, 8, 11, 13, 16, 18, 20, 22, 24, 26, 28, 30, 32
$1{,}525 \cdot 10^{-5}$	16	1, 3, 5, 7, 9, 11, 13, 16, 18, 20, 22, 24, 26, 28, 30, 32
	L =	Anzahl der Eingänge ins &-Gatter

Tafel 4.1
Erzeugung verschiedener BER

Dehnungs-Generator

Werden an die statistischen Eigenschaften eines Generators, der Binärsignale $h(1) \ll 1$ erzeugt, z.B. zur Nachbildung von Bitfehlern lt. Bild 4.16, besondere Anforderungen gestellt, so eignet sich das Prinzip der gedehnten MF-Erzeugung [4.35] [4.36]. Die Dehnung einer MF $\{a_i\}$ mit dem Faktor d erreicht man, indem d 0-Elemente zwisches jedes MF-Element eingefügt werden:

$$\{a_{i,d}\} = \{a_0 \underbrace{0 \ldots 0}_{d} a_1 \underbrace{0 \ldots 0}_{d} a_2 \ldots\} \tag{4.39}$$

Die Periodenlänge der gedehnten Folge ergibt sich zu

$$N_d = N\,(d + 1) \tag{4.40}$$

Die Häufigkeit der 1-Elemente, die sich zur Modellierung einer binären Fehlerrate eignen, in der gedehnten Folge lautet:

$$h_d(1) = \frac{2^{n-1}}{(2^n - 1)(d + 1)} \Rightarrow \mathrm{BER} \tag{4.41}$$

Beispiel 4.5:

MF vom Grad n = 3, Dehnungsfaktor d = 2

$\{a_i\}$ = 1 1 1 0 0 1 0 | ...

$\{a_{i,d}\}$ = 1 0 0 1 0 0 1 0 0 0 0 0 0 0 0 0 1 0 0 0 0 0 | ...

$N_d = 7\,(2 + 1) = 21,\ h_d = \frac{4}{7 \cdot 3} = \frac{4}{21}$

Wichtige statistische Eigenschaften der gedehnten Folge lassen sich mit der AKF und der "Pausenlängen" (0-runs) beschreiben. Angestrebt wird ein möglichst "glatter" Verlauf der AKF und eine zufallsähnliche Pausenverteilung in Analogie zu entsprechenden Wahrscheinlichkeiten der binären Elemente 1 und 0 (s. Bilder 4.19, 4.20). Diese Eigenschaften lassen sich deutlich verbessern, wenn die Dehnung nicht mit einem festen Faktor d durchführt wird, sondern mit einem Mittelwert $\bar{d}$. (In den Gln. (4.39) - (4.41) gilt d = $\bar{d}$ sinngemäß) Für die Realisierung dieser "mittleren Dehnung" gibt es verschiedene Möglichkeiten der Erzeugung einer um d = $\bar{d}$ schwankenden Zufallszahl. In Bild 4.18 ist eine Prinzipschaltung gezeigt, in der ein aus der Kryptographie bekannter Generator (Geffe-Generator s. Abschn. 4.7) in Verbindung mit einem Rückwärtszähler und dem LFSR für die MF $\{a_i\}$ Folgen mittlerer Dehnung erzeugt. Die praktische Realisierung eines symmetrischen Binärkanals nach dem Prinzip von Bild 4.16 kann sehr effektiv auf der Basis programmierbarer Logik (CPLD, FPGA) erfolgen, wobei ein PC-Interface die einfache und flexible Bedienung gestattet [4.35].

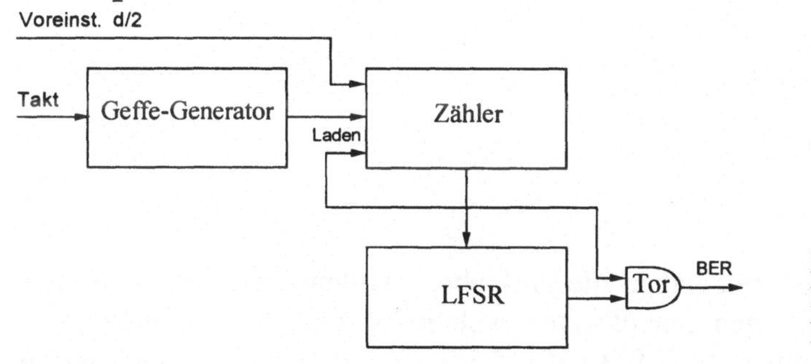

Bild 4.18
Prinzipschaltung des Dehnungs-Generators

Beispiel 4.6:

MF vom Grad n = 11, Dehnung $\bar{d} = 128$

$N_d = 263690$, BER = $3{,}88 \cdot 10^{-3}$

Die zugehörige AKF ist in Bild 4.19 dargestellt, die Pausenverteilung zeigt Bild 4.21

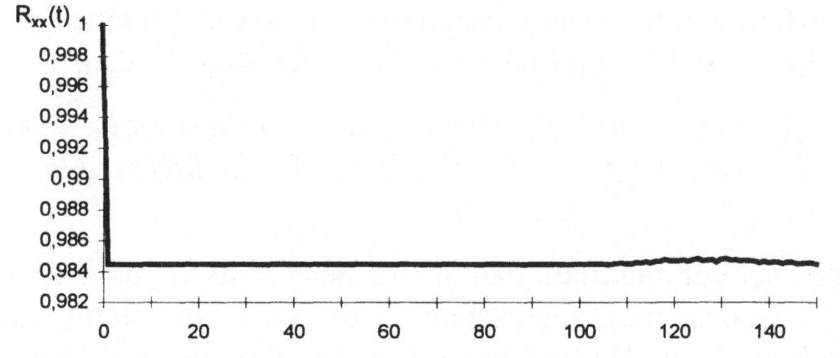

Bild 4.19
Autokorrelations-funktion

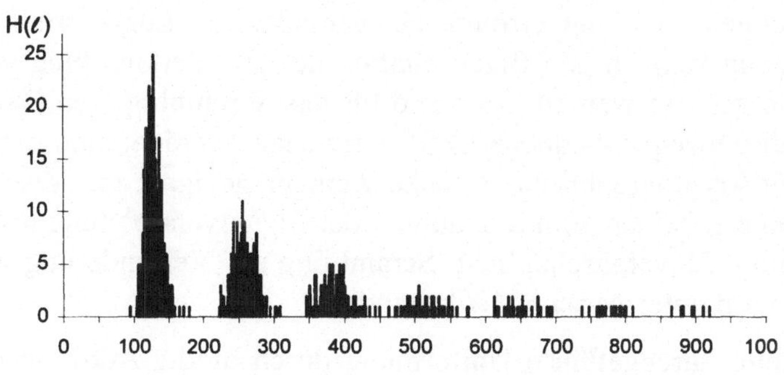

Bild 4.20
Verteilung der Pausenlängen

4.4 Scrambler

Scrambler oder Verwürfler haben die Aufgabe, Quellensignale, insbesondere Datenfolgen in Kanalfolgen, umzuformen, welche für eine Übertragung günstigere Eigenschaften aufweisen [1.9] [1.10] [4.38]. Die spektrale Leistungsverteilung von breitbandigen Datensignalen hängt von der Struktur der Daten ab und kann daher sehr unregelmäßig sein.

4.4.1 Prinzipien und Aufgaben der Verwürfelung

Eine Form der *PRSV*, die zunehmend Bedeutung erlangt hat, ist daher das Scrambeln oder Verwürfeln von Informationssignalen. Zunächst soll eine Definition, die der technischen Entwicklung Rechnung trägt, gegeben werden:

Scrambling ist die Umformung von Datensignalen auf der Sendeseite durch Verknüpfung mit geeigneten PR-Signalen. Descrambling ist die inverse Operation auf der Empfangsseite.

Zwei Zielstellungen des Scrambling muß man unterscheiden: a) Signalformung zur Verbesserung der Übertragungseigenschaften b) Verschlüsselung zum Zwecke der Geheimhaltung bzw. des bedingten Zugriffs (Conditional Access) mit "Echtzeitforderungen". Bislang erfolgte keine eindeutige Begriffsbestimmung, eine Abgrenzung kann in den Eigenschaften der zur Verknüpfung verwendeten PR-Signale gesucht werden. Während für das Scrambling von Daten zur Signalformung durchweg m-Sequenz-LFSR verwendet werden, sind einfache m-Sequenzen für kryptographische Zwecke weniger geeignet (s. Abschn. 4.7). Beide Aufgaben erscheinen vom Standpunkt der Signalverarbeitung nahezu identisch, wie Bild 4.21 veranschaulicht. Scrambling zur Verhinderung von unbefugtem Zugriff wird unter Abschn. 4.7 behandelt.

Die auf der Sendeseite durchgeführte Umformung durch mod-2-Addition der Datenfolge $\{x_i\}$ mit der PR-Folge $\{z_i\}$ läßt sich auf der Empfangsseite wieder vollständig aufheben:

$$x_i \oplus z_i \oplus \hat{z}_i = x_i \tag{4.42}$$

$z_i = \hat{z}_i$ ← Synchron.-Bedingung !

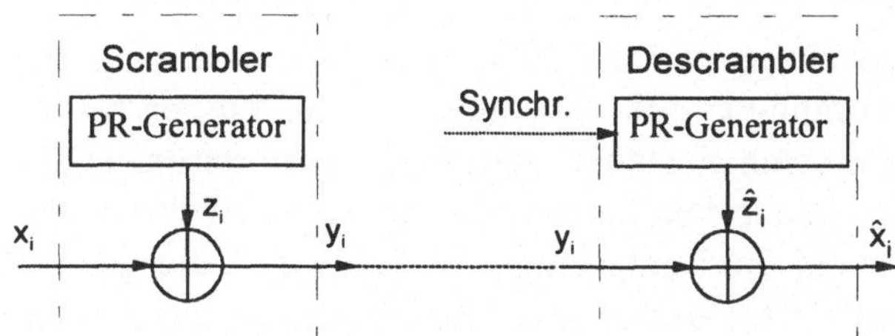

Bild 4.21
Prinzip des Scrambling

Durch das Scrambling von Daten, die längere 1- oder 0-Folgen und kurze Periodizitäten aufweisen können, werden die Übertragungseigenschaften verbessert:

- stabilere Takterwerbung
- Reduzierung des Jitters
- gleichmäßige Energieverteilung ("Energieverwischung")
- Verringerung der Intersymbol-Interferenz (ISI).

4.4.2 Varianten des Scrambling bei leitungsgebundener Übertragung

Scrambling und Descrambling sind inverse Signalverarbeitungs-Operationen, wenn die empfangsseitige PR-Folge $\{\hat{z}_i\}$ mit der sendeseitigen $\{z_i\}$ identisch ist Gl. (4.42). Nach den Regeln der mod-2-Addition (s. Bild 2.4) heben sich dann beide synchron laufenden PR-Folgen auf. Die Synchronität der sende- und empfangsseitigen PR-Generatoren erfordert zunächst Synchronität, d.h. Frequenz- und Phasengleichheit des steuernden Taktsignales. Diese Voraussetzung darf bei der praktischen Realisierung nicht übersehen werden. In der leitungsgebundenen Übertragung entstehen bei der Erwerbung und Aufrechterhaltung (durch Steuerung und Regelung) des Taktes im allgemeinen weniger Probleme als bei der Funkübertragung. Insbesondere in Mobilfunkkanälen unterliegen die

Parameter des Empfangssignales durch Mehrwegeausbreitung und Dopplerverschiebung starken zeitlichen Schwankungen. Hier soll stets ein korrektes Taktsignal vorausgesetzt werden, das durch die Methoden der digitalen Datenübertragung bereitgestellt werden kann [1.10] [4.37] und bei dem auch die Laufzeit (Zeitverzögerungen in den elektronischen Baueinheiten und auf den Leitungen bzw. der Funkstrecke) berücksichtigt wurde. Die zweite Voraussetzung für Synchronität von Sende- und Empfangs-PR-Generator ist struktureller Natur. Zu einen Zeitpunkt t_i sind die inneren Zustände der PR-Generatoren im allgemeinen unterschiedlich, wenn sie auch von einem bestimmten Startzeitpunkt t_0 synchron getaktet wurden. Obwohl die sendeseitige PR-Folge $\{z_i\}$ die gleiche Struktur wie die empfangsseitige $\{\hat{z}_i\}$ aufweist, besteht zwischen ihnen eine Phasendifferenz von ℓ bzw. $\ell^* = N - \ell$ Folgeelemente:

$$z_i = \hat{z}_{i-\ell} = \hat{z}_{i+\ell^*} \tag{4.43}$$

Je nach Zählrichtung innerhalb der Periodenlänge N kann die Folge $\{\hat{z}_i\}$ gegenüber $\{z_i\}$ als voreilend oder nacheilend betrachtet werden (vgl. Zyklusdiagramm Bild 3.4).

Rahmensynchrones Scrambling

Um Synchronität zu erreichen, könnte der Generator der voreilenden Folge eine entsprechende Anzahl von Takten gestoppt werden. Eine einfachere Möglichkeit besteht aber darin, auf der Sende- und Empfangsseite die PR-Generatoren mit einem definierten inneren Zustand zu starten. Dazu ist es erforderlich, daß in den zu übertragenden Datenstrom eine Rahmeninformation eingefügt wird. Die Rahmen-Formatierung bedeutet einen gewissen Verlust an Übertragungskapazität (Overhead, Redundanz), so daß dieses sog. *Frame Synchronous Scrambling (FSS)* sich nur für größere Rahmenlängen eignet [4.38]. In Bild 4.22 wird das Prinzip des *FSS* weiter veranschaulicht. Die (gestrichelt gezeichnete) Leitungscodierung und Sendeeinheit wird je nach Übertragungsmedium (Kupferkabel oder Lichtwellenleiter, Funkstrecke) unterschiedlich zu gestalten sein.

Das Synchronwort darf nicht mit verscrambelt werden. Als Synchronwörter eignen sich Codewörter mit guter aperiodischer AKF, dies sind insbes. die Barker-Codes. Ferner werden als Synchronwörter die Willard-Codes verwendet, die speziell auf minimale "Überdeckungs-Wahrscheinlichkeit" zu benachbarten zufälligen Datenbits optimiert sind [2.45] (s. Abschn. 2.4.5).

Die hohen Geschwindigkeiten, die moderne digitale Übertragungssysteme, z.B. die Synchrone Digitale Hierarchie (SDH) oder das Breitband-ISDN mit dem Asynchronen Transfer Mode (ATM) bereitstellen, reichen bis in den Gbit/s-Bereich [4.111].

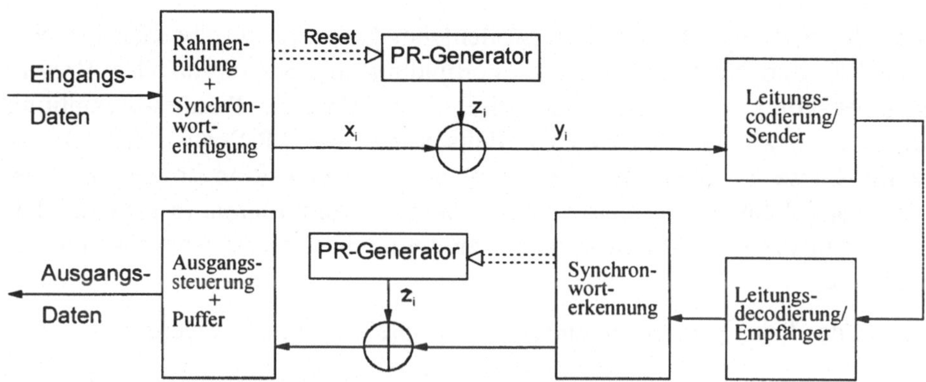

Bild 4.22
Übertragungsschema mit rahmensynchronem Scrambling

Parallel-Scrambling

Die primären Informationsquellen weisen zumeist wesentlich geringere Datenraten auf, so daß eine Zusammenführung von niederen zu höheren Datenraten durchgeführt wird. Diese Multiplexierung erfolgt in gestaffelter, hierarchischer Form entsprechend festgelegten Normen und Standards. Für das Scrambling eröffnet sich damit die Möglichkeit der Realisierung bereits vor der Multiplexbildung. In Bild 4.23 wird dieses Konzept veranschaulicht.

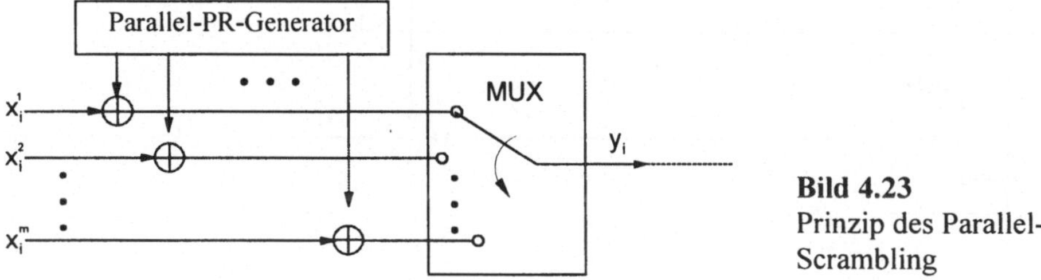

Bild 4.23
Prinzip des Parallel-Scrambling

Für das "Vorverlegen" des Scrambling sind als Vorteile zu nennen:

- die "Randomisierung" der Daten wird bereits auf den unteren Ebenen wirksam,
- Logikschaltungen sind bei niederen Geschwindigkeiten wesentlich kostengünstiger zu realisieren als bei sehr hohen.

In der Hochgeschwindigkeits-Lichtwellenleiter-Übertragung gibt man der einfachen RZ- und NRZ-Codierung in Verbindung mit Scrambling den Vorzug gegenüber komplizierten Leitungscodierungen. Um das Parallel-Scrambling realisieren zu können, ist die "Parallelisierung" der PR-Sequenzen Voraussetzung. Diese ist über die Abtastung und Decomposition sowie die Verschiebe- und Addiereigenschaft von m-Sequenzen durchführbar (s. Abschn. 2.3, 2.5), worauf die in [4.38] entwickelte umfangreiche Theorie jedoch kaum Bezug nimmt.

Hier soll das Prinzip an einem einfachen Beispiel demonstriert werden.

Beispiel 4.7: Multiplexierung von m = 2 Datenquellen

Scrambling-Sequenz sei eine MF mit:

$$n = 5,\ g(x) = x^5 + x^2 + 1,$$

$$N = 2^5 - 1 = 31$$

a) Serielles Scrambling:

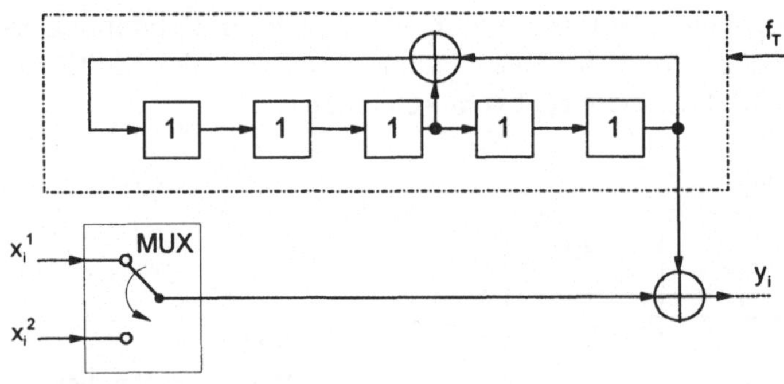

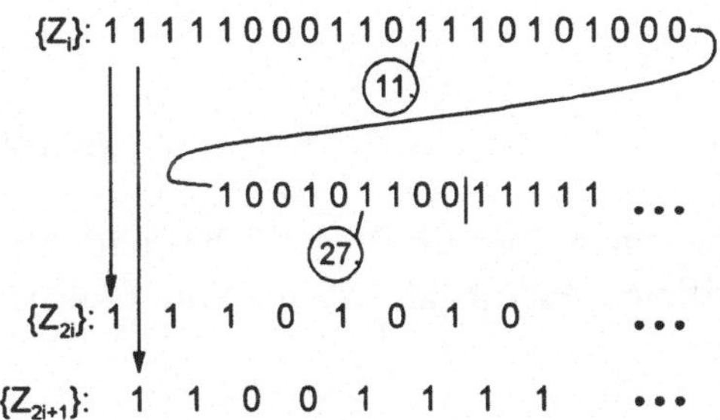

Bild 4.24
Beispiel Serielles Scrambling

b) Paralleles Scrambling

Die Folgen $\{z_{2i}\}$ und $\{z_{2i+1}\}$ müssen vor dem Multiplexer bereitgestellt und mit den Datenfolgen $\{x_i^1\}$ bzw. $\{x_i^2\}$ mod-2-verknüpft werden. Dies ist stets möglich durch Auslesen aus einem Speicher mit der Taktfrequenz $f_T/m = f_T/2$. Die strukturellen Eigenschaften der m-Sequenzen gestatten jedoch die Verwendung des gleichen PR-Generators wie beim seriellen Scrambling. Die Taktfrequenz muß halbiert werden und bei geeigneter Phasenlage, d.h. Verzögerungen, sind die "abgetasteten" Folgen identisch mit den im PR-Generator erzeugten.

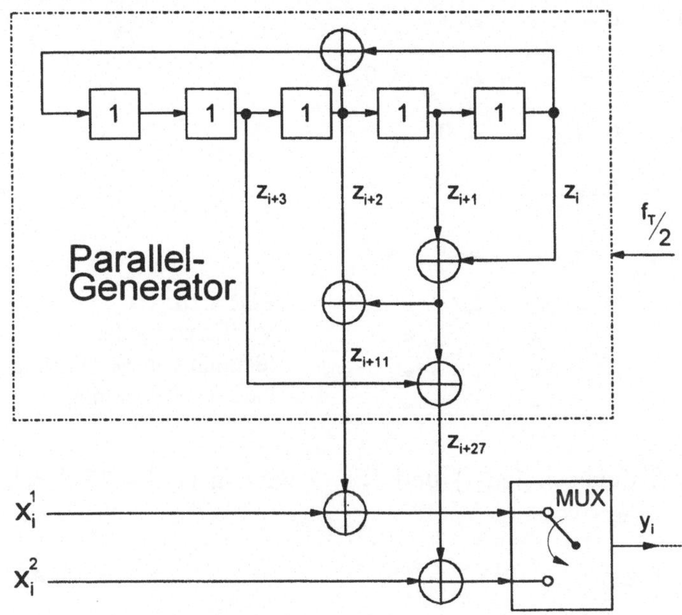

Bild 4.25
Beispiel Parallel-Scrambling

$$\{z_{2i}\} = \{z_{i+11}\} \tag{4.44}$$

$$\{z_{2i+1}\} = \{z_{i+27}\} \tag{4.45}$$

Die entsprechenden Verzögerungen erhält man über die Verschiebe- und Addiereigenschaft (s. Gl. (2.103)) und verifiziert nach Bild 4.25 die Gln. (4.44) - (4.47):

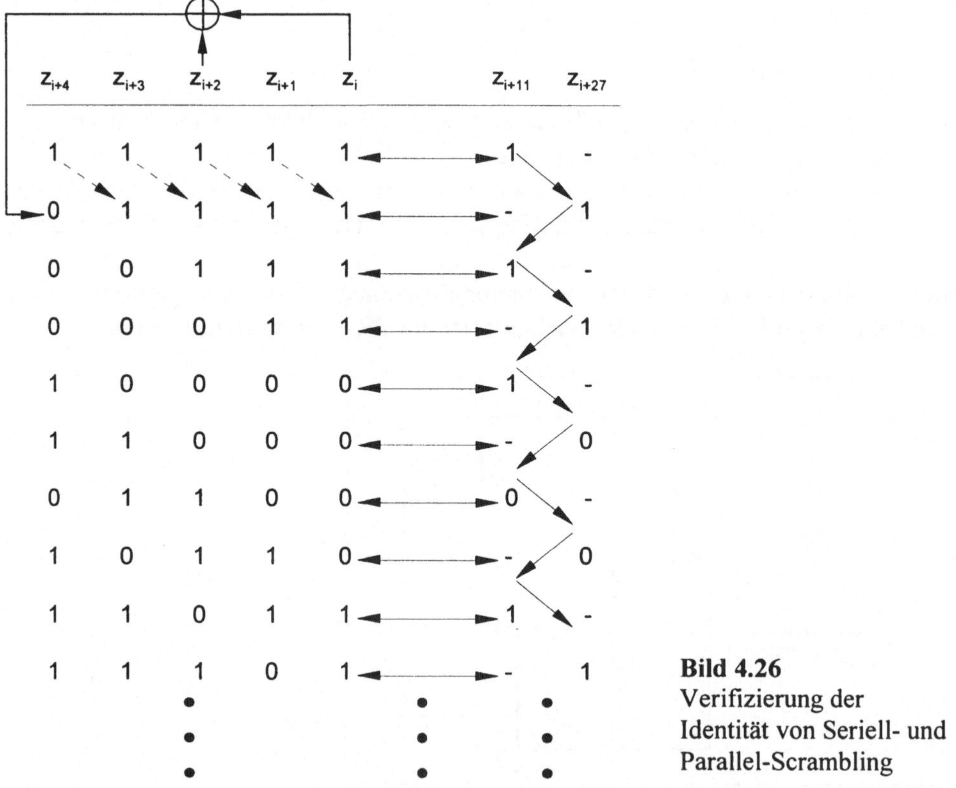

Bild 4.26
Verifizierung der Identität von Seriell- und Parallel-Scrambling

Die halbe Taktrate der Sequenzen $\{z_{i+11}\}$ und $\{z_{i+27}\}$ wird in Bild 4.25 durch " - " berücksichtigt.

$$z_{i+11} = z_i \oplus z_{i+1} \oplus z_{i+2} \tag{4.46}$$

$$z_{i+27} = z_i \oplus z_{i+1} \oplus z_{i+3} \tag{4.47}$$

Abtastwert-synchronisiertes Scrambling

Die Synchronisation des empfängerseitigen PR-Generators muß nicht durch ständiges Rücksetzen in Verbindung mit einer Rahmen-Formatierung der Daten erfolgen. Es besteht die Möglichkeit, Informationen über die Phasenlage des sendeseitigen PR-Generators zur Empfangsseite zu übertragen und dort zur Synchronisierung zu verwenden. Im synchronisierten Zustand kann dann ein kontinuierlicher Datenstrom verscrambelt werden, und die mit übertragenen Abtastwerte der Scrambling-Sequenz dienen nur der Kontrolle. In Bild 4.26 wird dieses auch als *Distributed Sample Scrambling*[1)] bezeichnete Verfahren veranschaulicht. Der "Overhead" durch die mit zu übertragenen Abtastwerte der Scrambling-Sequenz sollte nur so groß wie nötig sein. Für eine *bekannte* m-Sequenz vom Grad n sind dies genau n geeignete Abtastwerte

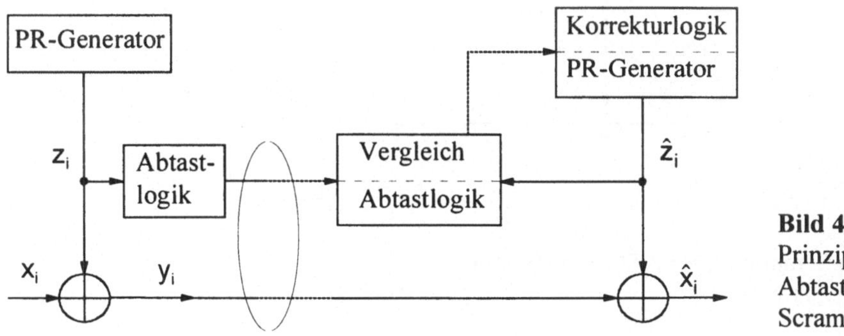

Bild 4.27
Prinzip des Abtastsynchron-Scrambling

Ein Verfahren, das zunehmend an Bedeutung gewinnt, ist der Asynchrone Transfer Mode ATM, wo Zellen der Größe von 53 Bytes standardisiert wurden. Den Aufbau einer Zelle veranschaulicht Bild 4.28. Als Scrambling-Folge für ATM-Übertragung ist eine m-Sequenz mit dem Generatorpolynom

$$g(x) = x^{31} + x^3 + 1 \tag{4.48}$$

standardisiert worden [4.38]. Je ATM-Zelle sollen zwei geeignete Abtastwerte der Scrambling-Sequenz übertragen werden, da im Header eine entsprechende freie Kapazität besteht. Die Prinzipschaltung eines solchen Scramblers ist in Bild 4.29 dargestellt.

---

1) Die Abkürzung DSS soll hier nicht verwendet werden, da DSSS für Direct Sequence Spread-Spectrum in der internat. Literatur steht, s. Abschnitt 4.6

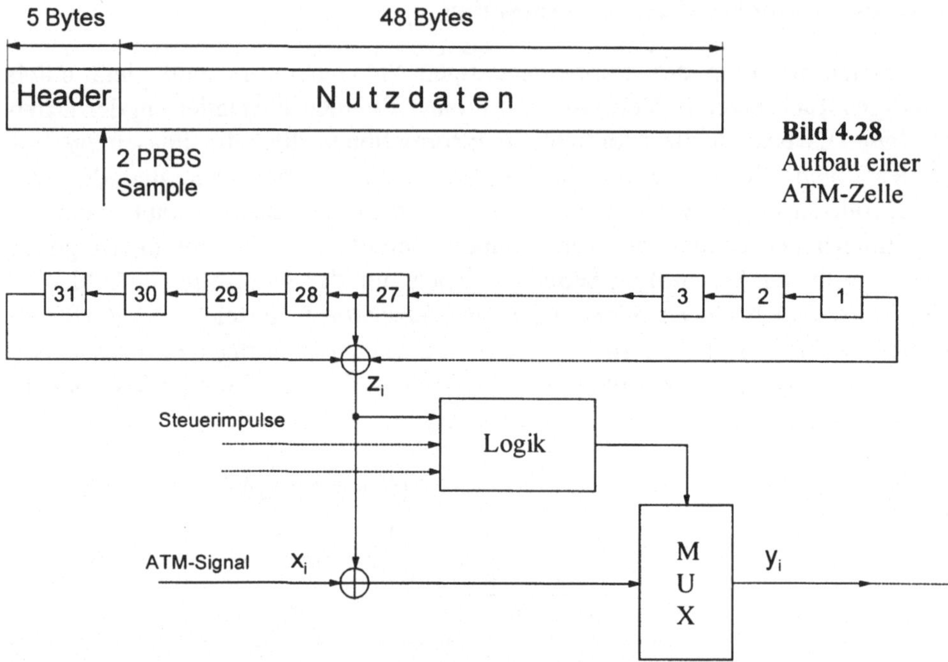

Bild 4.28
Aufbau einer ATM-Zelle

Bild 4.29
Prinzip des Scrambling bei ATM-Übertragung

Selbstsynchronisierendes Scrambling

Die Synchronität der Scrambling- und Descrambling-Sequenzen kann relativ einfach hergestellt werden, wenn auf der Empfangsseite die zur Sendeseite inverse *PRSV* durchgeführt wird. An einem Scrambler, der für die Schnittstelle V.26 standardisiert wurde, soll dies erläutert werden, Bild 4.30.

Auf der Sendeseite werden die Eingangsdaten x(i) in einem LFSR verarbeitet und in die gescrambelten Werte y(i) umgesetzt:

$$y(i) = x(i) \oplus [\, y(i-18) \oplus y(i-23)] \tag{4.49}$$

Ohne Verlust an Allgemeinheit kann man auf der Empfangsseite taktsynchrone, unverzögerte Eingabe der Daten y(i) in ein vorwärtsgekoppeltes LFSR annehmen. Die Verknüpfung liefert am Ausgang:

$$\hat{x}(i) = y(i) \oplus [y(i-18) \oplus y(i-23)] \tag{4.50}$$

Substituiert man in Gl. (4.50) die Beziehung nach Gl. (4.49), so folgt:

$$\hat{x}(i) = x(i) \oplus [...] \oplus [...] = x(i) \tag{4.51}$$

Nach den Regeln der mod-2-Addition heben sich die identischen Klammerterme auf. Voraussetzung ist, daß die Register auf der Sende- und Empfangsseite sich im Nullzustand zu Beginn der Übertragung befinden. Wenn dies nicht der Fall ist, d.h. Sende- und Empfangsregister haben zufällige Inhalte, so stellt sich nach einem kurzen "Einschwingvorgang" (von ≤ 23 Takten in obigem Beispiel) die Synchronität ein, d.h. die Bezeichnung "selbstsynchronisierend" ist berechtigt. Statt über die Gln. (4.49) - (4.51) kann die Invarianz der Scrambel- und Descrambelfunktion auch unter Verwendung des Übertragungsfaktors nachgewiesen werden. Dazu wird Gl. (4.49) unter Verwendung des Verzögerungsoperators (vgl. Abschn. 2.1.4) umgeschrieben:

$$y = x + D^{18}\,y + D^{23}\,y \tag{4.52}$$

Nach einfacher Umformung erhält man daraus den Übertragungsfaktor des binären linearen Systems auf der Sendeseite:

$$\frac{y}{x} = \frac{1}{1 + D^{18} + D^{23}} \tag{4.53}$$

Für die Empfangsseite ergibt sich aus Gl. (4.50)

$$\frac{\hat{x}}{y} = 1 + D^{18} + D^{23} \tag{4.54}$$

und über die Zusammenfassung mit Gl. (4.53) der Gesamtübertragungsfaktor 1, d.h. $\hat{x} = x$.

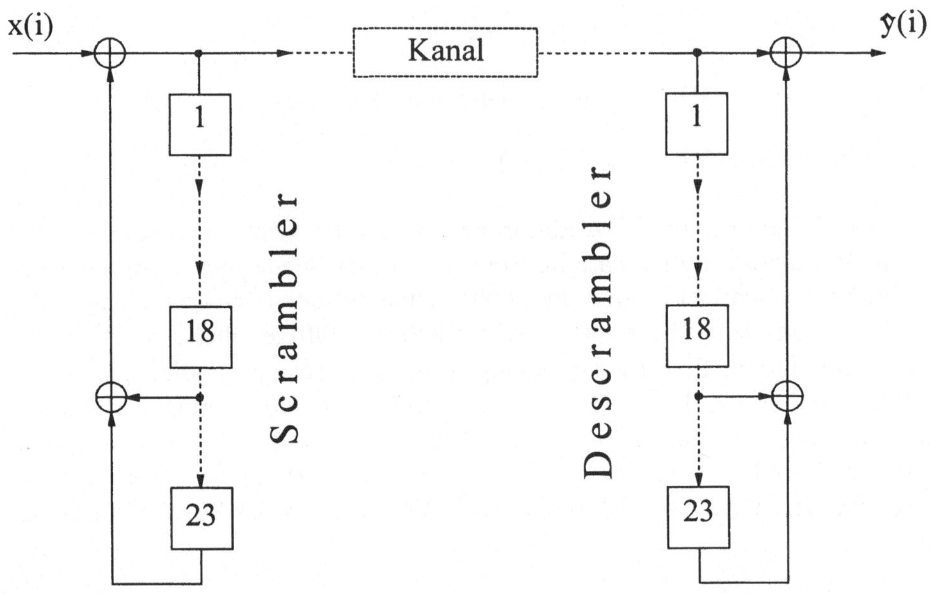

Bild 4.30
Prinzip des selbstsynchronisierenden Scrambling

Aus der Theorie der zyklischen Blockcodes ist das LFSR als Schaltung zur Polynomdivision und das vorwärtsgekoppelte Schieberegister (LVSR) als Schaltung zur Polynommultiplikation bekannt [1.5] [1.13]. Eine in den Scrambler einlaufende Datenfolge wird durch das charakteristische Polynom dividiert, und im Descrambler erfolgt die Multiplikation als inverse Operation. Diese Erklärung wird durch die Übertragungsfaktoren nach den Gln. (4.53), (4.54) gestützt. Die Scrambler-Ausgangsfolge kann auf dem Wege der Polynomdivision des Eingangspolynoms x(D) durch das charakteristische Polynom g(D) erhalten werden.

Beispiel 4.8:

$\{x_i\} = 11011000\ldots,$

$x(D) = 1 + D + D^3 + D^4,$

$g(D) = 1 + D^6 + D^7$

$(1 + D + D^3 + D^4) : (1 + D^6 + D^7) = 1 + D + D^3 + D^4 + D^6 + D^8 \ldots = y(D)$

$$
\begin{array}{l}
\underline{1 \qquad\qquad\qquad\quad +D^6+D^7 \qquad = y(D)} \\
\quad D+D^3+D^4 \quad +D^6+D^7 \\
\quad \underline{D \qquad\qquad\qquad\quad +D^7+D^8} \\
\qquad\quad D^3+D^4 \quad +D^6 \quad +D^8 \\
\qquad\quad \underline{D^3 \qquad\qquad\qquad\quad +D^9+D^{10}} \\
\qquad\qquad D^4 \quad +D^6 \quad +D^8+D^9+D^{10} \\
\qquad\qquad \underline{D^4 \qquad\qquad\qquad\qquad +D^{10}+D^{11}} \\
\qquad\qquad\qquad D^6 \quad +D^8+D^9 \qquad +D^{11} \\
\qquad\qquad\qquad \underline{D^6 \qquad\qquad\qquad\quad +D^{12}+D^{13}} \\
\qquad\qquad\qquad\qquad D^8+D^9 \qquad +D^{11}+D^{12}+D^{13}
\end{array}
$$

$\{y_i\} = 110110101 \ldots$

Man erkennt die Übereinstimmung mit der im Scrambler nach Bild 4.30 ausgegebenen Folge. Dieser sehr umständliche Rechenweg (analog Beispiel 2.12) demonstriert den Vorteil der "direkten Verarbeitung" im LFSR.

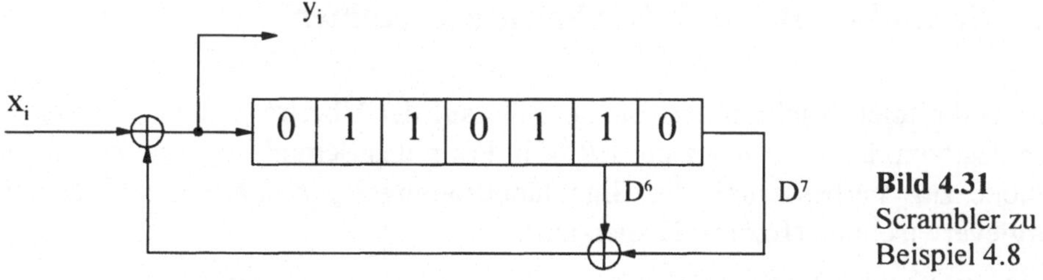

Bild 4.31 Scrambler zu Beispiel 4.8

In einer "Einschwingphase" von 6 Bit werden die Eingangsbits unverändert ausgegeben, unter der Voraussetzung "Anfangsladung **0**". Danach "antwortet" der Scrambler auf beliebig lange 0-Folgen mit Ausgabe der m-Sequenz.

Ein Nachteil des selbstsynchronisierenden Scramblers ist die *Fehlerfortpflanzung*. Falls auf dem Übertragungswege ein Bitfehler auftritt, so wird er im LFSR an den mod-2-Addierer-Positionen in die Verknüpfung einbezogen. Auf diese Weise können aus Einzelfehlern mehrere Fehler entstehen. Aus diesem Grund sind charakteristische Polynome mit möglichst wenig Termen für selbstsynchronisierende Scrambler von Vorteil. Als Scrambling-Polynome wurden daher vorwiegend trinomische primitive Polynome (vgl. Abschn. 2.3.2.) standardisiert. Die Zusammenstellung in Tafel 4.2 enthält die wichtigsten dieser Polynome für Scrambler in der Leitungs- und in der Funkübertragung.

Polynom	Einsatzbereich	Normung
$x^5 + x^2 + 1$	DECT (Schnurlos Telefon)	ETSI
$x^7 + x^6 + 1$	Leitungsübertrag. PCM	CCITT
$x^9 + x^5 + 1$	DSR (Digit.Satelliten Rundf.)	ETSI
	DAB (Digit.Audio Broadcast.)	
$x^{15} + x^{14} + 1$	DVB (Digit.Video Broadcast.)	ETSI
$x^{17} + x^{14} + 1$	PCM Leitungs- u.Richtfunksyst.	CCITT
$x^{23} + x^6 + 1$	"	CCITT
$x^{23} + x^{18} + 1$	"	CCITT
$x^{31} + x^3 + 1$	ATM	ITU

Tafel 4.2 standardisierte Scrambler

4.4.3 Scrambler in Funk-Nachrichtensystemen

Auch in digitalen Nachrichtensystemen, die auf der Übertragung von Funksignalen basieren, ist der Einsatz der *PRSV* in Form des Scrambling eine bewährte Methode zur Verbesserung der Signalübertragungseigenschaften, insbes. zur Energieverwischung (Energy-Dispersion).

Als ein Beispiel soll das Verwürfeln der Datensignale im künftigen digitalen Hörrundfunk DAB (Digitale Audio Broadcasting) näher betrachtet werden. Der Begriff des Scrambling wird hier für beides, d.h. die Realisierung der Verschlüsselung (bei DAB als Conditional Access CA "bedingter Zugriff" bezeichnet) und die Verwürfelung zur spektralen Formung verwendet. Das "Verschlüsselungs-Scrambling", das unter Abschn. 4.7 behandelt wird, muß vor dem "Energy-dispersal-scrambling" ausgeführt werden, Bild 4.32 zeigt eine von mehreren im DAB-Standard [4.39] festgelegten Konfigurationen:

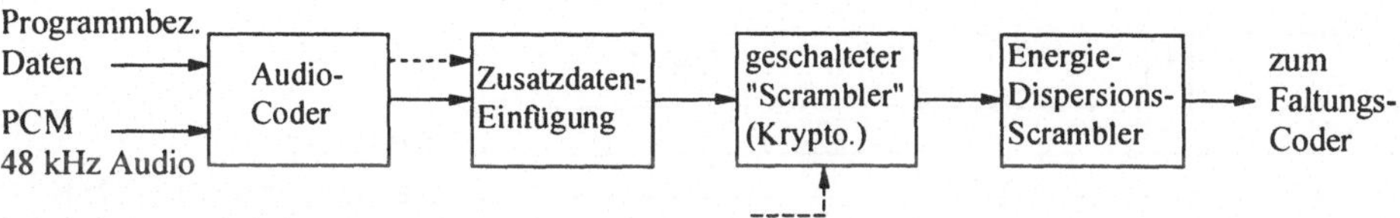

Bild 4.32
Scrambling der Audiodaten im Streammode bei DAB

Bestimmte Daten, z.B. für Steuerungszwecke, dürfen nicht verschlüsselt übertragen werden, so daß ein "geschalteter Scrambler" für diese Aufgabe vorgesehen ist. Die Struktur des "eigentlichen" Scramblers zur Optimierung der Energieverteilung des DAB-Signales zeigt Bild 4.33.

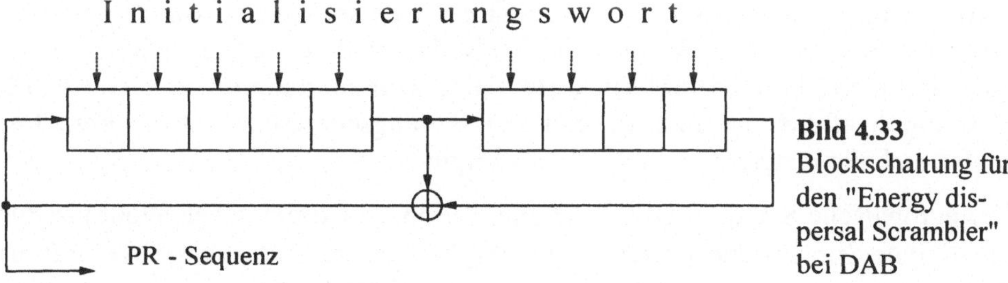

Bild 4.33
Blockschaltung für den "Energy dispersal Scrambler" bei DAB

Das zugehörige Generatorpolynom lautet:

$$g(x) = x^9 + x^5 + 1 \tag{4.55}$$

Als Initialisierungswort und somit als Startbedingung für die Scrambling-Sequenz wurde das Codewort $\mathbf{z}_s(0) = (111111111)$ festgelegt, so daß die ersten 16 Bit der PRBS lauten: PR-Binär Sequenz (PRBS)

$$\mathbf{z}_i = 0000011110111110 \ldots$$

Auch beim Digitalen Satelliten Rundfunk (DSR) wird im Prinzip die gleiche Scramblerschaltung verwendet. Unterschiede bestehen im Initialisierungwort $\mathbf{z}_s(0) = (010111101)$ und im Ausgang des PRBS-Generators. Das Initialisierungswort wurde so gewählt, daß die Imitationswahrscheinlichkeit für das Synchronwort des Hauptrahmens ein 11-Bit-Barker-Codewort (vgl. Abschn. 2.4.5) möglichst klein wird. Der Hauptrahmen bei DSR hat den in Bild 4.34 gezeigten Aufbau.

Sync	I	Programminhalt
11	1	308
320 Bit		

Bild 4.34
Rahmenaufbau bei DSR

Das "Dienstbit I" wird über 64 Hauptrahmen (A und B sind je einem Stereokanal zugeordnet) einem Sonderdienstrahmen für programmbegleitende Informationen zusammengefaßt. Von der Periode $N = 2^9 - 1 = 511$ werden somit 308 Bit, die über das Initialisierungswort gestartet werden, für die Verwürfelung verwendet. Mit dem DSR werden 16 Hörfunkprogramme über Satellit übertragen und auch in Kabelnetze eingespeist. Die Datenrate ist mit 10,24 Mbit/s wegen der fehlenden Datenkompression durch Quellencodierung uneffektiv hoch, so daß man für DSR kaum Zukunftsperspektiven erwarten darf. Bei DAB und dem neuen ADR (Astra Digital Radio) sind bei vergleichbarer Audioqualität nur 192 kbit/s erforderlich. Bei ADR wird ein Scrambling nach CCITT V.35 durchgeführt und anschließend eine Faltungscodierung mit der Rate 3/4, so daß sich die Datenrate von 256 kbit/s ergibt.

Der europäische Standard DECT (Digital European Cordless Telephone) ist für die digitale Sprach- und Datenübertragung über kurze Entfernungen (< 300 m) bei hohen Ansprüchen an Qualität und Verkehrsdichte entwickelt worden [4.41] [4.112]. Die DECT-Architektur basiert auf dem OSI (Open System Interconnection)-Prinzip ähnlich dem ISDN. Auf der untersten Übertragungsschicht, dem "physical Lager" erfolgt die Übertragung mit einer Rate von 1,152 Mbit/s in 24 Zeitschlitzen, die einen Rahmen darstellen. Die Zeitschlitze, die je 12 Duplex-Sprachkanäle zwischen einer Basisstation und portablen Stationen repräsentieren, sind in weitere Zeitbereiche für Header-, Nutzer- und Prüfdaten strukturiert. Welche Daten gescrambelt werden, ist im Standard festgelegt, z.B. je 320 Bit b_i des sog. B-Feldes:

$$y_i = b_i \oplus z_{f,i} \qquad (4.56)$$

Es werden relativ kurze Scrambling-Sequenzen verwendet, die auf einer PR-Folge der Länge $N = 31$ basieren, Bild 4.35 zeigt die Erzeugerschaltung.

Mit einer einfachen Modifizierung des Anfangszustandes der ersten drei Registerstufen lassen sich acht phasenverschobene PR-Folgen $\{z_f(i)\}$ erzeugen:

$$f = Q_2\, 2^2 + Q_1\, 2^1 + Q_0\, 2^0 \qquad (4.57)$$

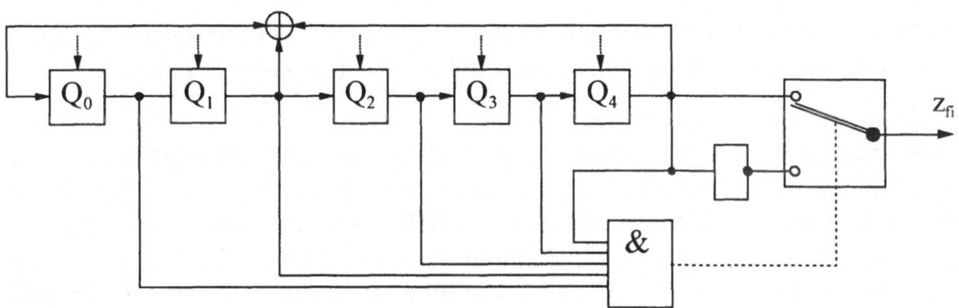

Bild 4.35
Erzeugung der Scrambling-Sequenzen bei DECT

Die Scrambling-Sequenz wechselt mit jedem Rahmen und wiederholt sich alle acht Rahmen, da Q_0, Q_1, $Q_2 \in \{0, 1\}$ gilt. Für die letzten beiden Stufen wird stets der Anfangszustand $Q_3 = Q_4 = 1$ gewählt. Ferner ist aus Bild 4.35 ersichtlich, daß zwischen negierter und nichtnegierter Ausgangsfolge umgeschaltet wird zum Zeitpunkt des "Alles 1"-Zustandes. Als Beispiel sollen je 20 Bit der Scrambling-Folgen $\{z_0(i)\}$ und $\{z_5(i)\}$ angegeben werden:

$$\mathbf{z}_0(i) = 00111\mathit{0}00001100101101...$$
$$\mathbf{z}_5(i) = 000100111\mathit{0}0000110010... \qquad (4.58)$$

Das erste Element der negierten Folge ist in Gl. (4.58) hervorgehoben. Durch den Umschaltmechanismus werden die "Pseudorandom-Eigenschaften" der Scrambling-Sequenz weiter verbessert. Die Häufigkeiten der binären Null und Eins stimmen jetzt exakt überein, d.h. die kleine Abweichung von der Gleichverteilung bei m-Sequenzen (s. Gl. 2.104) kann auf diesem Wege überwunden werden. Die Periodenlänge N_z dieser modifizierten m-Sequenzen $\{z_i\}$

$$z_i = \begin{cases} 1 \oplus a_i, & i \le N_a \\ a_{i+N_a}, & N_a < i \le N_z \end{cases} \mod N_z \qquad (4.59)$$

beträgt $N_z = 2\,N_a$, d.h. in Beispiel des DECT-Scramblers $N_z = 62$. Systemtheoretisch handelt es sich bei der Erzeugerschaltung nach Bild 4.35 um einen speziellen nichtlinearen Folgengenerator mit $n_z = n_a + 1 = 6$ Speicherzellen, fünf werden durch das LFSR gebildet und eine durch das "Toggle-Flipflop", das die Stellung des Negations-Umschalters speichert.

Die Synchronisation des Scramblers wird aus dem DECT-Taktregime abgeleitet und durch "Setzen" des Anfangswertes in den Schieberegisterstufen realisiert.

Auch im künftigen europäischen digitalen Fernsehsystem DVB (Digital Video Broadcasting) ist das Scrambeln der MPEG-2-codierten Datensignale u.a. zur Erfüllung der Vorschriften in der "Funkregulierung" vorgesehen [1.9] [4.135]. Bild 4.36 zeigt das Blockschaltbild des PRBS-Generators zur Erzeugung der DVB-Scramblingsequenz. Auch benötigt man wie beim DSR und bei DAB nicht die volle Periodenlänge der Scrambling-m-Sequenz, Grad n = 15 und Rückkopplungspolynom:

$$g(x) = x^{15} + x^{14} + 1 \tag{4.60}$$

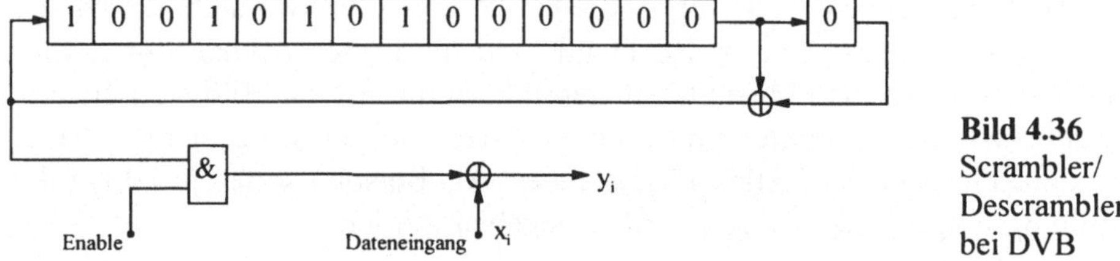

Bild 4.36 Scrambler/ Descrambler bei DVB

Der Scrambling- bzw. Descrambling-Prozess startet mit der in Bild 4.36 enthaltenen "Anfangsladung" des LFSR. Die Übertragung erfolgt bei DVB in Form von Datenpaketen (Datencontainern) [1.9], deren Beginn durch Synchronworte zu 8 Bit gekennzeichnet ist. Diese Sync-Bytes dürfen nicht durch Scrambeln verändert werden, was über die "Enable"-Steuerung in Bild 4.36 einfach realisierbar ist.

4.5 Ortungssysteme mit PR-Signalen

Die Positionsbestimmung von ortsveränderlichen Objekten ist von alters her eine anspruchsvolle Aufgabenstellung, zu deren Lösung eine Vielzahl von Ortungs- und Navigationsverfahren entwickelt wurden. Durch den Einsatz der *PRSV* sind hier Systementwicklungen mit Leistungsparametern möglich geworden, die von den klassischen Verfahren nicht erreicht werden. Ein hervorragendes Beispiel dafür ist das nachfolgend betrachtete Satellitennavigationssystem GPS.

Für die möglichst genaue Bestimmung großer Entfernungen können Verfahren zur Laufzeitmessung auf der Basis von PR-Signalen eingesetzt werden. Aus der Laufzeit τ ist über die Ausbreitungsgeschwindigkeit im Medium, z.B. Licht- oder Schallgeschwindigkeit c eindeutig die Entfernung d bestimmbar,

$$d = \tau\, c/2, \tag{4.61}$$

wobei eine Zweiwege-Laufzeitmessung vorausgesetzt wurde. Statt der Laufzeiten, können auch Laufzeitdifferenzen $\Delta\tau$ gemessen werden. Aus drei Entfernungen oder aus vier Entfernungsdifferenzen ist bekanntlich ein Punkt im Raum eindeutig bestimmbar. Bei Ortungsproblemen in der Ebene bzw. bei bekannter Höhe ist eine Koordinate weniger erforderlich. Zusätzliche Informationen können zur Verbesserung der Genauigkeit dienen (s. Abschn. 4.5.4). Auf geometrische Probleme soll hier nicht eingegangen werden.

4.5.1 Prinzipien und Parameter der Laufzeitmessung

Im Bild 4.37 ist das Prinzip einer Zweiwege-Laufzeitmessung dargestellt. Die Signale werden einem hochfrequenten Träger aufmoduliert (PSK o.a., s. Abschn. 1.2.4) und von einem zumeist am Ortungsobjekt befindlichen Transponder empfangen und nach Signalumsetzung wieder zur Sendestation zurück übertragen. Vom Aufwand und der Leistungsfähigkeit her sind zwei Transponder-Typen zu unterscheiden [4.41]. Beim Regenerativ-Transponder wird das Empfangssignal vor Rückmodulation durch Korrelationsempfang regeneriert, so daß es praktisch fehlerfrei zurück übertragen wird. Im Turnaround-Transponder erfolgt nach der Empfänger-Demodulation lediglich eine Bandbegrenzung auf etwa $0{,}7/\Delta t$ und anschließend die Rückmodulation. Die Bitdauer Δt der PR-Sequenzen in Spread-Spectrum-Systemen und somit auch bei der PR-Laufzeitmessung wird allgemein als Chipzeit $T_c = \Delta t$ bezeichnet. Im Bild 4.37 ist angedeutet, daß die Übertragung der Sende- und Transpondersignale getastet, d.h. nur in gewissen Zeitabschnitten oder Zeitschlitzen erfolgen kann. Dies ist auf Grund der Eigenschaften der MF-Signale möglich, da nach erfolgter Synchronisation unter der Bedingung hinreichender Oszillatorstabilität, ein Gleichlauf auch ohne Empfangssignal in Zeitintervallen aufrechterhalten werden kann (Schwungrad-Prinzip). Zur Feststellung der Laufzeiten τ sind zwei Varianten zu unterscheiden, das Start-Stop- und das Phasenvergleichs-Verfahren. Die Phasendifferenz von MF-Signalen ist bereits durch je einen Abschnitt von n Elementen der Sende- und Empfangsfolge bestimmt. Es kann also bei einer synchron laufenden Referenzfolge fortlaufend Laufzeitinformation erhalten werden, auch bei ggf. zeitlich intermittierender Betriebsweise durch Phasenvergleich der Sende- und Empfangs-Referenzfolge. Beim Start-Stop-Verfahren wird die Zeit zwischen einem Start-Codewort, das bei MF vom Grad n wieder durch eine n-bit-Unterfolge gebildet werden kann, und einem Stop-Codewort, das in analoger Weise gebildet wird, gemessen. Technisch realisierbar ist dieses Verfahren einfach in der Form, daß durch den Startimpuls eine Torschaltung geöffnet und durch den Stopimpuls wieder geschlossen wird. Während der Toröffnungszeit gelangen Zeitimpulse auf einen Zähler, der dann die Laufzeit τ in digitaler Form anzeigt bzw. speichert und zur Weiterverarbeitung bereitstellt.

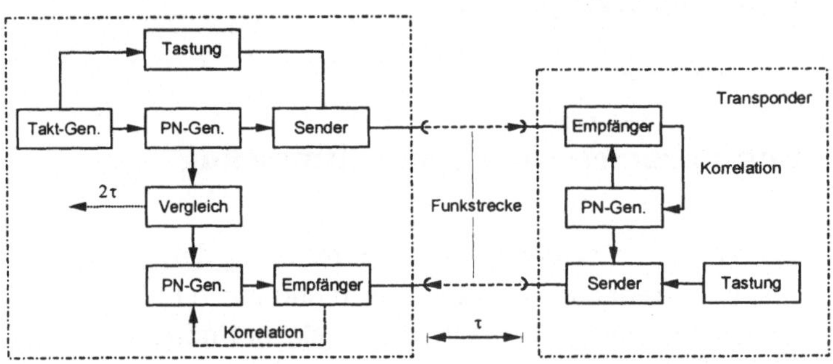

Bild 4.37 Zweiwege-Laufzeitmessung

Die hohe Geschwindigkeit der elektromagnetischen Wellen ($c = 2{,}9979 \cdot 10^8$ m/s $\approx$ 300 m/µs für Freiraum) gestattet die Vernachlässigung der Eigenbewegung während des Ortungsvorganges, im Gegensatz zu den hydroakustischen Verfahren (SONAR) [1.24]. Im Unterschied zum RADAR, wo ebenfalls die Entfernung auf der Basis einer Laufzeitmessung zwischen Sende- und reflektiertem Signal erfolgt, ist bei der Laufzeitmessung mittels PR-Signalen zumeist eine aktive Signalumsetzung vorhanden. Vom Prinzip her sind auch Einweg-Verfahren denkbar [4.42], deren großer Vorteil darin besteht, daß die Nutzer selbst "funkstill" bleiben und von der Anzahl her nicht beschränkt sind. Eine Realisierung scheitert an der Bereitstellung der erforderlichen hochpräzisen Zeitnormale und an der Beherrschung der Driftprobleme. Einen Ausweg bietet die Auswertung von sog. Pseudoentfernungen, einer besonderen Form von

Laufzeitdifferenzen, was sehr erfolgreich im Satellitennavigationssystem GPS realisiert wird (s. Abschn. 4.5.4).

Bei gegebenen Ausbreitungsbedingungen hängt die Reichweite eines Systems außer vom Antennen- und Empfängeraufwand von der Sendeleistung ab. Laufzeitmeßsysteme auf der Basis von PR-Signalen mit aktiver Umsetzung kommen mit relativ geringen Sendeleistungen aus. Die Funkfrequenzen für Ortungs-und Navigationssysteme werden sehr unterschiedlich gewählt, wobei für die Laufzeitmessung die höheren Frequenzbereiche (>100 MHz) von Interesse sind. Die Gründe dafür sind die notwendige Bandbreite zur Übertragung schmaler Impulse und der mit steigender Frequenz geringer werdende Entfernungsmeßfehler durch atmosphärische Laufzeitverzögerungen [4.42] [4.43].

4.5.2 Korrelationsempfang mit PR-Signalen

Die hervorragenden Möglichkeiten zur Erkennung schwacher und stark gestörter Signale beruhen auf dem Korrelationsempfang. Dazu ist Voraussetzung, daß die Struktur der zu empfangenden Signale bekannt ist. Zur Realisierung des Korrelationsempfangs können grundsätzlich zwei Prinzipien unterschieden werden: das *Matched-Filter* und der eigentliche *Korrelator*. Bei letzterem, Bild 4.38a zeigt das Prinzip, ist ein Referenzsignal $s_y(t-\hat{\tau})$ erforderlich, das phasensynchron mit dem um die Laufzeit τ verschobenen Sendesignal $s_x(t)$ abläuft.

$$E(\tau) = \int_{t_i}^{t_i+T} [s_x(t-\tau) + n(t)] s_y(t-\hat{\tau}) dt \tag{4.62}$$

Das Korrelator-Ausgangssignal $E(\tau)$ wird dann ein ausgeprägtes Maximum ergeben, auch bei überlagertem Rauschen $n(t)$, wenn Phasengleichheit zwischen "lokaler" Referenzfolge und der Empfangsfolge besteht, d.h. $\tau = \hat{\tau}$. Der Synchronisationsprozeß erfolgt in zwei Phasen, einer Einlaufphase, auch *Acquisition* oder Code-Erwerbung genannt, und in einer Nachlaufphase, dem sog. *Tracking*-Betrieb,wo eine kontinuierliche Nachführung erfolgt.

Beim signalangepaßten oder Matched-Filter ist die Bereitstellung der synchronen Referenzfolge nicht erforderlich. Die Signalstruktur $s(t)$ ist im Aufbau des Filters implementiert in Form einer "fest verdrahteten" zeitinversen Impulsantwort (Bild 4.38b) h(t) = s(T − t). Bei digitalen Signalen kann ein Matched-Filter bekanntlich durch eine Schaltung nach Bild 3.22 realisiert werden. Nach Einlaufen von L Elementen der Folge in die Zeitverzögerungs- bzw. Speicherstufen steht über die Bewertungsfaktoren a_{L-i} ein Punkt der KKF am Summierausgang zwecks Abtastung bereit. Für den Gewinn an Signal-Störabstand ist die Länge L entscheidend, wobei die Verzögerung möglichst ohne "Informationsverlust" erfolgen sollte. Es ist daher eine Verzögerung von Analogsignalen oder von Digitalsignalen mit ausreichend vielen Amplitudenstufen erforderlich. Die letztere Methode unter Verwendung von ADU und Mikrorechnerverarbeitung ist für größere Längen L noch sehr aufwendig und erfüllt u.U. nicht die Echtzeitforderungen. Dagegen zeichnen sich Entwicklungen ab, die Realisierung des Korrelationsempfanges von PR-Signalen auf Grundlage von Spezialschaltkreisen durchzuführen. Dabei lassen sich drei Bauelemente-Technologien unterscheiden. Die erstere wird durch schnelle digitale Korrelatorschaltkreise repräsentiert, die hohe Bitraten, z.B. 150 MHz, verarbeiten können [4.44]. Ist ein Abtastwert des Empfangssignales x(t) durch k Stufen quantisiert, so kann für die Korrelationsbildung geschrieben werden:

$$E(\tau) = \sum_{i=1}^{L} \left[\sum_{j=1}^{k} x_j(i\Delta t - \tau) 2^{-j} \right] s_y(i\Delta t - \hat{\tau}). \tag{4.63}$$

a) 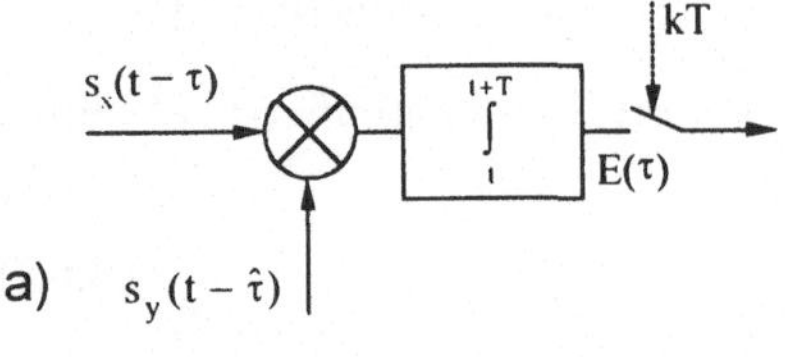

b) 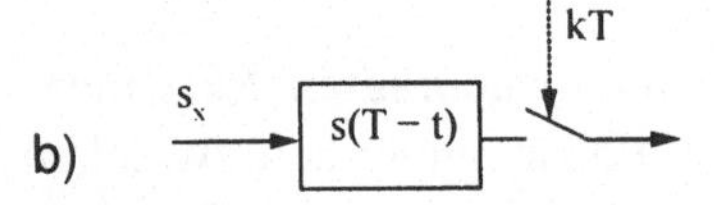

Bild 4.38
Korrelationsempfang
a) Korrelator
b) Matched-Filter

Daraus können k vollständig gleichartige Einzelkorrelatoren abgespalten werden:

$$E_j(\tau) = \sum_{i=1}^{L} x_j(i\Delta t - \tau) s_y(i\Delta t - \hat{\tau}). \tag{4.64}$$

die sich relativ einfach über Summierung der Übereinstimmungen zwischen $x_j(i)$ und $s_y(i)$ realisieren lassen. Die Einzelkorrelationen werden über gewichtete Summierung zusammengefaßt. Aussichtsreich sind auch Entwicklungen, die eine drastische Reduzierung der Quantisierungsstufen auf k = 1 vorsehen. Dadurch kann die Empfängerkomplexität bei serieller Synchronisation stark reduziert werden (vgl. Bild 4.54). Auch die parallele Realisierung der *PRSV*, d.h. Signalregenerierung und Codeaquisition mittels ASIC können kostengünstig realisiert werden. Unter der Bedingung, daß die Leistungen von Nutz- und Störsignal in der gleichen Größenordnung liegen, bringt der Verzicht auf eine genauere ADU nur einen Verlust von ca. 2 dB [4.45] [4.46].

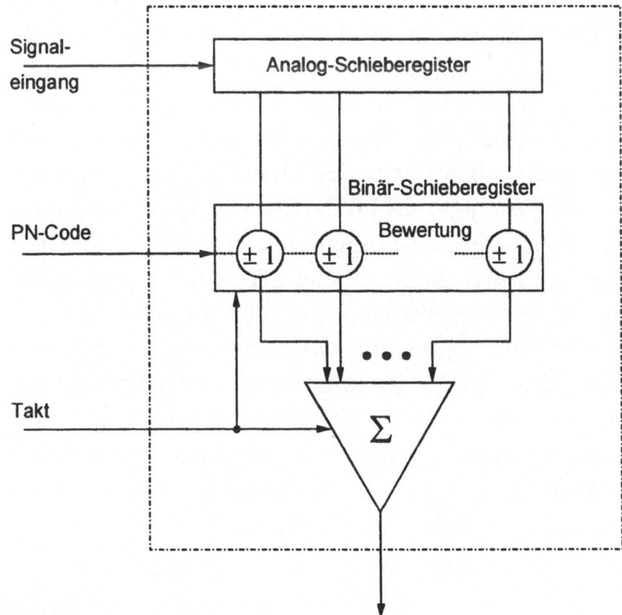

Bild 4.39
CCD-PN-Matched-Filter

Die Verzögerung von Analogsignalen ist auf der Basis ladungsgekoppelter Bauelemente, auch CCD (Charge Coupled Devises) genannt, möglich. Die zweite Variante des Aufbaus von Spezialschaltkreisen für den Korrelationsempfang mit PR-Signalen ist daher durch die CCD-Technik gegeben. CCD-PN-Matched-Filter wurden mit einer großen Anzahl von Anzapfungen und Bewertungsfaktoren als Schaltkreis realisiert (L = 512, Abtastrate bis 10 MHz). Bild 4.39 veranschaulicht das Prinzip eines CCD-PN-Matched-Filters. Die Bewertungsfaktoren sind durch Einschreiben der zu erwartenden Empfangsfolge programmierbar, die Multiplikation mit ± 1 erfolgt über eine positive oder negative Summierung [4.47]. Als dritte technologisch aussichtsreiche Möglichkeit zum Korrelationsempfang pseudozufällig PSK-modulierter hochfrequenter Signale sind Matched-Filter auf der Basis der akustischen Oberflächen zu nennen (AOW-Matched-Filter) [1.21] [3.21] [4.48]. Über die Länge und Anordnung metallischer Finger auf einer Substratoberfläche ist die Wichtung der Spannung möglich, die an der jeweiligen Stelle der Verzögerungsleitung auftritt. Die Mittenfrequenz richtet sich ebenfalls nach der Fingeranordnung und liegt im Bereich von 10 MHz bis zu einigen hundert MHz. Wenn als obere Grenze der Filterlänge L = 1000 angenommen wird, so ergeben sich mit der Austreibungsgeschwindigkeit der Oberflächenwellen c_a = 1000 m/s Verzögerungszeiten $\tau_v \approx$ 1 ... 100 µs. Diese reichen noch nicht aus, um PR-Folgen größerer Länge vollständig einzuprogrammieren. Dadurch wird nur die Partial-KKF gebildet, d.h., es treten Nebenzipfel auf. Die Leistungsfähigkeit der AOW-MF zur Erkennung von von PN-Folgen wurde jedoch mit Erfolg experimentell demonstriert [1.21] [4.48]. Eine Verkürzung der erforderlichen Länge des Matched-Filters ist durch den Einsatz verketteter Folgen (s. Abschn. 3.4.4) möglich. Die Erkennung kann dann in zwei Stufen erfolgen, wobei für eine Folgenlänge $N = N_a \cdot N_b$ jeweils auf die Folgen **a** bzw. **b** angepaßte Filter entsprechend geringerer Länge erforderlich sind [4.49]. Die Länge N der Signalfolgen, die für Laufzeitmessungen und Nachrichtensysteme mit spektraler Spreizung eingesetzt werden, muß auf Grund der geforderten Eindeutigkeit und der gewünschten Störabstandsverbesserung ausreichend groß gewählt werden. Die erreichbare Genauigkeit ist der Bandbreite und damit der Elementedauer Δt umgekehrt proportional (vgl. Bild 2.9), die Fußpunktbreite der AKF beträgt 2Δt. Bei einer maximal zu erwartenden Laufzeit τ_{max} gilt damit :

$$N > \frac{\tau_{max}}{\Delta t}, \tag{4.65}$$

wobei die Ein- oder Zweiwegelaufzeit, je nach Verfahren, einzusetzen ist.

Beispiel 4.9:

Zweiwege-Laufzeitmessung mit d_{max} = 3000 km, Δt = 1 µs

$$T_N = N\,\Delta t \qquad N > \frac{2d_{max}}{\Delta t \cdot c} = 20000$$

für $N = 2^n - 1$, n = 15

4.5.3 Synchronisations-Systeme

Die Problemstellungen der Gewinnung und Aufrechterhaltung von Takt- und Wortsynchronisation beim Empfang von PR-Signalen wurden in einer Vielzahl von Arbeiten untersucht, insbesondere auch im Zusammenhang mit den Verfahren der Informationsübertragung mit spektraler Spreizung (s. Abschnitte 4.5.4 und 4.6) u.a. [1.3] [1.15] [1.23] [4.1] [4.3]. Die Bedeutung der verschiedenen Synchronisations-Systeme wird durch die Entwicklung der Bauelemente-Technologie beeinflußt, z.B. [4.45]. Außer Matched-Filtern oder Korrelatoren können Kombinationen zwischen beiden zur Anwendung kommen, eine Möglichkeit wird im Bild 4.40 dargestellt.

Zunächst sollen die Synchronisationsaufgaben, die im Bild 4.40 und den Blockschaltbildern eines GPS- bzw. Spread-Spectrum-Empfängers, Bilder 4.40, 4.53, 4.64 angedeutet sind, im einzelnen betrachtet werden.

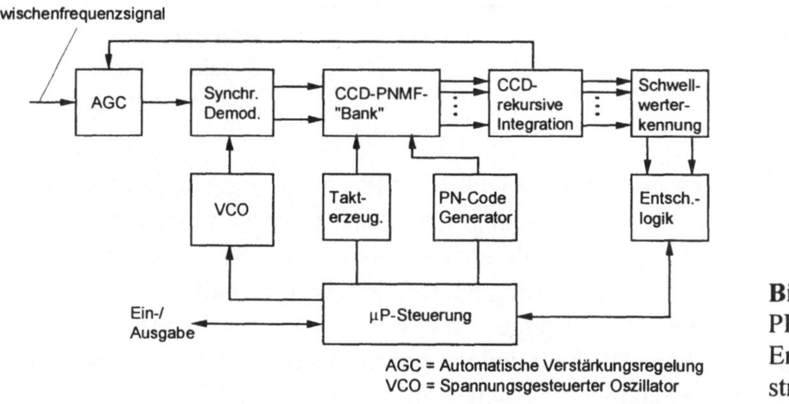

Bild 4.40 PR-Signal-Empfängerstruktur

Taktsynchronisation

Die zur Taktung des Referenzfolgengenerators erforderliche Zeitbezugsinformation muß aus dem Empfangssignal gewonnen werden. Zwei Möglichkeiten sind zu unterscheiden, je nachdem, ob die Taktsynchronisation getrennt oder in Verbindung mit der Phasen- oder Wortsynchronisation erfolgt. Hier wird zunächst der erste Fall betrachtet. Im Spektrum eines NRZ-MF-Signales x(t) ist bei der Frequenz f_c eine Nullstelle (s. Bild 2.12). Bildet man das Produkt

$$z(t) = x(t) \cdot x(t + \varepsilon\, \Delta t), \tag{4.66}$$

so entsteht ein Signal, das sich in ein binäres Signal b(t) und ein ternäres Signal s(t) aufspalten läßt. Letzteres beinhaltet die Struktur der Folge, während b(t) nur von der Verzögerung $\tau_V = \varepsilon\ \Delta t$ abhängt. Die Taktkomponente nimmt bei $\varepsilon = 1/2$ ein Maximum an [4.50] [4.51]. Damit hat eine Schaltung zur Taktgewinnung aus einem binären MF-Signal das im Bild 4.12 gezeigte Aussehen. Nach dem Multiplikator wird die Taktkomponente durch einen schmalen Bandpaß BP herausgefiltert. Als Störungen werden ein gewisses Eigenrauschen, entsprechend den im Durchlaßbereich liegenden "Rest"-Spektrallinien, und weißes Rauschen der Dichte N_0 auftreten, so daß sich nach weiterer Rechnung am Ausgang des Bandpasses folgende Rauschleistungsdichte ergibt [4.51]:

$$N_{0,B} = \frac{N_0}{2}\left[1{,}5 + \frac{N_0}{2\Delta t}\right]. \tag{4.67}$$

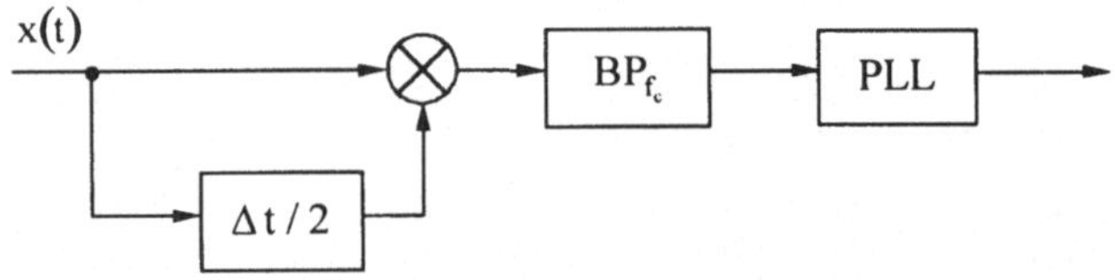

Bild 4.41
Schaltung zur Taktgewinnung

Für den nachgeschalteten Phasenregelkreis (PLL) zur Gewinnung des Empfangstaktes kann damit die Streuung der Phasenschwankungen (Jitter) berechnet werden. Eine nicht optimale aber relativ robuste Möglichkeit der Taktgewinnung ist durch die Verwendung eines Schwellwertschalters nach dem BP, statt des PLL, gegeben. Die Taktgewinnung nach Gl. (4.66) bezieht sich zunächst auf das Basisband. Es kann jedoch gezeigt werden, daß das Prinzip auch auf PSK-modulierte Pseudozufallssignale anwendbar ist [4.52].

Phasensynchronisation

Steht der Empfangstakt zur Verfügung, so kann die Phasen- oder Wortsynchronisation mittels eines Suchvorganges hergestellt werden. Die dazu erforderliche Erwerbungszeit T_A kann bei langen Folgen und serieller Suche relativ große Werte annehmen. Für jede "gesteppte" Korrelationsentscheidung ist eine vom Signal-Rauschleistungsverhältnis (SNR) abhängige Zeit T_E erforderlich, damit eine "falsche" Phasenlage abgewiesen und eine "richtige" erkannt wird.

Beispiel 4.10: Fortsetzung von Beispiel 4.9

Systematische Suche durch schrittweise Verschiebung der Referenzfolge und Korrelationsentscheidung über $T_E = 200\,\Delta t = 200\,\mu s$

Maximale Suchzeit:

$$T_{A,max} \leq N \cdot T_E = 32767 \cdot 200\mu s = 6535400\mu s \approx 6{,}55\,s$$

Mittlere Suchzeit:

$$T_{A,mit} = \frac{1+2+3+4+\ldots+N}{N} \cdot T_E = \frac{N+1}{2} \cdot T_E = 2^{n-1} \cdot T_E \approx 3{,}25\,s$$

T_A kann durch eine Reihe von Möglichkeiten, die die Eigenschaften der verwendeten Signalfolgen und/oder der Schaltungsstrukturen nutzen, verringert werden. Kombinations- und verkettete Folgen (s. Abschn. 3.4) verkürzen die Suche, weil nur die Phasen der Komponentenfolgen erworben werden müssen. Verkettete Folgen können außer über Matched-Filter auch bei vorhandenem Empfangstakt durch mikrorechnergesteuerte Suchprozeduren relativ schnell phasensynchronisiert werden.

Doppelregelkreis-System

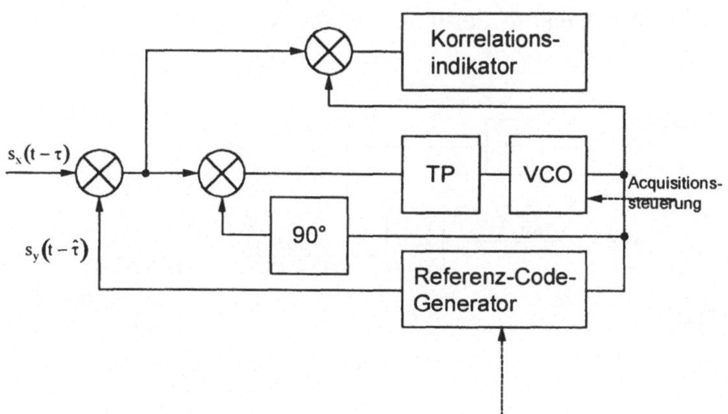

Bild 4.42
Doppelregelkreis-System

Die Prinzipschaltung zeigt Bild 4.42. Ein innerer Taktregelkreis kann als Standard-PLL relativ schnell die im Ortungssignal vorhandene Taktkomponente erwerben. Durch den Takt wird dann ein Codegenerator gesteuert, der die lokalen Komponentenfolgen, nacheinander und schrittweise in der Phase verschoben, zur Verfügung stellt. Nach Erwerbung der gesamten Folge wird eine kontinuierliche Nachregelung durchgeführt, da der Doppelregelkreis, ähnlich dem DLL, eine dafür geeignete Diskriminatorkennlinie besitzt [1.15].

Delay-Locked-Loop (DLL)

Eine klassische Schaltung zur Nachführung einer lokalen PN-Folge in bezug auf eine empfangene ist der DLL, Bild 4.43 zeigt die Prinzipschaltung. Durch Differenzbildung von um $\pm\Delta t$ bzw. $\pm\Delta t/2$, ($\Delta T = T_c$) verschobenen lokalen MF in bezug auf das Empfangssignal und Integration im Schleifenfilter entsteht eine periodische, von τ abhängige Diskriminator-Kennlinie, Bild 4.44. Man kann sich deren Entstehung direkt aus der Überlagerung der um $\pm\delta T_c$, $\delta \leq 1$ verschobenen AKF binärer MF-Signale vorstellen (vgl. Bild 2.9). Die Nachregelung ist aber erst nach dem Einsynchronisieren möglich. Dieses kann durch "Vorbeilaufen" der Empfangs- und Referenzfolge auf Grund unterschiedlicher Taktfrequenzen erfolgen (Gleitkorrelation sliding- oder sweepcorrelation). Die Nachteile dieser Selbstsynchronisation sind die u.U. sehr großen Suchzeiten bzw. sogar die Nichterkennung des Synchronzustandes. Es ist daher günstiger, mit festen Frequenzablagen und somit definierten, an das jeweilige SNR angepaßten Suchraten zu arbeiten [4.53]. Es wurden eine Reihe von verbesserten Schaltungsvarianten des DLL entwickelt, um die kohärente Trägerrückgewinnung und die strengen Symmetrieanforderungen an die Multiplikatoren zu umgehen.

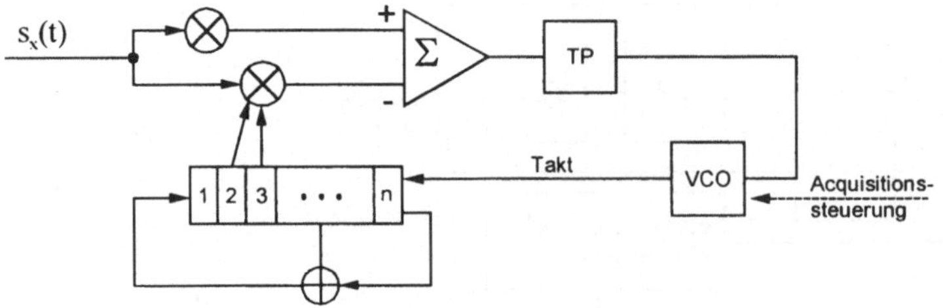

Bild 4.43
Delay-Locked-Loop

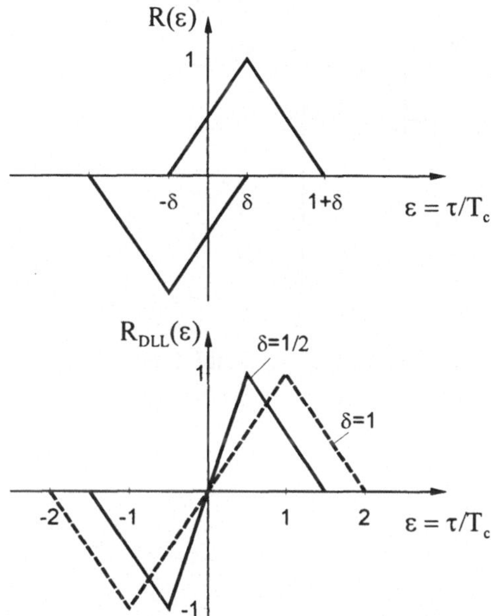

Bild 4.44
Diskriminatorkennlinie des DLL

Bild 4.45 zeigt eine Prinzipschaltung des Hüllkurven- oder Bandpaß-DLL. Wie in Bild 4.43 und Bild 4.44 angedeutet, können die lokalen Referenzfolgen unterschiedlich verzögert sein, so daß man den $1\Delta t$- bzw. $2\Delta t$-DLL unterscheiden kann. Letzterer besitzt als bandpaßkorrelierter DLL eine ungünstigere Diskriminator-Kennlinie und weist auch höheres Phasenjitter auf, so daß man dem $1\Delta t$-DLL den Vorzug geben wird [4.54]. Die wichtigsten Kriterien für die Qualität eines DLL sind das "Tracking Jitter", d.h. die Variation des Verzögerungsfehlers bei überlagertem Eingangsrauschen im Nullpunkt der Diskriminatorkennlinie und die mittlere Ausrastzeit MTLL (Mean Time to Lose Lock). Die Entwicklungen zur Optimierung dieser Kenngrößen sind noch nicht abgeschlossen, z.B. können DLL mit verallgemeinerter Detektor-Charakteristik konstruiert werden [4.55], und mit Einbeziehung der Datenentscheidung [4.56] oder mit periodischer Diskriminator-Kennlinie [4.57].

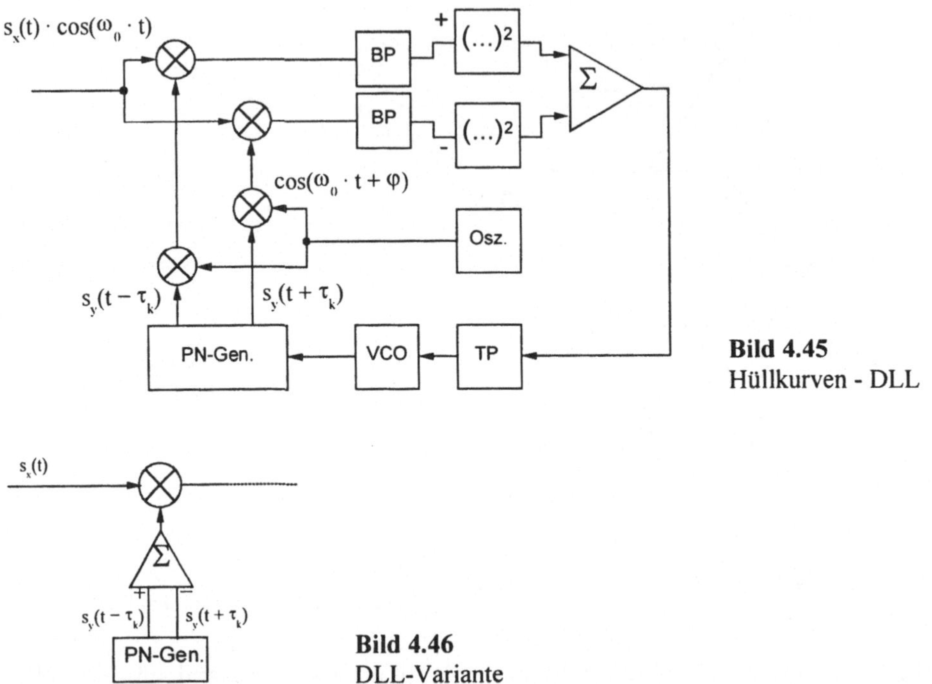

Bild 4.45
Hüllkurven - DLL

Bild 4.46
DLL-Variante

Dither-Loop

Der Tau-Dither-Loop (TDL) geht aus dem DLL durch zeitlich hintereinandergeschaltete Differenzbildung hervor. Es wird zwischen der vor- und nacheilenden Referenzfolge im Rhythmus einer Dither-Frequenz f_D umgeschaltet. Theoretisch ergibt sich durch den Zeitmultiplex ein Verlust von 3 dB, die praktische Realisierung ist jedoch unkritischer [4.1]. Über eine Doppel-Umschaltung ist der Verlust vermeidbar [4.58]. Im Basisband kann man beim DLL den zweiten Multiplikator umgehen, wenn die Differenzbildung der vor- und nacheilenden Folge nach Bild 4.46 erfolgt. Diese bereits in [4.59] vorgestellte geschickte Schaltungsvariante ist später als "PN-PLL" bekannt geworden [4.60] [4.61] und wird auch in neuen Arbeiten [4.56] verwendet. Durch Verschiebung der MF-AKF nach Bild 2.9 auf der Zeitachse um 0,5 T_c nach rechts und auf der y-Achse um 0,5 nach unten ergibt sich eine S-Kurve und es entsteht ebenfalls eine DLL-Variante mit nur einem Multiplikator [4.58].

Der TDL ist im Basisband oder Bandpaßbereich realisierbar, Bild 4.47 zeigt das Prinzip eines Synchronisierers für PR-Signale.

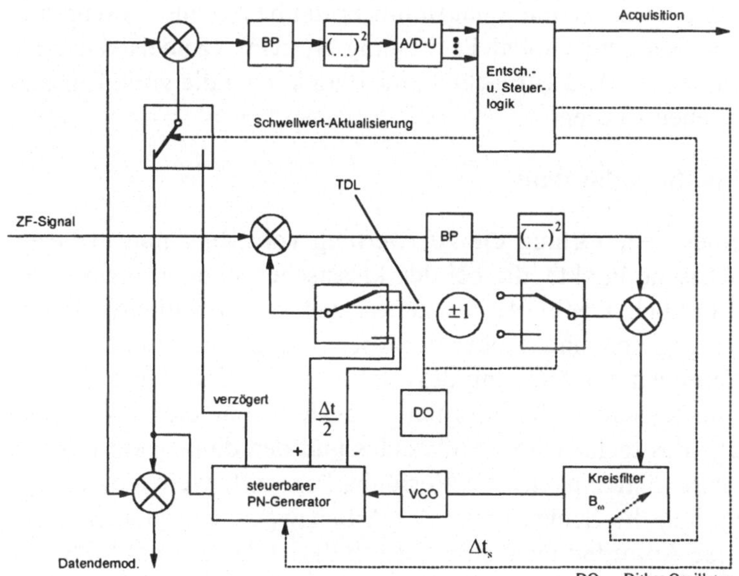

Bild 4.47 TDL-Synchronisierer

Systeme mit sequentieller Entscheidung

Ein anderes Konzept zur Verringerung der Acquisitionszeit T_A geht davon aus, daß man die im Empfangs-PR-Signal vorhandene Information nutzt, um das Schieberegister des Referenz-PR-Signalgenerators zu "laden". Auf Grund der Eigenschaften der linearen MF sind n fehlerfrei empfangene Elemente erforderlich, um die Referenzfolge mit korrekter Phase, d.h. $\hat{\tau} = \tau$, in einem DLL zu erzeugen. Man erreicht mit einem solchen RASE-(Rapid Acquisition by Sequential Estimation-)System mit größer werdendem SNR absinkende Erwerbungszeiten. Ab einem unteren SNR steigt T_A jedoch stark an durch die fortlaufenden "Einschreibversuche" [4.60] [4.126]. Eine Verbesserung läßt sich erreichen, wenn die einzuschreibenden Elemente nach den Methoden der störungsgeschützten Codierung vorher auf Fehler geprüft werden. Da die lineare Rekursionsbeziehung der empfangenen MF bekannt ist, können die zwischen den Elementen bestehenden Beziehungen zur Fehlererkennung genutzt werden (RARASE (Recursion-Aided RASE)) [4.62].

4.5.4 Satellitennavigationssystem Navstar-GPS

Das vom US-amerikanischen Verteidigungsministerium betriebene "Navigation Satellite Timing And Ranging Global Positioning System" (zumeist kurz als GPS bezeichnet) wurde seit 1973 entwickelt und 1995 konnte die volle Einsatzfähigkeit bekanntgegeben werden.

Systemübersicht und Signalaufbau

Grundsätzlich erfordert jede Ortung die Auswertung von Meßdaten in bezug auf bekannte geometrische Punkte, die bei den klassischen Funkortungsverfahren, z.B. Decca, LORAN, OMEGA, feststehen und bei Satellitenverfahren durch die Bahndaten gegeben sind. Außer der Koordinatenbestimmung werden zunehmend Anforderungen zur Messung des Geschwindigkeitsvektors und der Übertragung einer hochgenauen Zeitinformation gestellt. Für die Anwendung sind neben der Frage des technischen Aufwandes und den damit verbundenen Kosten die erreichbare Genauigkeit, die Verfügbarkeit, z.B. weltweit, wetter- und zeitunabhängig, und die Schnelligkeit der Arbeitsweise entscheidend. Ein System, das alle diese Anforderungen sehr gut erfüllt, ist das System GPS, das im "Raumsegment" 24 umlaufende Satelliten vom Typ Navstar besitzt. Obwohl dabei militärische Zwecke der USA im Vordergrund standen, nehmen die zivilen Anwendungen stark zu. Mit 20200 km Bahnhöhe, 12h Umlaufzeit und 55° zum Äquator geneigten Bahnebenen stehen stets an jedem Punkt der Erde mindestens 4 Satelliten für Meßzwecke zur Verfügung, Bild 4.48. Die Sendesignale, die auf zwei Trägerfrequenzen im L-Band (≈ 19 cm Wellenlänge) abgestrahlt werden, bestehen aus je zwei für jeden Satelliten typischen PR-Folgen:

- C/A-Code (Clear oder coarse Acquisition), Länge $N = 2^{10} - 1$ bit, Takt 1,023 MHz, Gold-Folge, Bild 4.49
- P-Code (precise oder protected), Länge: größer 1 Woche, Takt 10,23 MHz, Produktfolge

Alle Satelliten verwenden die gleichen Trägerfrequenzen, die Unterscheidung erfolgt über die Korrelationseigenschaften der Signalfolgen (Codemultiplex s. Abschn. 4.6). Die Spektren der GPS-Signale sind im Bild 4.49 dargestellt [4.91].

Die Familie der Gold-Codes entsteht durch geeignete Verknüpfung von zwei m-Sequenzen (s. Abschn. 4.6.) und zeichnet sich durch gute Kreuzkorrelations-

Eigenschaften aus. Beide LFSR in Bild 4.49 werden mit dem (1111111111)-Vektor initialisiert zu einem definierten Zeitpunkt des P-Codes, ("X1-Epoche", Bild 4.50, [4.63]). Die Generatorpolynome

$$g_1(x) = x^{10} + x^3 + 1 \tag{4.68}$$
$$g_2(x) = x^{10} + x^9 + x^8 + x^6 + x^3 + x^2 + 1$$

sind irreduzibel und primitiv (vgl. Abschn. 2.3.2) und definieren die Rückkopplungsbedingung im Schieberegister 1 bzw. 2. Zur Erzeugung der verschiedenen, für jeden Satelliten typischen C/A-Gold-Sequenzen werden verzögerte, d.h. phasenverschobene m-Folgen verwendet. Die Verzögerung liegt im Bereich von 5 bis 950 und wird in eleganter Weise auf Basis der Verschiebe- und Addiereigenschaft (s. Abschn. 2.3.3) durch Variation von zwei Abgriffen des Schieberegisters 2 realisiert.

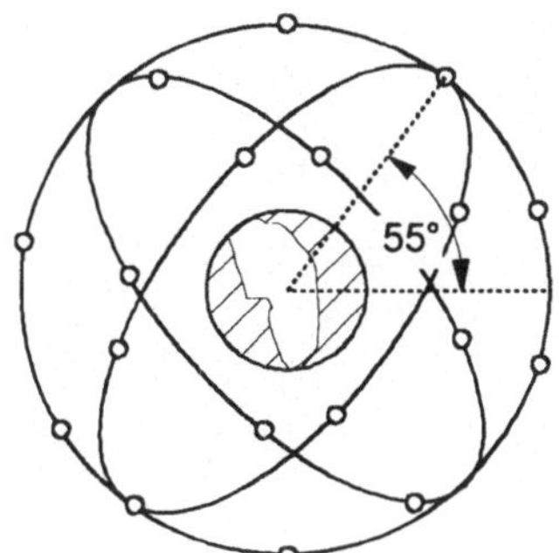

Bild 4.48
Satellitenkonstellation des GPS

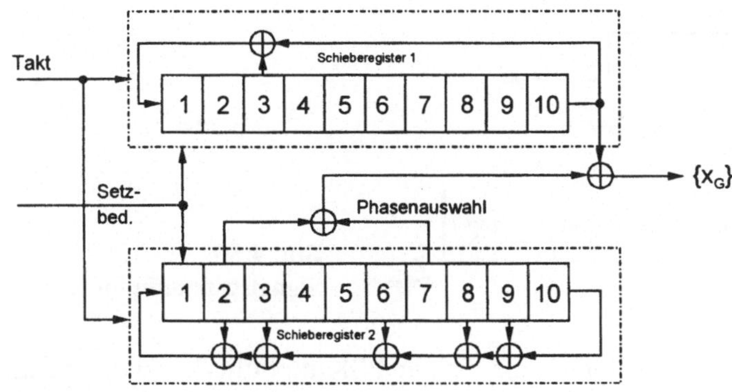

Bild 4.49
Erzeugung des C/A-Codes

Der P-Code wird als Produktfolge durch Verknüpfung zweier Sequenzen X1, X2, s. Bild 4.50 gebildet, die jeweils von je zwei 12-stufigen LFSR X1A,B und X2A,B abgeleitet werden. Obwohl die Polynome bekannt sind, wird die zivile Nutzung und auch evtl. Mißbrauch (Spoofing) durch eine zusätzliche Verschlüsselung verhindert (P → Y-Code).

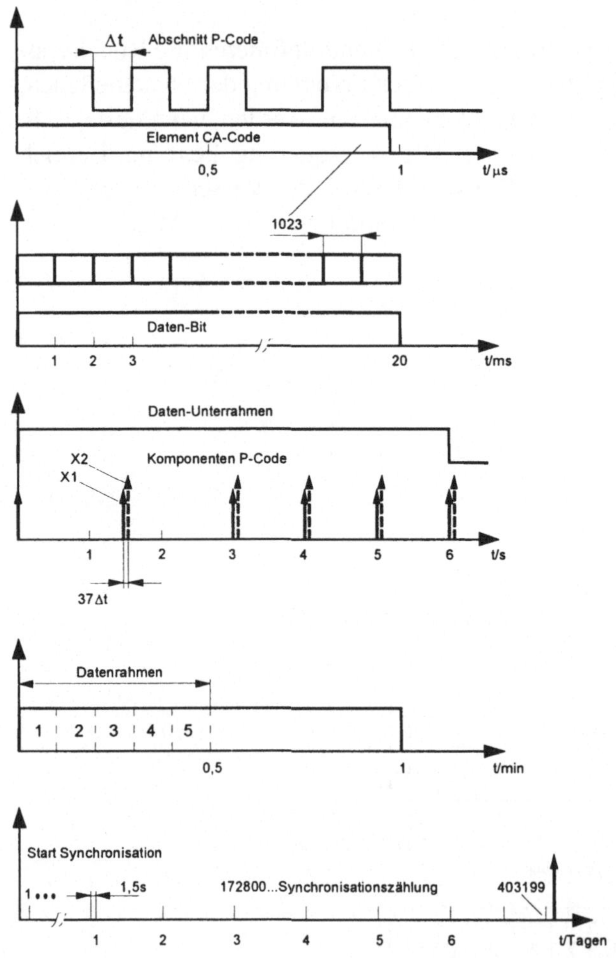

Bild 4.50
Signalstrukturen im GPS

Diese PR-Folgen werden auf orthogonale Träger PSK moduliert, zuvor erfolgt noch eine Überlagerung "langsamer" Daten mittels Modulo-2-Addition nach dem Prinzip der spektralen Spreizung, (Direct Sequence Spread Spectrum, s. Abschn. 4.6). Die gesamte Signalgestaltung der GPS-Satelliten veranschaulicht

Bild 4.51. Ein Datenrahmen besteht aus 1500 bit Bahn- und Zeitdaten, die Datenrate beträgt 50 bit/s (s. Bild 4.50). Das GPS ist ein Einwegsystem, d.h., die zunächst unbekannte Differenz zwischen Empfänger- und Satellitenzeitbasis stellt eine zusätzliche Unbekannte dar, die sich bei vier unabhängigen Gleichungen - entsprechend vier gleichzeitig bestimmten Codelaufzeiten, Pseudoentfernungen ρ_i eliminieren läßt. Voraussetzung dafür sind sehr genaue und hochstabile Zeittakte in den Satelliten; dies wird durch Verwendung von Atomnormalen und tägliche Korrekturmaßnahmen über das "Steuersegment" gewährleistet [4.64] [4.65]. Damit können die zur Positionsbestimmung notwendigen Koordinaten beim Nutzer nach der Demodulation und Decodierung über Rechnerauswertung eines nichtlinearen Gleichungssystems ermittelt werden.

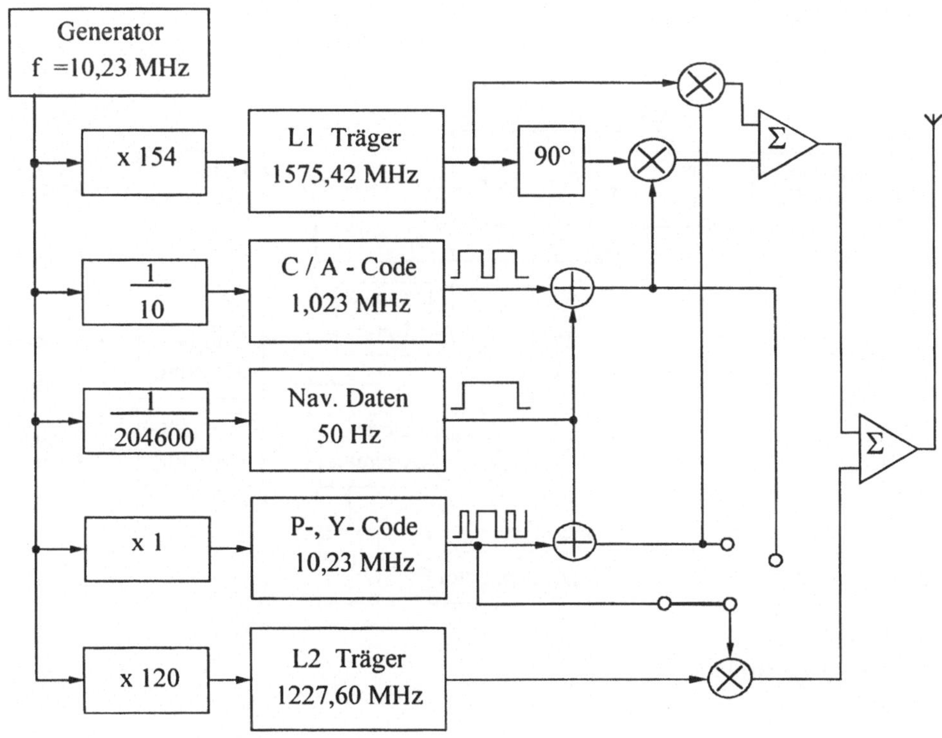

Bild 4.51
GPS-Signalaufbereitung

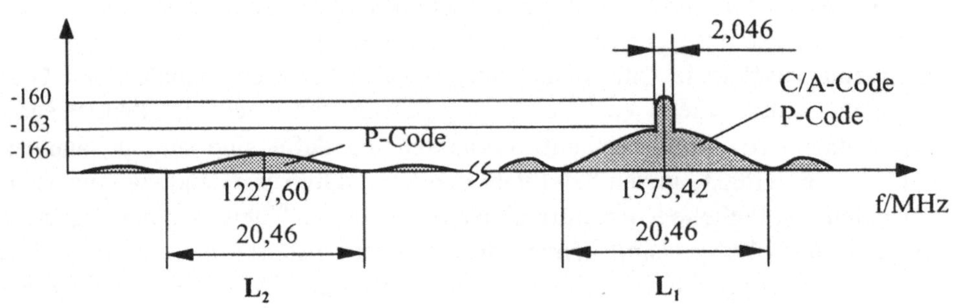

Bild 4.52
Frequenzspektrum der GPS-Signale

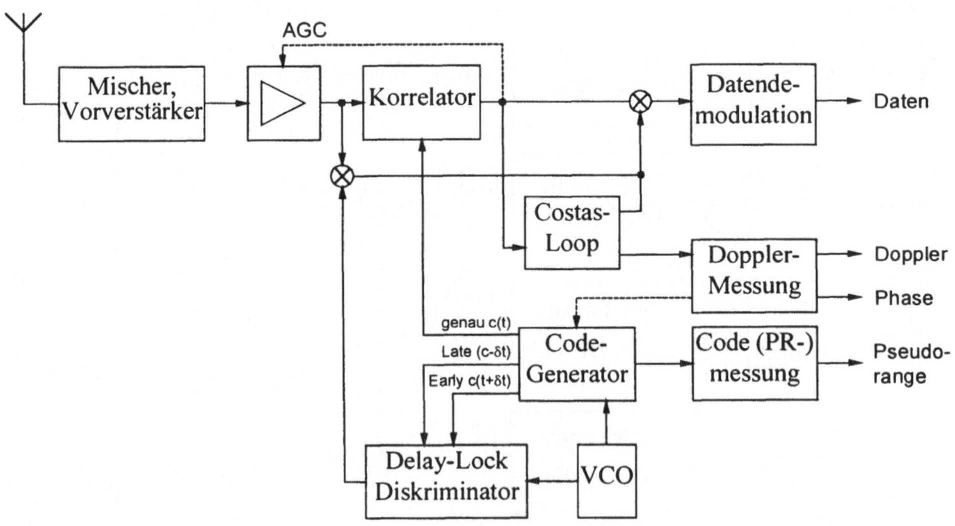

Bild 4.53
GPS-Empfängerstruktur

Die Aufstellung der 4 oder mehr Gleichungen geht von einem rechtwinkligen Koordinatensystem aus, dessen Ursprung der Erdmittelpunkt ist. Die zu bestimmenden Ortskoordinaten x ,y ,z eines GPS-Nutzers werden als geometrische Abstände zu den Koordinaten (x_i, y_i, z_i) der Satelliten geschrieben und definieren die Pseudoentfernungen $\Delta\rho_i = \Delta\rho$.

$$\begin{aligned} \rho_i + \Delta\rho_i &= [(x_i - x)^2 + (y_i - y)^2 + (z_i - z)^2]^{1/2} \\ \rho_i &= c(t - t_i) = c\tau_i \end{aligned} \tag{4.69}$$

Da die Takte in allen GPS-Satelliten synchron sind, ist die Differenz $\Delta\rho$ zwischen der tatsächlichen Entfernung d_i und der Pseudoentfernung ρ_i, die aktuell im GPS-Empfänger als Laufzeit-Meßwert auftritt, für alle Satelliten gleich. In Gl. (4.69) sind somit vier Unbekannte, $\Delta\rho$ und (x, y, z) enthalten, die (x_i, y_i, z_i)-Bahndaten (Ephemeriden) sind bekannt, da sie den Ranging-Codes als Daten überlagert sind. In der Regel sind mehr als 4 Satelliten sichtbar, die dann jeweils eine Gleichung der Form Gl. (4.69) definieren. Hochwertige GPS-Empfänger gestatten die parallele Auswertung von 6 bis zu 12 Satelliten, so daß neben der Ermittlung der unbekannten Koordinaten noch eine Erhöhung der Genauigkeit und eine Integritätsprüfung ermöglicht wird. Letztere gestattet eine größere Sicherheit der Ortungsinformation, da ein gestörtes oder inkorrektes Satellitensignal aus der Berechnung ausgesondert werden kann [4.66].

Einfache GPS-Empfänger arbeiten sequentiell mit einem HF-Empfangsteil für mehrere Satelliten, wobei die Korrelationscodes multiplext werden. Man strebt eine weitgehende digitale Signalverarbeitung der GPS-Signale an, so daß in wesentlichen Baueinheiten ein GPS- und Spread-Spectrum-Empfänger übereinstimmen (s. Bild 4.53 und 4.64). In eleganter Form werden die Probleme der Digitalisierung und *PRSV* in der patentierten "Trimble-Architektur" gelöst, [4.46].

In Bild 4.54 ist erkennbar, daß nur noch wenige analoge Bauelemente erforderlich sind und daß die Digitalisierung durch einen Begrenzer erfolgt und nicht mittels eines aufwendigeren ADU. Der Begrenzer realisiert eine "1 Bit-breite" Umsetzung aus dem ZF-Bereich um 4 MHz, wobei die Information in den "Nulldurchgängen" des QPSK-modulierten L_1-Signales, (vgl. Bild 4.51 und Bild 4.52) erhalten bleibt. Der digitale Korrelator wird durch je einen Vor-Rückwärtszähler für den I- und Q-Zweig realisiert. Die Zählbedingung resultiert aus der Verknüpfung von Eingangs- und Codesignal. Nach einer Millisekunde, d.h. ca. 4000 Taktimpulsen werden die Zähler ausgelesen und das Ergebnis ausgewertet. Der Bezug zur Trägerfrequenz ist über die Steuerung des NCO (Number Controlled Oszillator) gegeben, der die Inphase- und Quadraturtakte für die Korrelatoren erzeugt.

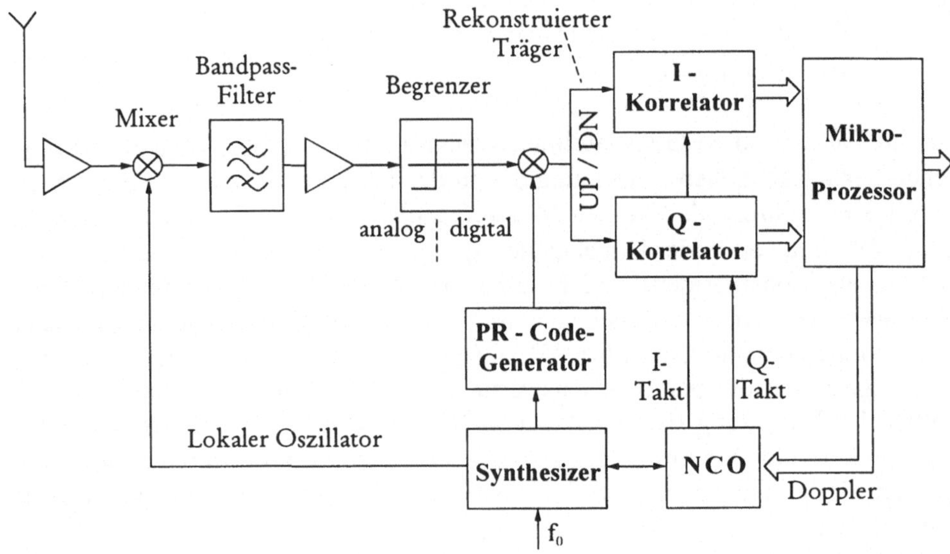

Bild 4.54
Blockschaltbild des GPS-Trimble-Empfängers
(In der Schaltung des "Trimble-GPS-Empfängers" ist die Baueinheit zum Code-Tracking nicht eingezeichnet.)

GPS für höhere Genauigkeit

Für hohe Ansprüche an die Ortungsgenauigkeit, etwa <10 m werden angestrebt, ist die Korrektur von Meßfehlern erforderlich, die durch die schwankenden Ausbreitungsbedingungen in der Ionosphäre und Troposphäre entstehen. Dazu wird der P-Code auf zwei verschiedenen Frequenzen übertragen s. Bild 4.52, so daß die Laufzeitfehler in erster Näherung bestimmbar sind. Da der P-Code zivilen Nutzern ohnehin nicht zur Verfügung steht, wurde nach Möglichkeiten gesucht, diesen Mangel zu überwinden. Ein GPS-Empfänger nur unter Verwendung des C/A-Codes erreicht Positionsgenauigkeiten von ca. 25 m [4.67] ohne "Selective Availability" (SA). Diese "eingeschränkte Verfügbarkeit" bedeutet eine vom Systembetreiber verursachte *künstliche* Verschlechterung der Ortungsergebnisse auf der Basis des C/A-Codes. Die SA besteht in pseudozufälliger, (langsamer) Verfälschung der gesendeten Bahndaten und der Satellitenuhrzeit. Die erreichbare Genauigkeit eines autonomen nicht "autorisierten" GPS-Empfängers liegt mit SA bei ca. 100m. Damit liegt sie um etwa eine Grössenordnung über allen anderen Fehlereinflüssen, auch denen durch Mehrwegeausbreitung durch Reflexion und Beugung der GPS-Signale. Letztere lassen sich gut über die Korrelation von Meßergebnissen im Abstand eines Tages nachweisen, da sich die Satellitenkonstellationen mit einer geringfügigen Verschiebung um 236 Sekunden von Tag zu Tag wiederholen [4.68].

Es sind zwei Methoden zur Steigerung der Genauigkeit entwickelt worden, die Trägerphasen-Messung und das Differential-GPS (DGPS). In mobilen Empfängern und bei relativ schwachen Empfangspegeln (L1-C/A-Code $\Rightarrow$ −130 dBm ist die korrekte Trägernachführung problematisch. Dagegen eröffnet die Verwendung des DGPS viele interessante Anwendungen, z.B. bei der Verkehrsleitung, Vermessung, Steuerung von landwirtschaftlichen Fahrzeugen und sogar der Flugführung [4.69].

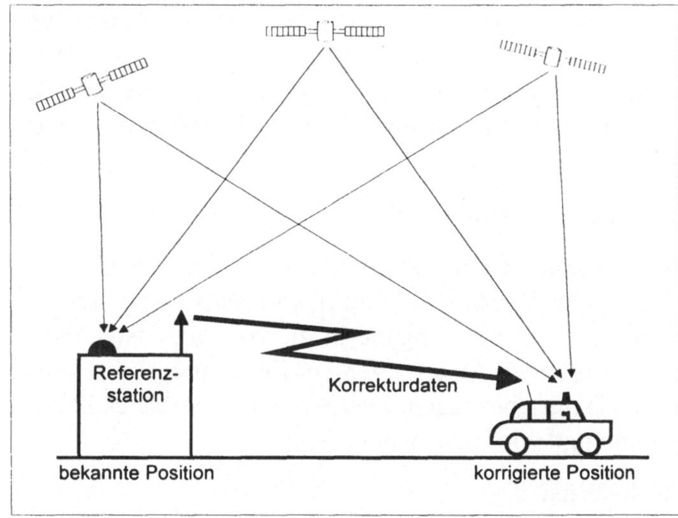

Bild 4.55
Prinzip des Differential-GPS

Das Prinzip des DGPS geht von einer festen Referenzstation mit bekannten, genau vermessenen Koordinaten aus. Ein mobiler DGPS-Nutzer empfängt die GPS-Signale und zusätzliche Korrekturdaten von der Referenzstation, Bild 4.55. Da in der Referenzstation die Ergebnisse der Ortung, die die Auswertung der GPS-Signale liefert, bereits bekannt sind, kann eine sehr effektive Fehlerschätzung durchgeführt werden. Die Fehler durch beabsichtigte SA und auch durch ionosphärische u.a. Effekte sind beim (< 1000 km entfernten) Nutzer nahezu die gleichen wie an der Referenzstation. Die Differentialkorrektur kann in Echtzeit, z.B. für Aufgaben der Fahrzeugführung, oder mit Nacharbeitung (Postprozessing) z.B. bei Vermessungsaufgaben, erfolgen [4.67]. In letzterem

Fall sind über die Bildung sog. "doppelter Differenzen" bei entsprechendem Rechenaufwand hohe Genauigkeiten erreichbar. Die geodätischen Anwendungen von Differenzverfahren in Zusammenhang mit GPS bereiteten die Einführung des heutigen DGPS vor. Die Lösung der "Ortungsgleichung", Gl. (4.69) erfolgt zumeist über eine Linearisierung bei Vernachlässigung der Glieder höherer Ordnung [4.66]. Ferner muß noch eine Umrechnung oder Ortungsinformation aus den kartesischen Koordinaten in geographische Länge, Breite und Höhe erfolgen.

Es können drei Varianten unterschieden werden, welche Art von Korrekturdaten übertragen werden [4.67] [4.69]:

- Übertragung von Positionskorrekturen:

  Die berechneten kartesischen oder geographischen Abweichungen von der korrekten Position werden an die Mobilstation übertragen. Diese naheliegende Variante hat zwar den Vorteil niedriger Datenrate aber den Nachteil, daß die Positionsfehler von den zur Berechnung verwendeten Satelliten abhängen.

- Übertragung Pseudorangekorrekturen:

  Die Referenzstation übermittelt Korrekturwerte der Pseudoentfernungen für die einzelnen Satelliten. Der mobile Nutzer korrigiert damit seine eigenen Schrägentfernungen vor der Eingabe in die Navigationsrechnung. Zusätzlich werden die zeitlichen Änderungen der Entfernungskorrekturen (Range Rate Correction) mit übertragen. Dieses Verfahren des DGPS liefert gute Genauigkeiten und wird häufig angewendet.

- Übertragung von Rohwerten:

  Der mobile Nutzer erhält die Roh-Meßwerte der Referenzstation und deren exakte geographische Position. Auch die Trägerphasen-Messung kann in die Korrekturdaten-Übertragung zwischen Referenz- und Mobilstation mit einbezogen werden. Ein Nachteil des Verfahrens ist der höhere Aufwand in der Mobilstation, ein Vorteil, die Möglichkeit unterschiedliche Empfängertypen in beiden Stationen verwenden zu können.

Zu beachten ist ferner, daß Fehler infolge Mehrwegausbreitung nicht durch das Differenz-Prinzip korrigierbar sind. Für die Datenübertragung von definierten Referenzstationen werden neue Konzepte entwickelt, die Datenkanäle des Hörrundfunks (DAB und UKW-RDS) einen speziellen Langwellensender und in

Zukunft auch Satellitenkanäle (Inmarsat) nutzen. Durch die Fortschritte der Halbleitertechnologie sind kleine, preisgünstige GPS-Empfänger möglich geworden. Neue Anwendungen und Entwicklungen zum GPS werden durch eine spezielle Zeitschrift (GPS-World), spezielle Bücher, z.B. [4.70] [4.71] und Informationen im Internet [4.63] [4.72] popularisiert.

4.5.5 Weitere Laufzeitmeßsysteme

Für den kosmischen Bereich und auch für kürzere Entfernungen wurden weitere PR-Laufzeitmeßsysteme entwickelt, die hier nicht im einzelnen betrachtet werden können. Einige Entwicklungen seien als Beispiele genannt. Satellitensysteme bieten trotz des zunächst höheren Aufwandes und der komplizierteren Auswertung Vorteile bezüglich der Bezugspunkte und der Verfügbarkeit.

TDRSS (Tracking Data Relay Satellite System)

Die Nachrichten-Übertragung und Zweiwege-Entfernungsmessung zwischen erdnahen Raumflugkörpern (z.B. LEO-Satelliten und Space Shuttle) und dem Boden ist die Zielstellung dieses von der NASA entwickelten Systems. Es werden PR-Folgen mit Taktraten für einen Eindeutigkeitsbereich von 10000 km vorgesehen ($N = 2^{18} - 1$ bzw. 2^{13}, $f_c = 3$ bzw. 6 MHz). Als Modulation wird SQPSK verwendet (s. Abschn. 1.2.4). Durch das System werden die Kosten für herkömmliche Bodenstationen verringert [4.3] [4.73].

GLONASS

Das russische GLONASS-System (GLObal NAvigation Satellite System) hat viele Gemeinsamkeiten mit dem GPS, z.B. Anzahl der Satelliten, Datenrate und Signalgestaltung. Unterschiede bestehen in der Satellitenidentifizierung, die bei GPS durch die Codestruktur und bei GLONASS durch satellitenspezifische Frequenzen erfolgt, so daß im Empfänger zusätzliche Filter erforderlich sind. Die Periodendauer des C/A-Codes beträgt wie bei GPS 1 ms, die Länge und Taktrate sind jedoch halbiert, d.h. $N = 511$ bzw. $f_c = 0{,}511$ MHz. Für eine Kombination von GPS und GLONASS ist von Bedeutung, daß *keine* künstliche Einschränkung der Genauigkeit wie die SA bei GPS vorgenommen wird. Es bestehen Bedenken, Ortung und Navigation vollständig auf das GPS umzustellen, und daher werden als Alternativen die Kombination mit dem russischen

System GLONASS oder die Entwicklung eines neuen Satelliten-Ortungssystems unter internationaler Kontrolle diskutiert [4.66] [4.74].

Laufzeitmessung mittels akustischer PR-Signale

Es liegt nahe, daß zur Positionsbestimmung von Objekten über kurze Entfernungen die Laufzeitmessung von PR-Schall- bzw. Ultraschallsignalen verwendet werden kann. Da in Gl. 4.61 dann die Schallgeschwindigkeit einzusetzen ist, ergeben sich u.U. größere Genauigkeiten. Die Ausbreitung von Schall hängt von vielen Faktoren ab, so daß bislang nur ein experimentelles System zur automatischen Linienzeichnung auf einem Sportplatz bekannt geworden ist [4.74]. Als Systemparameter können die Taktrate $f_c = 1/\Delta t$ und Periodenlänge N der m-Sequenz gewählt werden, die das Schallsignal moduliert. Die Übertragung erfolgt zwischen dem zu navigierenden Fahrzeug und festen Baken an den Eckpunkten des Sportplatzes. Mit der Chipdauer $\Delta t = 1$ ms erhält man eine brauchbare Auflösung von ca. 1/3 m und mit $N = 2^{10} - 1$ einen ausreichenden Entfernungsbereich $d_{max} > 200$ m.

Laseroptische RR-Entfernungsmessung

Die *PRSV* eignet sich nicht nur zur Messung von großen Entfernungen im kosmischen Bereich, sondern auch zur Bestimmung von kurzen Abständen. Berührungslos arbeitende Abstandssensoren gewinnen mit fortschreitender Automatisierung der industriellen Fertigung zunehmende Bedeutung. Statt der üblichen Verfahren, die einen Lasersender mit Sinus- oder Rechtschwingungen zwecks Phasenmessung modulieren, kann die Intensitätsmodulation auch nach Maßgabe einer PR-Folge realisiert werden. [4.61]. Im Unterschied zur Laufzeitmessung mit Funksignalen, die aktiv in einem Transponder umgesetzt werden, (vgl. Bild 4.37) erfolgt hier eine passive Umsetzung des optischen Signals durch Reflexion am Meßobjekt, das in Oberfläche und Farbe sehr unterschiedlich sein kann. Ein optisches Sende-PR-Signal s(t) kommt am Empfänger gedämpft, mit Rauschen n(t) überlagert und verzögert um den Wert $\tau = 2$ d/c an:

$$r(t) = as(t-\tau) + n(t) \tag{4.70}$$

Multiplikation mit $s(t-\hat{\tau})$ und Mittelwertbildung führt bekanntlich auf die AKF $R_{ss}(\tau-\hat{\tau})$ und die KKF $R_{sn}(\tau)$, die verschwindet, wenn das Nutzsignal und das Rauschen unkorreliert sind. Für den Fall, daß die geschätzte Verzögerung

$\hat{\tau}$ mit der zu messenden übereinstimmt, $\hat{\tau} = \tau$, ergibt sich für die AKF das Maximum, (s.Gl. (2.5)). Im Meßsystem nach [4.61] erfolgt die Nachregelung auf der Basis eines DLL in der Variante nach Bild 4.46, d.h. einem sog. PN-PLL. Im Unterschied zu herkömmlichen Verfahren kann der Regelvorgang "$\tau = \hat{\tau}$" durch Nachführen der Taktfrequenz f_c des m-Sequenzgenerators erreicht werden. Die Elementezeit $\Delta t = T_c = 1/f_c$ dieser Sequenz entspricht der Dauer eines ausgesendeten Laserimpulses und ist eine Funktion der Entfernung im vorgesehenen Meßbereich $\leq$ 4m. Es konnten Auflösungen im mm-Bereich erreicht werden, wobei als Parameter der PR-Sequenz $N = 2^9 - 1$ und $f_c < 200$ MHz gewählt wurden.

4.6 Nachrichtensysteme mit spektraler Spreizung

Die im folgenden betrachteten Methoden der spektralen Spreizung gestatten eine weitgehende digitale Signalerzeugung und -erkennung. Durch die Anwendung der *PRSV* sind Korrelationsverfahren realisierbar, die eine wesentliche Grundlage der hervorragenden Leistungsparameter dieser Nachrichtensysteme darstellen.

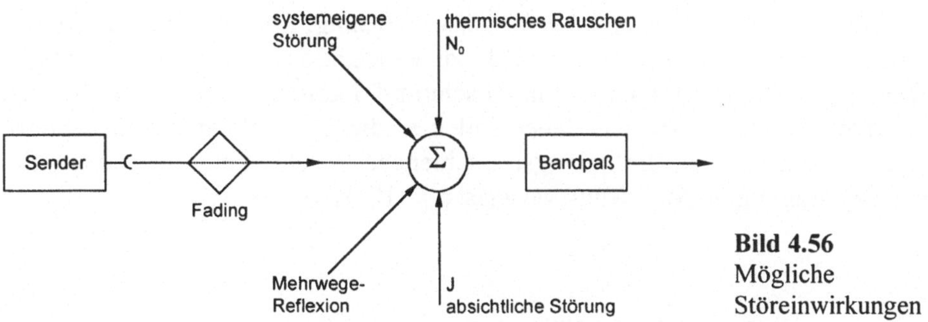

Bild 4.56
Mögliche Störeinwirkungen

Eine Nachrichtenübertragung ist durch die zur Verfügung stehende Leistung, Bandbreite und Zeit gekennzeichnet. Die Möglichkeiten, jede dieser drei Grössen einem Teilnehmer nur teilweise zur Verfügung zu stellen, führen auf die bekannten Multiplexverfahren: zeit-, frequenz- oder codegeteilter Vielfachzugriff (TDMA, FDMA, CDMA, Time Division-, Frequency Division-, Code Division Multiple Access) [1.3] [1.4] [1.18]. Das CDMA-Verfahren, auch Codemultiplex-Übertragung genannt, basiert auf der spektralen Spreizung (Spread-Spectrum). Das Prinzip der spektralen Spreizung muß jedoch nicht immer mit einer Mehrkanalübertragung verbunden sein, sondern kann vor allem zur Erhöhung der Störfestigkeit eingesetzt werden, Bild 4.56 veranschaulicht die möglichen Störeinwirkungen.

Ein enger Zusammenhang besteht zu den Verfahren der Impulskompression mittels strukturierter Signale in der RADAR- und SONAR-Technik [2.2] [4.75] [4.76]. Besonders beabsichtigten Störungen (Jamming) und Abhörversuchen kann mit Nachrichtensystemen auf der Basis der spektralen Spreizung wirksam begegnet werden. Daraus erklärt sich, daß eine hauptsächliche Anwendung der Spread-Spectrum-Systeme (SSS) auf dem Gebiet der militärischen Funkdienste liegt. Es bestehen zunehmend Tendenzen, SSS auch für zivile Zwecke anzuwenden (s. Abschn. 4.6.3). Das im vorhergehenden Abschnitt behandelte Satellitennavigationssystem stellt ein militärisch und zivil genutztes SSS dar. Das wesentliche Merkmal der SSS besteht darin, daß die *Bandbreite* $B_ü$ des Übertragungskanales *wesentlich größer* als die eigentliche *Informationsbandbreite* B_I ist und daß die Bandbreitenvergrößerung $B_ü >> B_I$ durch *PR-Codes gesteuert* wird. Im Falle eines oder weniger Teilnehmer würde die Kanalkapazität unzureichend ausgenutzt, so daß für die Anwendung folgende Vorteile maßgebend sind: *Störunterdrückung bei beabsichtigter Beeinflussung, flexibler Vielfachzugriff, Interferenzunterdrückung bei Mehrwegeausbreitung, Energiedichtereduktion, Entfernungsbestimmung durch Laufzeitmessung.* Ein Großteil der Ausführungen in den Abschnitten 2. und 3. zu Korrelationseigenschaften und der Erzeugung von Signalfolgen und in Abschnitt 4.5 könnte unter dem Thema der spektralen Spreizung stehen; daher soll hier die Darstellung knapp gehalten werden. Ferner sei auf die unlängst erschienene Beschreibung der Codemultiplex-Übertragung im Mobilfunk verwiesen [1.18, Kap. 16].

4.6.1 Grundbegriffe und Funktionsprinzipien

Die grundlegende Shannonsche Gleichung für die Kanalkapazität C bildet den theoretischen Hintergrund, daß über spektrale Spreizung ein Austausch von Bandbreite B, Signalleistung P_S und Störleistung P_N möglich ist [1.23] [4.77]:

$$C = B \,\mathrm{ld}\left(1 + \frac{P_S}{P_N}\right) \tag{4.71}$$

Die Störleistung P_N kann neben den unvermeidbaren Rauschstörungen, die proportional mit der Bandbreite wachsen, auch von anderen im gleichen Frequenzband B arbeitenden Teilnehmern herrühren. Der militärische Ausgangspunkt war eine beabsichtigte Störleistung $P_N \approx P_J >> P_S$, d.h. ein starker schmalbandiger "Jammer" im belegten Frequenzband $B = B_I$. Unter der Voraussetzung $P_s/P_N << 1$ kann Gl. (4.71) näherungsweise als erstes Glied einer Reihenentwicklung geschrieben werden [1.23]:

$$C \approx B\, P_S/P_J \tag{4.72}$$

Ein verrauschter Kanal mit relativ schlechtem Signal-/Störleistungsabstand $P_S = P_N$ würde nach Gl. (4.81) wegen ld 2 = 1 die Kanalkapazität C = B ergeben. Diese gestattet bei geeigneten Modulationsverfahren die Realisierung einer Informationsrate etwa gleich der Bandbreite, z.B. $B_I = B = 10$ kHz $\hat{=}$ 10 kbit/s. Soll unter der Bedingung eines starken Störers, z.B. $P_J = 100\, P_S$ die gleiche Informationsrate beibehalten werden, so gilt Gl. (4.72) und die Bandbreite muß auf den Wert $B_ü = B_I \cdot P_J/P_S = 100\, B_I$ erhöht werden.

Die Vergrößerung der Bandbreite liefert das Spreizverfahren, wobei die Information d(t) in geeigneter Weise den Spreizsignalen überlagert werden muß. Am einfachsten erreicht man die Spreizung durch direkte, multiplikative Verknüpfung der Spreizfunktion p(t) mit dem Datensignal d(t) und einem hochfrequenten Trägersignal:

$$s(t) = x_s(t) = A\, d(t) \cdot p(t) \cos(\omega_o t + \varphi) \tag{4.73}$$

Liegt das Datensignal in binärer Form vor, d.h. $d(t) \in \{0,1\}$, so liefert die Modulo-2-Addition mit der Spreizfolge $p(t) \in \{0,1\}$ bereits das Spread-Spectrum-Signal. Diese Variante ist in Bild 4.57a zusammen mit der HF-Umsetzung dargestellt (vgl. auch Bild 4.51). Es besteht auch die Möglichkeit, das Informationssignal zuerst einem HF-Träger aufzumodulieren, (z.B. FSK, PSK) [4.53], und anschließend mit dem Spreizungscode zu multiplizieren (→ BPSK), Bild 4.57b. Beide Varianten realisieren eine "direkte Umsetzung mit der Spreizfolge" und werden daher als *Direct Sequence Spread-Spectrum* (DSSS) bezeichnet. Eine Veranschaulichung der Signalverläufe für die Spreizung nach Bild 4.57a ist in Bild 4.58 dargestellt.

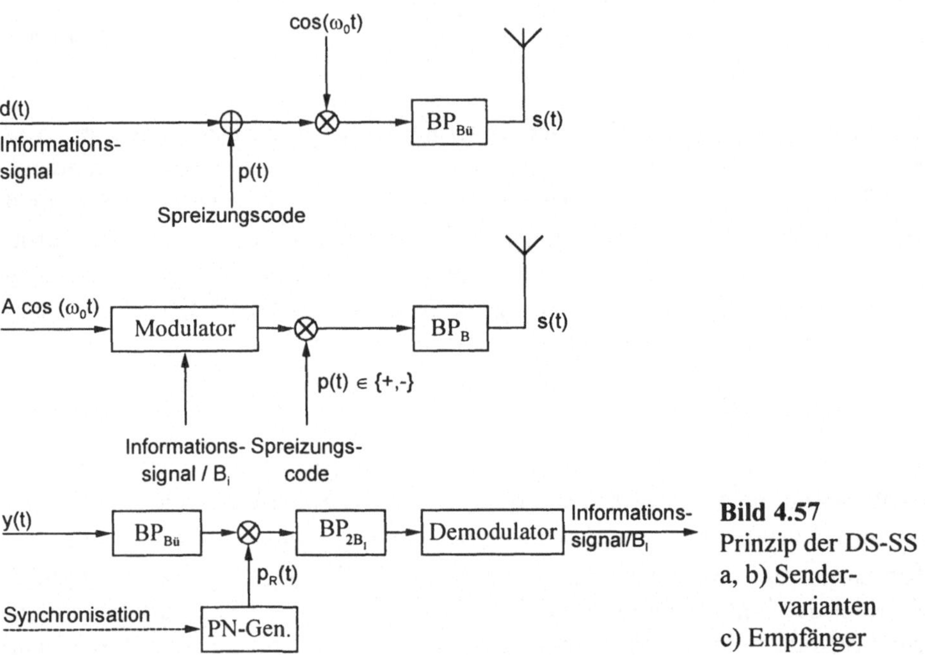

Bild 4.57
Prinzip der DS-SS
a, b) Sender-varianten
c) Empfänger

Für die Rückspreizung auf der Empfangsseite ist die korrekte Multiplikation mit dem synchron laufenden Referenzcode $p_R(t) = p_E(t) = p_S(t - \tau)$ Voraussetzung, d.h. $p_R(t) \cdot p_E(t) = 1$. Das rückgespreizte Signal wird dadurch wieder "schmalbandig" und kann den nachgeschalteten Bandpaß mit der Bandbreite $2\,B_I$ passieren. Auch für die Unterdrückung der zunächst mit der Bandbreite größer gewordenen Rauschleistung ist der nachgeschaltete Bandpaß entscheidend. Der im obigen Beispiel angenommene schmalbandige Störer wird ebenfalls mit dem Referenzcode multipliziert und dadurch auf die Bandbeite $B_ü >> B_I$ gespreizt, weshalb er vom Bandpaß "$2\,B_I$" weitgehend unterdrückt wird. Man definiert daher den Prozeßgewinn eines SS-Systems über die Bandbreitenrelation [1.23] [4.3] [4.77]:

$$G = \frac{B_ü}{B_I} \mathrel{\hat{=}} \frac{T_d}{T_c} \qquad (4.74)$$

In Bild 4.59 wird das Prinzip der spektralen Spreizung qualitativ veranschaulicht.

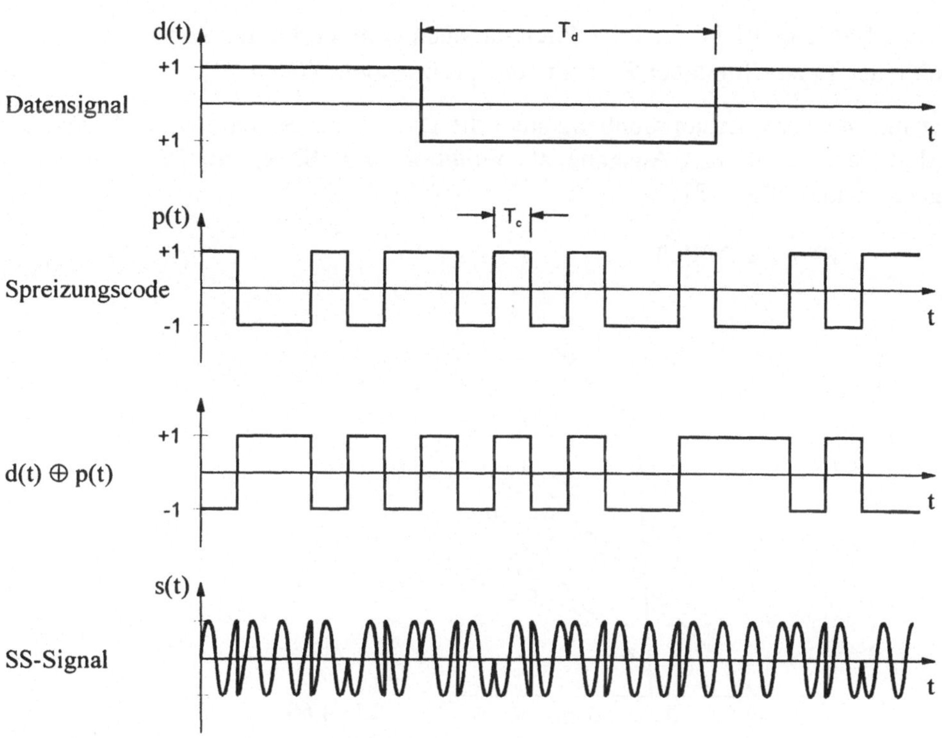

Bild 4.58
Signalverläufe bei DSSS

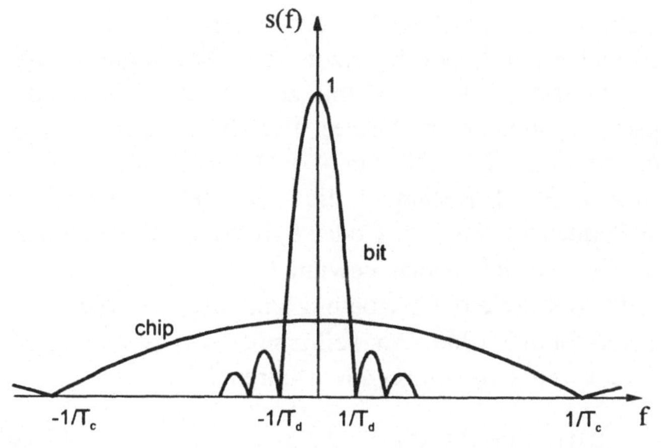

Bild 4.59
Veranschaulichung des Spreizungsprinzips im Frequenzbereich

Bei DSSS entspricht der Prozeßgewinn auch dem Verhältnis von Informationsbitdauer T_d zu Chipdauer $T_c = \Delta t$ der Spreizsequenz (Gl. 4.74).

Damit in engem Zusammenhang steht die Basis β der Signale Gl. (1.8) und das SNR_A am Empfänger-Ausgang als Funktion vom SNR_E am Empfänger-Eingang, Bild 4.60 [4.78].

$$SNR_A \approx G\, SNR_E \tag{4.75}$$

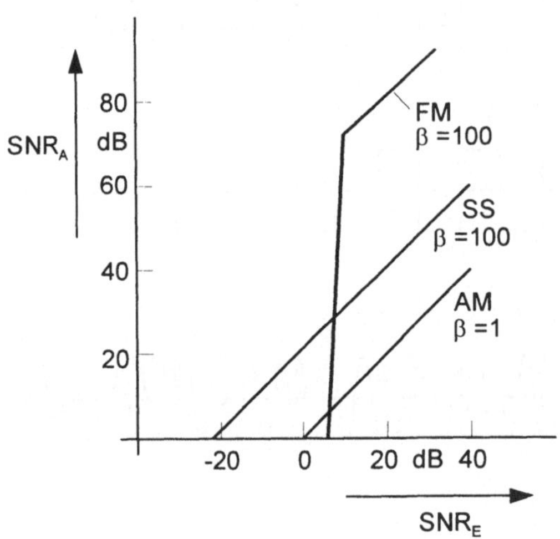

Bild 4.60
Störempfindlichkeit verschiedener Modulationsverfahren

Den "Bandbreiten-Luxus" militärisch SS-Systeme kann man bei zivilen CDMA-Systemen nicht mehr aufrechterhalten. Für das Verständnis des Codemultiplex-Prinzips kann zunächst die direkte Spreizung der Datensignale $d_A(t)$, $d_B(t)$ ... verschiedener Teilnehmer A, B ... M mit zueinander orthogonalen Spreizungscodes $p_A(t)$, $p_B(t)$ ... annehmen. Dieses Verfahren wurde bereits beim Satellitennavigationssystem GPS (s. Abschn. 4.5.4) vorgestellt. Die verschiedenen GPS-Satelliten sind die "Teilnehmer", die Navigationsdaten mit 50 bit/s übertragen. Die Gold-Sequenzen des C/A-Codes haben eine Chipfrequenz $f_c \approx 1$ MHz, so daß sich ein enormer Prozeßgewinn $G_{C/A} = 2 \cdot 10^4$ ergibt. CDMA-Systeme, die für die Mobiltelefonübertragung entworfen werden, verwenden zumeist Spreizungsfaktoren < 1000. Der Teilnehmer A wird also in seinem Empfänger folgende Rückspreiz-Operation durchführen:

$$y(t) \cdot p_R(t) = [d_A(t) \cdot p_A(t) + d_B(t)\, p_B(t) + \ldots]\, p_R(t), \tag{4.76}$$

wobei in Gl. (4.76) Laufzeiten τ_i und HF-Terme wegen vorausgesetzter Synchronität nicht enthalten sind. Die Weiterverarbeitung durch Integration über die Dauer eines Datenbits T_d, was im Bandpaßbereich näherungsweise durch Filterung realisierbar ist, ergibt:

$$\frac{1}{T_d}\int_{T_d} d_A(t)\cdot p_A(t)\hat{p}_A(t)dt + \frac{1}{T_d}\int_{T_d} d_B(t)\cdot p_B(t)\tilde{p}_A(t)dt + \ldots \approx d_A(t) \tag{4.77}$$

In Gl. (4.77) wurde vorausgesetzt, daß der lokale Referenzcode korrekt geschätzt wurde, d.h. $p_R = \hat{p}_A = p_A$ ist synchronisiert, und die Integration mit den Signalen der anderen Teilnehmer ergibt wegen der vorausgesetzten Orthogonalität (vgl. Gl. (2.59)) keinen Beitrag.

In der Praxis, d.h. bei Vorhandensein von komplizierten Mehrwegestörungen, Zeitverschiebungen und nicht exakt orthogonaler KKF der Spreizungscodes sind die idealisierten Verhältnisse nach Gl. (4.77) nicht erfüllt. Besonders kritisch gehen unterschiedliche Leistungen, die sich durch die Entfernungsdifferenzen Empfänger - gewünschter Teilnehmer bzw. unerwünschter Teilnehmer - oder durch Abschattung ergeben, in den Empfangsprozeß ein (Near Far-Effekt). Neben der Auswahl günstiger Spreizungscodes ist in einem zellularen CDMA-Mobilfunksystem eine effiziente Leistungsregelung (Power control) erforderlich. Obwohl die CDMA-Systeme erst seit einigen Jahren über den "Umweg" der SS-Systeme als aussichtsreiche Kandidaten für künftige Mobilfunksysteme diskutiert werden, findet sich bereits in [4.128: S. 218, 219] ein "informationstheoretischer" Codemultiplex-Ansatz, auch die noch früher durchgeführten Untersuchungen zu "Adreßcodesystemen" sind hier einzuordnen [4.114].

Neben den DSSS ist das Frequenzsprung-Verfahren (*FH - Frequency Hopping*) eine klassisches Spreizverfahren, das genauer als multiples, codegesteuertes FSK bezeichnet werden kann [1.23]. Ein PR-Generator steuert die Auswahl der aktuellen Trägerfrequenz in einem breiten Frequenzband. Auf der Empfangsseite muß ebenfalls ein synchronisierter PR-Generator einen Frequenzsyntheser steuern, der die Referenzfrequenzen zwecks Demodulation bereitstellt. Die Daten modulieren den aktuellen Träger, jedoch in herkömmlicher Weise, z.B. FSK oder Schmalband FM, so daß momentan nur ein relativ schmales Frequenzband belegt ist. Da die Mittenfrequenzen ständig nach Maßgabe der PR-Sequenz gewechselt werden, ist unbefugtes Abhören durch Empfängernachstimmen nur schwer möglich. Finden die Frequenzsprünge in größeren Zeitabständen als eine Datenbitdauer statt, so spricht man von langsamem (SFH), ansonsten von schnellem (FFH) Frequenz-Hopping. In Verbindung mit Fehlerkorrekturcodierung bietet FH auch einen wirksamen Schutz gegen Fadingstörungen, die durch zeitweilige "Einbrüche" des Empfangspegels bei bestimmten Frequenzen gekennzeichnet sind.

Beim Verfahren FH-SS ist es günstig, die Basis- oder Nutzmodulation als FSK direkt mit den durch den PR-Code gesteuerten Frequenzsprüngen zu verbinden. Bild 4.61 zeigt ein Blockschaltbild. Der Wechsel der verschiedenen Frequenzen innerhalb des Frequenzbandes B kann aus technischen Gründen zumeist nicht allzu schnell erfolgen. Die diskreten Spektrallinien können daher bei FH-SS leichter entdeckt werden als das nahezu kontinuierliche Spektrum bei DS-SS.

Als dritte Möglichkeit der spektralen Spreizung kann die Signalaussendung nur in gewissen Zeitintervallen erfolgen, die pseudozufällig ausgewählt werden (Zeitsprung-Verfahren, Time-Hopping-SS, TH-SS). Die verschiedenen Verfahren können auch kombiniert angewandt werden, wodurch technisch weniger kritische Realisierungen möglich sind. Für eine große Spreizungsbandbreite von z.B. B = 1 GHz müßte bei DS-SS ein PR-Folgengenerator mit f_c = 500 MHz aufgebaut werden, bei FH-SS mit f = 5 kHz Abstand wären 200000 Frequenzen erforderlich. In der Kombitiation FH/DS überdecken 20 Sprungfrequenzen, gespreizt mit einer PR-Folge bei f_c = 100 MHz, die gewünschte Bandbreite B [1.23].

Die Verfahren zur geschickten Aufteilung der Informationsraten verschiedener Teilnehmer auf ein breites Frequenzband haben neuere Weiterentwicklungen erfahren. Für den digitalen Hörfunk DAB wurde OFDM (*Orthogonal Frequency Division Multiplexing*) standardisiert, wobei die codierten Daten von i.allg. 6 Hörfunkprogrammen 1536 Trägern aufmoduliert werden, die eine Bandbreite $B_{ü}$ = 1,5 MHz einnehmen [4.39]. Damit verwandt ist das *Multi-Carrier-CDMA*, das die Möglichkeit bietet, verschiedene Teilnehmer mit dem gleichen Spreizungscode arbeiten zu lassen und die Unterscheidung durch einen definierten Frequenzversatz (offset) zu erreichen [4.79]. Zwei weitere Varianten als Kombination von OFDM und CDMA sind "*Multione-*, MT-CDMA" und "Multicarrier-DS-CDMA", die bezüglich ihrer Vor- und Nachteile noch weiter untersucht werden sollten [4.80].

Im Unterschied zu Systemen mit Frequenzmodulation, wo ab einem unteren SNR_E ein starker Abfall des SNR_A zu verzeichnen ist (FM-Schwelle), kann bei

SSS auch noch eine wirksame Störunterdrückung erreicht werden bei Störleistungen größer als die Nutzleistung (s. Gl. (4.72). Zu beachten ist, daß sich die Störunterdrückung im wesentlichen auf schmalbandige Störer bezieht und nicht auf breitbandige, z.B. das grundsätzlich vorhandene Rauschen der Empfänger-Eingangsstufen.

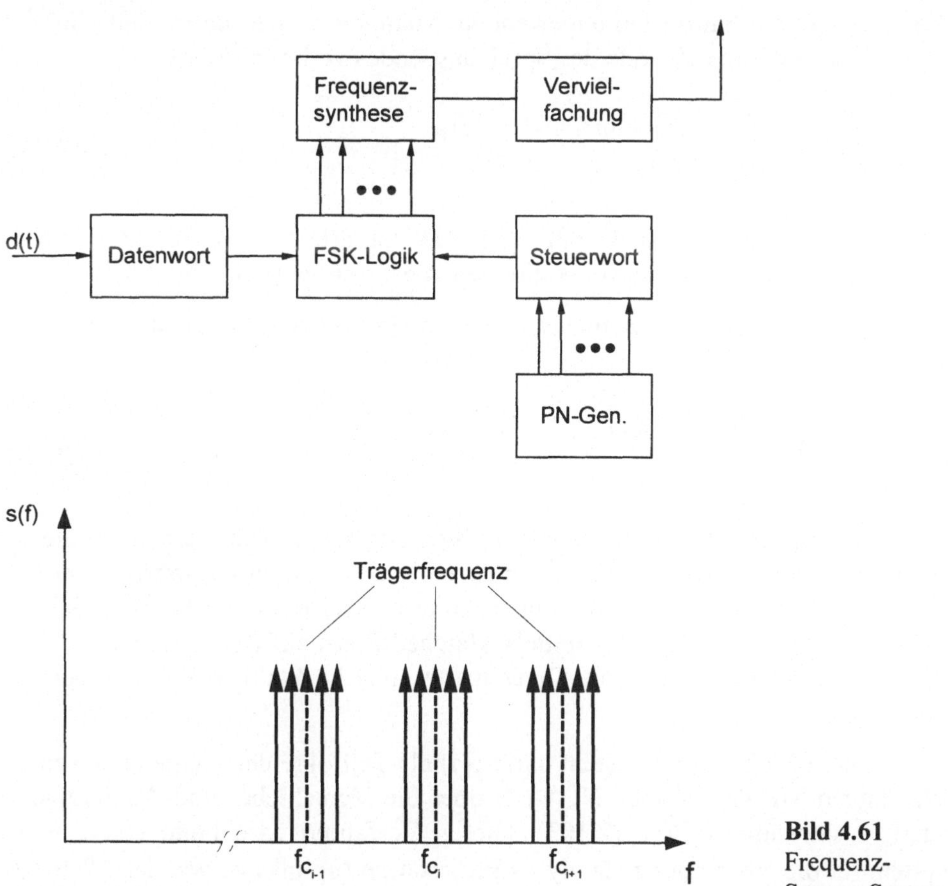

Bild 4.61 Frequenz-Sprung-System

Voraussetzung für die Möglichkeit der Rückspreizung ist ein synchronisierter Referenzcode. Zur Lösung dieses Problems sind eine Anzahl von Synchronisationssystemen bekannt geworden, die z.T. bereits behandelt wurden (s. Abschn. 4.5.3.). Bei asynchronen SSS wird auf die Netz- und Teilnehmersynchronisation verzichtet, so daß der Empfang unkohärent und die Signalerkennung stets durch Matched-Filter erfolgt.

Für die Wahl der Taktfrequenz oder Chiprate $f_c = 1/\Delta t$ bei DS-SS gilt als Richtwert $f_c \approx B/2$, wobei jedoch Abweichung nach oben bessere Störunterdrückung bringen kann [4.81].

Auch im Falle der DSSS bzw. DS-CDMA sind noch unterschiedliche Verknüpfungsvarianten zwischen Datensignal und Spreizungscode zu unterscheiden. Die erste und am häufigsten angewendete Methode besteht darin, daß ein Datenbit exakt mit einer Periode des Spreizungscodes verknüpft wird:

$$d(t) = \begin{cases} 1 \rightarrow p(t), \ iT_N < t \leq (i+1)T_N \\ 0 \rightarrow \overline{p}(t), \quad \text{"} \end{cases} \tag{4.78}$$

Je nach Pegelwert, d.h. {0, 1} oder {+1, −1} von d(t) und p(t) kann Gl. (4.78) durch Mod-2-Add. oder Multiplikation realisiert werden (vgl. Bild 4.57).

Die Verknüpfung kann aber auch durch zwei verschiedene Spreizungscodes erfolgen:

$$d(t) = \begin{cases} 1 \rightarrow p_1(t), \ iT_N < t \leq (i+1)T_N \\ 0 \rightarrow p_0(t), \quad \text{"} \end{cases} \tag{4.79}$$

Mit letzterer Methode kann eine höhere Störfestigkeit erzielt werden, da die 1-Spreizfolge und die 0-Spreizfolge voneinander unabhängig ausgewählt werden kann. In [1.21] wurden zwei m-Sequenzen $m_1(t)$ und $m_0(t)$ der Länge N = 511 und der Chiprate f_c = 48 MHz mittels Matchedfiltern auf der Basis von AOW-Convolvern detektiert, um eine Datenübertragung zu Stahlwerksmaschinen zu realisieren.

Eine weitere Möglichkeit besteht darin p(t) als Teilfolge der Länge N aus einer sehr langen MF der Periode $N_L >> N$ über die Verschiebe- und Addiereigenschaft auszuwählen s. Gl. (2.103). Dieses Verfahren wird beim Qualcomm-System für die Verbindung Handy → Basisstation (uplink) verwendet. Über die sog. Longcode-Maske wird durch Mod-2-Adder eine von $N = 2^{42} - 1$ möglichen Phasenlagen ausgewählt. Das Generatorpolynom des Longcode ist im Standard IS-95 [1.18] [4.41] festgelegt:

$$g_L(x) = x^{42}+x^{35}+x^{33}+x^{31}+x^{27}+x^{26}+x^{25}+x^{22}+x^{21}+x^{19}+x^{18}$$
$$+x^{17}+x^{16}+x^{10}+x^{7}+x^{6}+x^{5}+x^{3}+x^{2}+x+1 \tag{4.80}$$

Dem Vorteil der großen Anzahl möglicher Spreizungscodes stehen Einschränkungen in der Güte der Korrelationseigenschaften gegenüber. Die m-Sequenz nach Gl. (4.80) enthält 21 Terme, d.h. 20 Abgriffe des 42 Stufen umfassenden Schieberegisters werden verknüpft, so daß ein ideal "mittelgewichtiges" primitives Polynom nach Gl. (2.100) vorliegt.

4.6.2 Spreizungscodes

Ein zentrales Problem der SS-S stellt die Frage nach der Existenz und dem Auffinden der günstigsten Codekollektive dar. Wesentliche Anforderungen und Beschreibungsmöglichkeiten wurden unter Abschn. 2 bereits betrachtet. Zusammenfassend gelten folgende Kriterien für "gute" oder sogar ideale Spreizungscodes in Spread-Spectrum- und insbes. in CDMA-Systemen:

- Möglichst *niedrige AKF-Nebenwerte* im Vergleich zum Hauptmaximum, um die Synchronisation (Aquisition, Tracking) zu gewährleisten (vgl. Abschn. 2.1) und die Interferenzstörungen durch Kanalechos zu unterdrücken.
- Möglichst *geringe KKF-Werte,* um die Interferenzstörungen durch andere Teilnehmer (multiple access) kleinzuhalten.
- *Hohe lineare Rekursionstiefe,* d.h. große algorithmische Komplexität, um "intelligente" beabsichtigte Störungen zu verhindern.

Dem letzteren Kriterium und auch zusätzlichen Forderungen an die spektralen Eigenschaften der Spreizungscodes wird zumeist nur zweitrangige Bedeutung beigemessen.

Aus der Klasse der PR-Folgen stellen die binären MF und die davon abgeleiteten Signale die am häufigsten verwendeten Spreizungscodes dar. Wird nur eine relativ kleine Anzahl verschiedener Codes benötigt, so existieren Untermengen aus der Menge binärer MF mit sehr guten Werten der KKF $R_{x,y}(s)$ [2.1]. Für umfangreichere Codekollektive muß jedoch auf die Zweiwertigkeit der periodischen AKF verzichtet werden. Durch Suchverfahren können dann Unterfolgen binärer MF mit guten Korrelationseigenschaften ermittelt werden. Obwohl in den letzten Jahren neue Familien von effektiven binären und nichtbinären Spreizungscodes entdeckt wurden [1.27] [1.28] [2.4] [4.82] [4.83] werden in praktischen Spread-Spectrum- und CDMA-Systemen zumeist die traditionellen Gold-Folgen eingesetzt. Ein Beispiel dafür sind die C/A-Codes im Satellitennavigationssystem GPS (s. Bild 4.49).

Gold-Sequenzen

Zur Konstruktion von Gold-Codes werden zunächst ein "bevorzugtes Paar (preferred pair)" von m-Sequenzen benötigt. Bildet man die KKF von zwei Maximalfolgen vom Grad n, so treten bei bevorzugten Paaren nur drei unterschiedliche Werte als Funktion von n auf. Für nicht bevorzugte Paare sind es vier oder im allgemeinen eine Vielzahl verschiedener Werte. Die Anzahl M_K der bevorzugten Paare hat, ähnlich wie die Anzahl der verschiedenen m-Sequenzen (s. Gl. (2.95)), einen unregelmäßigen Anstieg mit dem Grad n, z.B. M_K/n: 2/3, -, 3/5, 2/6, 6/7, 2/9, 3/10, 4/11, ... [1.27] [2.1]. Falls n gerade ist, darf es nicht durch 4 teilbar sein, um ein bevorzugtes Paar zu erhalten. Hat man eine m-Sequenz $\{x_i\}$ gewählt, so kann eine dazu passende, "bevorzugte" m-Sequenz $\{y_i\}$ über die Eintragungen von Wurzeln in den Polynomtabellen [1.5] ermittelt werden [1.23]:

- Es sei k der Wurzel-Eintrag am Generatorpolynom für $\{x_i\}$.
- Für n ungerade ist ein Polynom mit dem Wurzel-Eintrag $2^k + 1$ und für n gerade ($\neq \ell \cdot 4$) entsprechend $2^{(k+2)/2} + 1$ zu suchen. Dieses Polynom ist das Generatorpolynom für $\{y_i\}$.

Eine andere Möglichkeit zur Auffindung der MF $\{y_i\}$ besteht in der Abtastung (Dezimation) der MF $\{x_i\}$ mit geeignetem Abstand, der jedoch genau o.g. Werten (→ Wurzel-Eintrag) entspricht (s.a. Gln. (2.109), (2.113)).

Liegen die zwei bevorzugten m-Sequenzen vor, so nimmt deren periodische KKF für alle Verschiebungen s die folgenden drei Werte an, die auch für die aus $\{x_i\}$ und $\{y_i\}$ konstruierten Gold-Sequenzen $\{z_i\}$ gelten:

$$R_{x,y}(s) = R_{z,z}(s) = \frac{1}{N}\begin{cases} \Theta_c - 2 \\ -\Theta_c \\ -1 \end{cases} \tag{4.81}$$

Als Maximalwert der KKF folgt daher

$$R_{max} = \left|\frac{\Theta_c}{N}\right| = \frac{1+2^{\frac{n+\alpha}{2}}}{2^n - 1}, \quad \alpha = \begin{cases} 1 \text{ für n ungerade} \\ 2 \text{ für n gerade} \end{cases} \tag{4.82}$$

was z.B. für Gold-Folgen vom Grad n = 10 bzw. n = 11 die Werte 65/N ergibt. In grober Näherung folgt ferner aus Gl. (4.82) für größere Werte von n $R_{max} \approx 1/\sqrt{N}$. Dieser Ausdruck spielt eine Rolle in den verschiedenen theoretischen Schranken [1.27] [2.8] [4.84]. Für ungerade n ergeben sich etwas günstigere KKF-Werte, so daß in diesem Falle die Gold-Codes sogar eine theoretisch optimale Familie darstellen. Zur Veranschaulichung zeigt Bild 4.62 die entsprechende Korrelationsfunktion für n = 10.

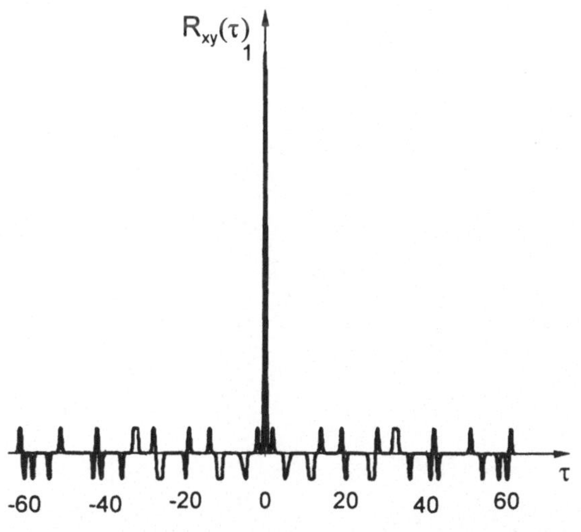

Bild 4.62
Korrelationsfunktion eines Gold-Codes

Die eigentliche Konstruktion der Gold-Sequencen erfolgt durch Verknüpfung der m-Sequencen, entweder in Form der mod-2-Addition

$$z_i = x_i \oplus y_{i+u}, \qquad x_i, y_i \in \{0, 1\} \tag{4.83}$$

oder durch Multiplikation bei bipolaren Signalpegeln

$$z_i = x_i \cdot y_{i+u}, \qquad x_i, y_i, \in \{+1, -1\}, \ u = 0, 1, \ldots, N-1 \tag{4.84}$$

Ein Generator zur Erzeugung von Gold-Folgen besteht somit aus zwei m-Sequenz-Registern (LFSR), deren Ausgänge mod-2 addiert werden (vgl. Bild

4.49). Die jeweilige Phasenverschiebung "u" kann elegant unter Ausnutzung der "Verschiebe- und Addiereigenschaft", Gl. (2.103), durch geeignete mod-2-Addition von Abgriffen des y-LSFR, (SR 2 in Bild 4.49) realisiert werden. Die Sequenz-Anzahl M_G in einem Goldfolgen-Kollektiv beträgt $M_G = N + 2$, falls die Komponenten-MF mit dazugezählt werden. Der Umfang steigt also mit dem Grad n stark an, so daß nur für kürzere Folgenlängen N Codefamilien mit einem Umfang $M_{CDMA} = 2\,N$ oder auch $M_{CDMA} = N^2$ für den Aufbau von CDMA-Systemen von Interesse sein werden.

Beispiel 4.11: $n = 3, \quad N = 2^3 - 1$

$\{x_i\} = 1\,1\,1\,0\,1\,0\,0\,/\ldots$ $\quad$ $k = 1 \Rightarrow$ Wurzel-Eintrag

$\{y_i\} = 1\,0\,0\,1\,0\,1\,1\,/\ldots$ $\quad$ Dezimationsabstand $r = 2^k + 1 = 3$, d.h.

$\{z_i^{(0)}\} = x_i \oplus y_i \quad = 0\,1\,1\,1\,1\,1\,1$

$\{z_i^{(1)}\} = x_i \oplus y_{i+1} = 1\,1\,0\,0\,0\,1\,1$

$= 1\,0\,1\,1\,0\,1\,0$

. $= 0\,1\,0\,1\,0\,0\,0$ $\quad$ $R_{z,z'}(0) = \frac{3-4}{7} = -\frac{1}{7}$

. $= 1\,0\,0\,1\,1\,0\,1$

. $= 0\,0\,0\,0\,1\,1\,0$

$\{z_i^{(6)}\} = x_i \oplus y_{i+6} = 0\,0\,1\,0\,0\,0\,1$

Für die weitere Verarbeitung, z.B. Modulation mit den Gold-Sequenzen und die Berechnung von Werten der KKF ist die bipolare Signalform Voraussetzung, so auch für die Berechnung der KKF nach Gl. (2.52). Korreliert man die Gold-Folgen in allen Varianten, d.h. auch mit den zyklisch verschobenen Folgen, so bestätigen sich im Beispiel 4.11 die drei Werte nach Gl. (4.91) –1/7, –5/7, 3/7.

Die Frage der Auswahl geeigneter Spreizungscodes für Spread-Spectrum- und CDMA-Systeme hängt von verschiedenen Randbedingungen ab. Wenn die Anzahl der benötigten Folgen relativ groß ist, d.h. im Vergleich zur Sequenzlänge, so ist die Auswahl weniger kritisch zu sehen, da Mittelwerteffekte ausgleichend wirken [2.7] [4.87].

Neben den Gold-Folgen sind die Kasami-Folgen ein klassisches Codekollektiv, das ebenfalls von m-Sequenzen abgeleitet wird. Über Dezimation einer m-Sequenz im Abstand $r = 2^{n/2} + 1$ wird eine Hilfsfolge konstruiert, die zyklisch verschoben, mit der m-Sequenz analog wie bei den Gold-Folgen verknüpft wird. Die Periodenlänge N_H der Hilfsfolge ist ein Teiler der MF-Periodenlänge, wie leicht nachzurechnen ist:

$$N = r \cdot N_H = (2^{n/2} + 1)(2^{n/2} - 1) = 2^n - 1 \qquad (4.85)$$

Der Umfang M_K der Kasami-Folgen ergibt sich aus der Periodenlänge der Hilfsfolge zu $M_K = N_H + 1 = 2^{n/2}$ und ist somit deutlich kleiner als der des Gold-Kollektivs. Ferner ist die Konstruktion von Kasami-Folgen wegen der Ganzzahligkeit des Dezimationsabstandes r nur für m-Sequenzen mit dem Grad n = 4, 6, 8, 10, ... möglich. Die KKF-Werte ergeben sich analog denen der Gold-Folgen Gl. (4.81), jedoch mit

$$\theta_c = 1 + 2^{n/2} \qquad (4.86)$$

so daß sich etwas kleinere Spitzenwerte der periodischen KKF ergeben [1.27].

Werden Gold- und Kasami-Sequenzen nur "einmalig" verwendet, so ist die aperiodische KKF weiter vom theoretischen Optimum entfernt.

Eine vielversprechende große Folgen-Familie stellen die GMW-Sequenzen dar, die ebenfalls nach Autoren benannt wurden [Gordon, Mills, Welch]. GMW-Sequenzen, die als Verallgemeinerung der m-Sequenzen aufgefaßt werden können, zeichnen sich neben guten Korrelationseigenschaften durch eine hohe lineare Rekursionstiefe aus (s. Abschn. 4.7) [1.28] [4.83] [4.86].

Die Erzeugung ist über LFSR Kombinationen und spezielle Verknüpfungslogik möglich. Jede periodische Sequenz kann als Summe von sog. Trace-Funktionen geschrieben werden [1.27] [1.28] [2.3]. Mit den Trace-Funktionen, die Zusammenhänge innerhalb erweiterter Galois Felder definieren, wurde die Theorie der Bent-Funktions-Sequenzen [4.85] und auch der GMW-Sequenzen entwikkelt [1.28] [4.83] [4.86], hier soll darauf nicht weiter eingegangen werden. Dies gilt ebenso für den Übergang von reellwertigen zu komplexen Signalfolgen der Form:

$$x(i) = \exp\,[j2\pi\, f\{i, p, N\}] \qquad (4.87)$$

Es eröffnen sich dadurch weitere Freiheitsgrade, da wegen $|x(i)| = 1$ eine gute Energieeffizienz gegeben ist und über die Phasenwerte das "Korrelationsverhalten" in gewissen Grenzen gesteuert werden kann. Insbesondere können p-wertige m-Sequenzen günstig für komplexe Abbildungen verwendet werden [1.27] [4.88].

Für den Empfang solcher uniformer, orthogonaler Spreizsignale in CDMA-Systemen eignet sich der nachfolgend vorgestellte RAKE-Empfänger.

Nachrichtensysteme mit spektraler Spreizung bieten naturgemäß eine gewisse Sicherheit vor unbefugtem Zugriff, da ein direktes Abhören ohnehin nicht möglich ist. Wie unter Abschnitt 4.7 gezeigt wird, bieten lineare MF und folglich auch die von ihnen abgeleiteten Spreizungscodes einem Angriff durch Kryptoanalyse nur geringen Widerstand. Ist der Spreizungscode bekannt, so kann mittels Laufzeitdifferenzmessung (s. Abschn. 4.5.1) sogar der Ort des Senders ermittelt und durch Vortäuschen von Information (spoofing) eine empfindliche aktive Störung durchgeführt werden. Durch Spreizungscodes hoher Komplexität, d.h. großer linearer Rekursionstiefe, wird eine gegnerische Analyse weitgehend verhindert. Als Spreizungscodes mit guten kryptologischen Qualitäten sind neben den bereits erwähnten GMW-Sequenzen noch die Bentfunktions-Folgen [4.85] [4.89] und die Blum-Sequenzen zu nennen. Die Bent-Sequenzen entstehen durch "Konstruktionen" über "gekrümmte, (bent)" Abbildungen in erweiterten Galois Feldern GF (p^m). Die Beschreibung erfolgt über die sog. Tracefunktion [1.27] [1.28]. Die Periodenlänge entspricht der von linearen MF, d.h. $N = 2^n - 1$, wobei für den Grad n die Einschränkung gilt $n = \ell \cdot 4$, $\ell = 1, 2, 3 \ldots$

Sowohl für die maximalen Werte der normierten Kreuzkorrelationsfunktion zweier Bent-Folgen $\{x_i\}$, $\{y_i\}$ als auch die AKF-Nebenzipfel (s. Abschn. 2.1.4 Gln. (2.46), (2.47) gilt die Schranke:

$$R_{KKF} \leq \frac{2^{n/2}+1}{N}, \quad R_{AKF} \leq \frac{2^{n/2}+1}{N} \tag{4.88}$$

Als Näherungswert für größere Graden ergibt sich der bereits von den Gold-Sequenzen bekannte Wert $R_{max} \approx 1/\sqrt{N}$. Der Umfang $M_{Bent} = 2^{n/2}$ ist geringer, steigt jedoch mit n stark an [4.89].

Blum-PR-Generatoren beruhen auf Kongruenzrechnungen nach einem großen Modul und können daher nicht mit so hohen Geschwindigkeiten wie LFSR-

Generatoren "laufen". Ein gewisser Ausweg besteht in der "Vorausberechnung" und Auslesen aus einem Speicher auf der Sende- und Empfangsseite (s.a. Abschn. 3.5.2). Da die Blum-Sequenzen aufgrund zahlentheoretischer Gesetzmäßigkeiten mit sehr großen Periodenlängen erzeugt werden können, erscheint es sinnvoll, ihre Korrelationseigenschaften für Segmente kürzerer Länge zu analysieren. Der Vergleich mit Segmenten aus langen m-Sequenzen zeigt für die Blum-Sequenzen gewisse Vorteile, außer der kryptographischen Sicherheit [4.82]. Hier soll nur die enorme Komplexität, die "hinter jedem Bit einer Blum-Sequenz steht" an einem Beispiel verdeutlicht werden [4.90]. Zuvor muß noch die Bildungsvorschrift angegeben werden:

$$x_i = x_{i-1}^2 \bmod M \tag{4.89}$$

$$b_i = x_i \bmod 2 \tag{4.90}$$

Im Unterschied zu anderen Pseudozufalls-Generatoren nach dem Gesetz der quadratischen Reste (vgl. Abschn. 2.4.3) werden für den Modul M noch zwei Bedingungen gestellt:

$$M = p \cdot q, \qquad p, q \mathrel{\hat{=}} \text{hinreichend und etwa gleichgroße Primzahlen}$$

$$p \equiv q \equiv 3 \bmod 4$$

Eine Zahl M, die das Produkt von zwei großen Primzahlen ist, kann nur sehr schwer (ohne Kenntnis von p und q) faktorisiert werden. Auf dieser "praktischen" Sicherheit basieren auch die asymmetrischen Kryptosysteme (s. Abschn. 4.7.1).

Beispiel 4.12: $M = 7 \cdot 19 = 133,\ x_o = 4$

$$7 = 4 + 3 \equiv 3 \bmod 4$$

$$x_i = x_{i-1}^2 \bmod 133 \qquad 19 = 16 + 3 \equiv 3 \bmod 4$$

x_{i-1}^2 :	–	16	256	15129	10000	625	| 8649 …
x_i :	4	16	123	100	25	93	| 4 …
b_i :	0	0	1	0	1	1	| 0 …

Beginnt die Blum-Sequenz mit einem anderen Startwert, z.B. $x_0 = 3$, so ist ein "Zulaufen" auf die Folgenelemente für $x_0 = 4$ zu beobachten: $x_i = 3, 9, 81, 93, 4, \ldots$

In der Praxis wird bei hohen Sicherheitsanforderungen an die Spreizungscodes zumeist die nachträgliche Verschlüsselung von LFSR-basierten Sequenzen vorgezogen (z.B. der P→Y-Code bei GPS).

4.6.3 Prinzipien und Stand der technischen Realisierung

Um eine Übersicht der technischen Realisierungen von SS- und CDMA-Systemen zu gewinnen, wurde die in Bild 4.63 dargestellte Einteilung vorgenommen.

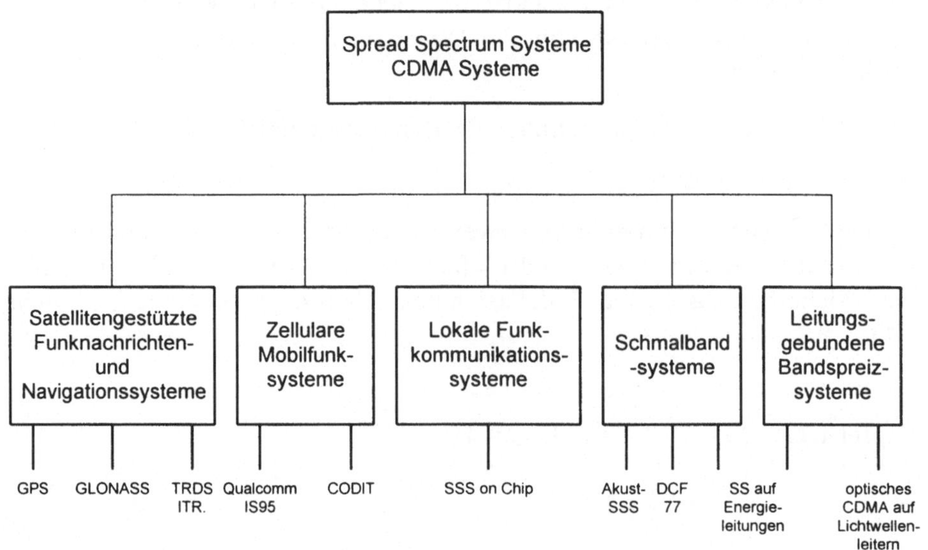

Bild 4.63
Übersicht zu Spread-Spectrum-Systemen

SSMA und CDMA in Satellitensystemen

Traditionell wurden zuerst im militärischen Bereich mit beträchtlichem Aufwand SSS realisiert. Dazu zählen das unter Abschn. 4.5.4 beschriebene GPS und das unter 4.5.5 erwähnte TDRS. Zwei geostationäre Satelliten in Äquatorbahnen dienen im TDRS als Relaisstationen zwischen einer großen Bodenstation in New Mexico und niedrig fliegenden Raumflug-körpern (LEO-Satelliten und Space Shuttle) für die Nachrichtenübertragung und Zweiwege-Entfernungsmessung. Die Daten werden vor der Überlagerung auf den Spreizungscode mittels Faltungscodierung der Rate 1/3 mit Fehlerkorrektur-Redundanz versehen. Das Prinzip der spektralen Spreizung ersetzt nicht Codierungsmaßnahmen für den Fehlerschutz [4.77]. Die Erhöhung der Übertragungsrate durch Kanalcodierung, z.B. auf das Dreifache bedeutet eine Vergrößerung der Bandbreite und kann daher auch als Spreizung aufgefaßt werden.

Obwohl es Ansätze zur gemeinsamen Betrachtung von Kanalcodierung und Bandspreizung gibt, werden in der Praxis beide Aufgaben gesondert ausgeführt. Für die *PRSV* im TDRS werden mehrere Spreizungscodes verwendet mit unterschiedlichen Chipraten, z.B. in der Space Shuttle Verbindung: $N = 2^{11} - 1$, $f_c = 1/T_c = 11{,}232$ Mchip/s, Datenrate 32 bzw. 72 kbit/s [4.3]. Ferner kommen in der LEO-Satellitenstrecke Gold-Codes der Länge 1023 für die Übertragung der Kommandodaten und eine m-Sequenz vom Grad $n = 18$ für Zwecke der Laufzeitmessung zum Einsatz, der Chiptakt beträgt dabei $f_c = 3{,}09$ MHz.

Neue satellitengestützte Mobilfunksysteme sollen weltweite persönliche Kommunikation ermöglichen. Für mehrere große Satellitensysteme ist CDMA bzw. SSMA als Zugriffsverfahren sowohl für den Uplink (vom Handy zum Satelliten) als auch den Downlink geplant:

- Globalstar: 48 Satelliten auf 8 Bahnen in 1389 km Höhe
- Odyssey: 12 Satelliten auf 3 Bahnen in 10354 km Höhe
- Starsys: 24 Satelliten auf 6 Bahnen in 1300 km Höhe
- Ellipsat: 4 + 1 Satelliten auf 3 elliptischen Bahnen

⋮

SSMA auf Energieleitungen

Die zusätzliche Informationsübertragung auf Energieleitungen versucht man neben anderen Verfahren auch durch Spread-Spectrum Technik zu erreichen [4.92]. Einen Sinusstörer mit hoher Energie stellt die 50 Hz-Netzspannung selbst dar, ferner verursachen die elektrischen Geräte im Haushalt unterschiedliche Störungen, die durch SSMA-Verfahren wirksam unterdrückt werden können [4.93].

Faseroptisches CDMA

Auf Lichtwellenleitern steht eine fast unbegrenzte Übertragungsbandbreite $B_{ü}$ zur Verfügung. Neben den Multiplexverfahren TDMA und FDMA, in der optischen Nachrichtentechnik auch Wellenlängenmultix genannt, wird CDMA als Zugriffsverfahren untersucht. Neben Vorschlägen, unipolare m-Sequenzen zur Intensitätsmodulation zu verwenden [4.94], werden auch spezielle Codesequenzen mit geringer Koinzidenzwahrscheinlichkeit, d.h. $H(1) \ll H(0)$ für faseroptisches CDMA diskutiert [4.95]. Durch Korrelatoren aus optischen Verzögerungsleitungen kann die Datenentscheidung über den Spreizungscode bzw. dessen Negation eines Teilnehmers erfolgen (SIK, Sequenz Inversion Keying) [4.96], Gl. (4.78).

Spreizung von Zeitinformation

Auch bei der Informationsübertragung mit sehr niedriger Datenrate und somit Informationsbandbreite B_I kann das Prinzip der spektralen Spreizung angewendet werden. Ein Beispiel für ein solches "SS-Schmalbandsystem" ist die Übertragung von Datentelegrammen mit Zeitinformation durch den Langwellensender DCF 77. In Ergänzung zur amplitudenmodulierten Zeitcodierung wird der Träger von 77,5 KHz mit kleiner Aussteuerung $\Delta\varphi \pm 10^0$ phasenmoduliert. Die sehr niedrige Datenrate von 1 bit/s der übertragenen Zeitinformation wird durch eine m-Sequenz vom Grad n = 9 gespreizt, indem 200 ms nach Sekundenbeginn die Phasenumtastung erfolgt:

$$s_{DCF}(t) = A(t) \cos [\omega_0 t + d(t)\, p(t)\, \Delta\varphi] \tag{4.91}$$

Die MF wird durch Einfügen einer "0" auf 512 Chips verlängert, damit der Mittelwert der Trägerphase exakt Null bleibt. Nach 793 ms, das entspricht 512 Chips, wird die Phasentastung kurz ausgesetzt, um die Amplitudenmodulation (Absenkung der Trägeramplitude für 100 bzw. 200 ms in Abhängigkeit von der binären Zeitinformation) nicht zu beeinträchtigen. Es konnte mit einem relativ wenig aufwendigen Korrelationsempfänger für die *PRSV* eine bemerkenswerte Verbesserung der Genauigkeit und Störfestigkeit im Vergleich zum AM-Empfänger festgestellt werden [4.97].

SSMA in lokalen Funkdaten-Übertragungssystemen

Durch die Bereitstellung hochintegrierter Bausteine für die kostengünstige Realisierung von DSSS- und FHSS-Funkdaten-Übertragungssystemen, z.B. [4.98]

[4.99] [4.129] [4.130], hat eine enorme Entwicklung eingesetzt, die durch die internationale Frequenzregulierung begünstigt wird. Danach sind unlizensierte Übertragungen in den ISM-Bändern um 900 MHz und 2,4 GHz zugelassen, wenn die Sendeleistung $\leq$ 1 Watt beträgt und über ein breites Frequenzband gespreizt wird. Es sind bereits eine Vielzahl von "Spread-Spectrum-Produkten" von verschiedenen Firmen verfügbar. Zusätzlich werden "Entwicklungsumgebungen" (Spread-Spectrum Development Kit) angeboten, die über PC-Schnittstellen verfügen und weiterführende Untersuchungen gestatten [4.99] [4.100].

Eine Realisierung digitaler Matched Filter erfolgt meist bis zur Länge von 64 Abgriffen. Drei PR-Codegeneratoren für $n \leq 32$ auf einem Chip mit Steuerungs- und Programmiermöglichkeiten können in SS-Empfängern universell eingesetzt werden.

In der Empfängertechnologie besteht der Trend, den Analog-Digital-Umsetzer (ADU) weiter in Richtung der Antenne zu verlegen. Dies zeigt sich daher auch bei Spread-Spectrum-Empfängern.

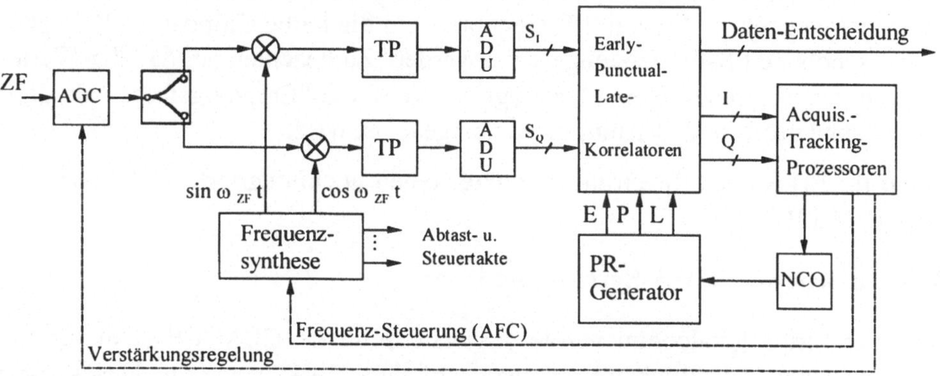

Bild 4.64
Funktionsschaltbild eines digitalen Spread-Spectrum-Empfängers

In Bild 4.64 ist die vereinfachte Funktionsschaltung eines solchen dargestellt, die im folgenden kurz erläutert werden soll. Vom Antenneneingang gelangt das Empfangssignal nach Verstärkung und Filterung an eine Mischstufe, wo die Umsetzung in einen geeigneten Zwischenfrequenzbereich (ZF) erfolgt. Um die weitere Signalverarbeitung vollständig digital weiterzuführen, ist die Umsetzung ins Basisband erforderlich. Dies erfordert bei der häufig angewendeten Modulationsart QPSK (vgl. Abschn. 1.2.4) getrennte Multiplizierer für die

Inphase- und Quadraturkomponente. Das ZF-Signal gelangt daher über einen Leistungsteiler auf zwei Multiplizierer, in die um 90°-phasenverschobene Sinussignale herrührend aus dem Frequenz-Syntheseser eingespeist werden. Über Tiefpaßfilter (TP), die die hochfrequenten Signalanteile ($\rightarrow 2\omega_{ZF}$) unterdrükken, gelangen die Inphase- und Quadratursignale zu den ADU und stehen an deren Ausgängen zur eigentlichen *PRSV* bereit. Für diese Aufgabe wurden entsprechend den prinzipiellen Möglichkeiten zur Realisierung der Korrelation (vgl. Bild 4.38) spezielle hochintegrierte Bausteine als ASIC's entwickelt, [4.99] [4.129]. In einem digitalen Spezialschaltkreis, der als Gleit(sliding)-Korrelator arbeitet (z.B. STEL-2410), werden die Grundfunktionen der Korrelation, Multiplikation und Integration in Multiplizier- und Addiernetzwerken verarbeitet. Der Kern dieser *PRSV* besteht in der Herstellung und Aufrechterhaltung der Synchronisation von lokaler und empfangener PR-Sequenz. Der erste Vorgang ist eine Grobsynchronisation, auch Aquisition (Erwerbung) genannt, die über das "Vorbeigleiten" der Empfangs- und Referenz-PR-Sequenz gefunden wird. Im Unterschied zum Synchronisationsverfahren mittels DLL werden im Spread-Spectrum-Empfänger nach Bild 4.64 drei Korrelatorschaltkreise verwendet, in die vom PR-Generator um die halbe Chipdauer, $T_c/2$, phasenverschobene PR-Folgen eingespeist werden. Zu beachten ist, daß der Wertebereich der Referenzfolgen ± 1 beträgt, während die "Empfangsfolge" als digitales Signal mit I- und Q-Komponente eingespeist wird.

Auch für FH-Spread-Spectrum-Produkte stehen hochintegrierte ASIC zur Verfügung [4.130].

Das Qualcomm CDMA-System und IS-95

Von der Firma Qualcomm wurde das erste zellulare CDMA-System für flächendeckende Mobilfunkanwendungen auf den Markt gebracht. Das Prinzip und die wesentlichen Parameter dieses Systems wurden in den USA als Interim Standard 95 (IS-95) festgelegt. Neben der bereits in Gl. (4.80) genannten sehr langen MF werden für die *PRSV* noch zwei kürzere MF als Pilotfolgen für Synchronisationszwecke (Aquisition und Tracking) und die Verbesserung der Spektraleigenschaften durch Quadraturmodulation verwendet. Die Generatorpolynome für den I- bzw. Q-Zweig lauten:

$$g_I(x) = x^{15} + x^{13} + x^9 + x^8 + x^7 + x^5 + 1 \qquad (4.92)$$

$$g_Q(x) = x^{15} + x^{12} + x^{11} + x^{10} + x^6 + x^5 + x^4 + x^3 + 1 \qquad (4.93)$$

Die für jede Basisstation typischen Pilotsequenz-Generatoren sind in Richtung Basis → Mobilstation (Forward ≙ Downlink) und Mobil-Basisstation (Reserve = Uplink) identisch, sie "laufen" mit dem maximalen Chiptakt f_c = 1,2288 MHz und bewirken daher keine Spreizung. Die Spreizung der Sprachdaten von typisch 9,6 kbit/s erfolgt in mehreren Schritten unterschiedlich für Up- und Downlink.

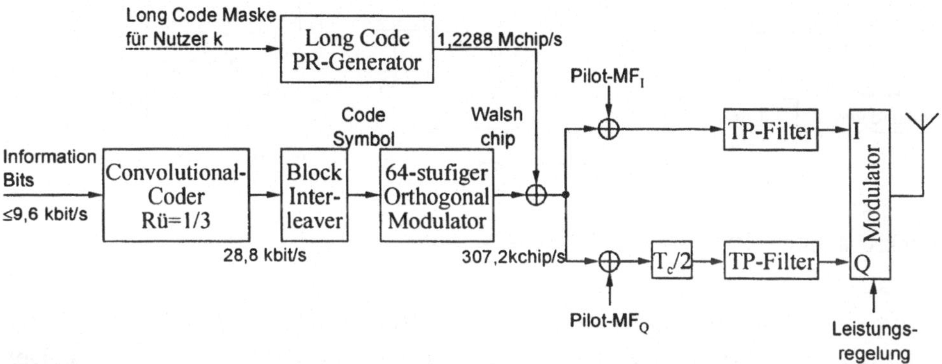

Bild 4.65
Blockschaltbild CDMA-Uplink im IS-95

In Uplink werden die Sprachdaten zuerst mit einem relativ hohen Fehlerschutz-Redundanz durch Faltungscodierung der Rate 1/3 versehen. Der nächste Schritt ist eine Walsh-Codierung, indem jeweils 6 Bit auf 64 Bit aus den orthogonalen Zeilen einer Hadamard Matrix (s. Abschn. 2.5.2) abgebildet werden. Die Datenrate beträgt an dieser Stelle (s. Bild 4.65),

$$R_W = 9{,}6 \text{ kbit/s} \cdot 3 \, \frac{64}{6} = 307{,}2 \text{ kbit/s}$$

Die endgültige Chiprate R_c = 307,2 · 4 = 1,2288 Mchip/s entsteht durch DS-Verknüpfung von einem Walsh-Element mit 4 Chips des teilnehmerspezifischen Longcodes.

Im Blockschaltbild für den Uplink ist noch der Interleaver dem Faltungscodierer nachgeschaltet. Interleaving ist eine bewährte Methode, um Bündelfehler in möglichst zufällig verteilte Fehler umzuwandeln. Dazu werden die codierten Daten spaltenweise (18 Spalten) in eine Speichermatrix eingelesen und zeilenweise (32 Zeilen) ausgelesen.

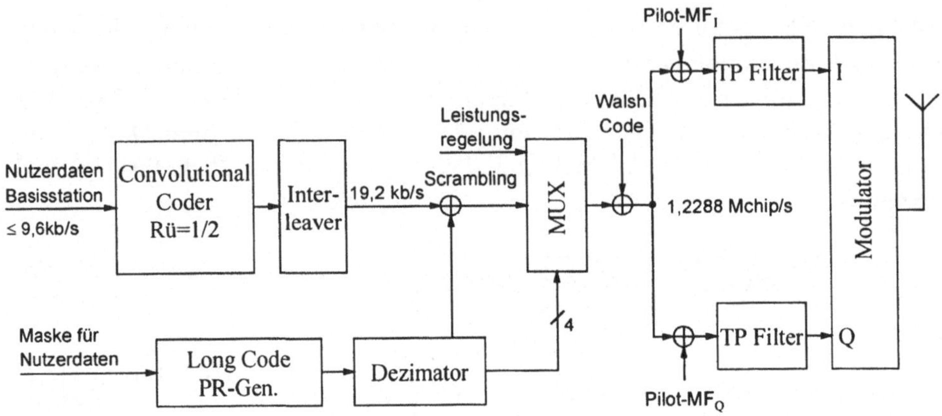

Bild 4.66
Blockschaltbild CDMA-Downlink im IS-95

Die Sendeeinheit für den Downlink zeigt Bild 4.66 als vereinfachte Blockschaltung. Es sind mehrere Unterschiede zur Uplink-*PRSV* zu erkennen. Der wichtigste besteht in der Walshfunktions-Spreizung zur Kennzeichnung eines bestimmten Kanals. Ein codiertes Datenbit wird mit 64 Walsh-Elementen verknüpft, so daß sich ebenfalls die Chiprate R_c = 9,6 kbit/s · 2 · 64 = 1,2288 Mchip/s ergibt [4.41].

Auch an alternativen europäischen CDMA-Mobilfunksystemen wird intensiv gearbeitet. Im Rahmen des EU-Projektes UMTS (Universal Mobile Telecommunication System) wurde ein Systemkonzept CODIT (Code Division Testbed) erarbeitet, das für den Uplink im Unterschied zum Qualcomm-System ein kohärentes Verfahren vorsieht [1.18] [4.40]. Durch die Verwendung von drei unterschiedlichen Chipraten (1,023, 5,115, 20,46 Mchip/s) wird eine hohe Flexibilität bezüglich der Nutzbitrate erreicht. Ein neues System der Firma Siemens verwendet JD (Joint Detection) CDMA, d.h. alle Spreizungscodes einer Funkzelle werden gemeinsam detektiert. Dadurch lassen sich Interferrenzen durch nichtideale KKF-Eigenschaften weitgehend vermeiden, [4.137].

RAKE-Empfänger

In Mobilfunksystemen treten durch Mehrwegeausbreitung (multipath) infolge von Reflektionen der hochfrequenten Signale komplizierte Interferenzstörungen (Delay Fading) auf. In CDMA-Systemen besteht die Möglichkeit, die unterschiedlich im Funkkanal verzögerten Signalanteile (delay spread) für die Signalerkennung ohne Entzerrung auszunutzen. Da die Spreizungscodes bei Verschiebung um ein oder mehr Chips möglichst wenig korreliert sein sollen, erscheinen entsprechend zeitverzögert Mehrwegekomponenten am Empfänger nahezu unkorreliert. Die Kombination dieser Signalanteile, die "nützliche" Information enthalten, über einzelne Korrelatoren führt auf den RAKE-Empfänger.

Das RAKE-(Rechen)Konzept zum "Einsammeln" von Mehrwege-Signalanteilen ist bereits seit 1958 bekannt und hat für CDMA-Empfänger große Bedeutung erlangt. Es werden verschiedene Typen von RAKE-Empfängern unterschieden, kohärent und inkohärent, für binäre oder mehrstufige Signale [1.3] [1.18] [2.7] [4.1]. Das Prinzip eines RAKE-Empfängers veranschaulicht Bild 4.67. Über die Bewertungsfaktoren $\alpha_\mu \leq 1$ können in Abhängigkeit vom Störabstand (SNR) der einzelnen Korrelatoren deren Beiträge gewichtet summiert werden [4.41]. In der Qualcomm-Basisstation wird ein Doppel-RAKE-Empfänger verwendet, der die Empfangssignale von zwei Antennen in je drei Pfaden nach Quadrierung summiert (Square law Combining) [1.3] [1.18].

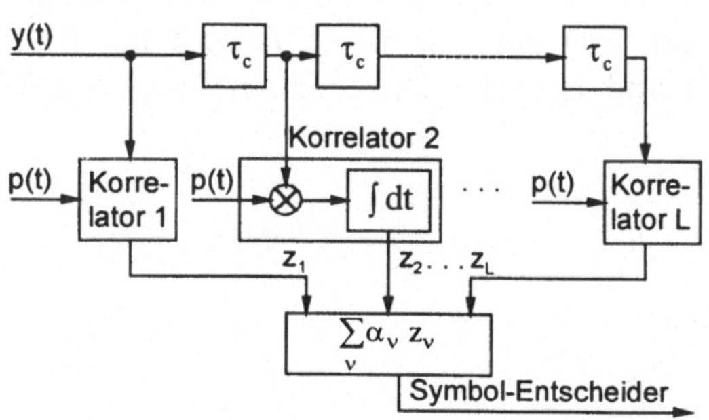

Bild 4.67
Prinzip des RAKE-Empfängers

Für die zukünftige, dritte Generation von zellularen Mobilfunksystemen werden auch Kombinationen verschiedener Zugriffskonzepte untersucht, d.h. Zeit- und Codemultiplex sowie Frequenz- und Codemultiplex (F/T/CDMA). Mit höherem Aufwand an Signalverarbeitung können systemeigene Störungen, z.B. durch nichtideale Korrelationseigenschaften der Spreizungscodes weiter reduziert werden (Joint Detection, Interference cancellation) [4.101].

4.7 Kryptologische Anwendungen

4.7.1 Einführung in die Kryptosysteme

Die Problematik, Informationen zu verschlüsseln, zu chiffrieren, d.h. in einer geeigneten Form so zu verändern, daß sie fremden, nicht vorgesehenem Zugriff nur schwer zugänglich ist, besteht von alters her. Bekannt ist z.B. der "Caesar Code", der auf einer simplen Umstellung der Buchstaben des Alphabetes beruht. Weniger bekannt ist, daß 1949 C. E. Shannon in seinen grundlegenden Arbeiten zur Informationstheorie auch Ergebnisse zu kryptologischen Problemstellungen veröffentlicht hat. Bis Anfang der 70er Jahre lag der Einsatz von Kryptotechnik fast durchweg in "militärischen und verwandten" Bereichen. Mit den Fortschritten der Computertechnik und den elektronischen Kommunikationstechniken, aber auch der Kryptologie selbst, gewann die zivile, kommerzielle Nutzung kryptographischer Verfahren zunehmend an Bedeutung. Eine Vielzahl von theoretischen Arbeiten und Lehrbüchern erschien bereits, z.B. [4.102] - [4.105].

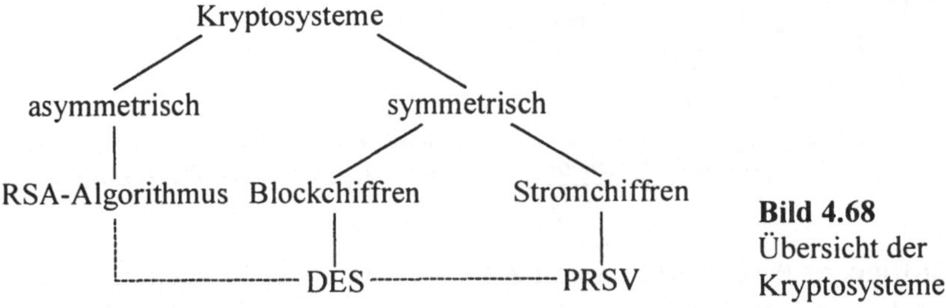

Bild 4.68
Übersicht der Kryptosysteme

Die Kryptosysteme werden in symmetrische und asymmetrische eingeteilt, letztere sind erst seit 1971 bekannt und zeichnen sich durch die erstaunliche Eigenschaft aus, daß sie mit öffentlichen Schlüsseln (public key) arbeiten. Jeder Teilnehmer besitzt zu seinem öffentlichen einen "passenden" (asymmetrischen, daher die Bezeichnung) geheimen Schlüssel. Asymmetrische Verfahren beruhen auf relativ aufwendigen mathematischen Algorithmen, deren Abarbeitung generell nicht die Geschwindigkeit erreicht, die bei symmetrischen Verfahren möglich sind.

Die in der Übersicht nach Bild 4.68 angedeutete Verbindung zwischen asymmetrischen und symmetrischen Verfahren bezieht sich auf ein bewährtes Konzept der asymmetrisch gesicherten Schlüsselübertragung für Block- und Stromchiffren. Schreibt man formal die Operationen der Ver- und Entschlüsselung

$$y = f\{x, k\} \rightarrow x = f^{-1}\{y, k\}, \tag{4.94}$$

so entsteht der Chiffretext y durch Verknüpfung des Klartextes x mit einem Schlüssel k. Dieser (geheime) Schlüssel k geht in identischer Form (symmetrisch) in die inverse Operation ein, d.h. in die Dechiffrierung auf der Empfangsseite. Blockchiffren als wichtige Unterklasse der symmetrischen Kryptosysteme realisieren die Funktion f{x, k} nach Gl. (4.94) unter Voraussetzung, daß die Daten in feste Blöcke $\mathbf{x} = (x_1 \dots x_n)$ eingeteilt werden. Zu jedem Klartextblock **x** wird ein Chiffreblock **y** gleicher Länge auf der Grundlage der Verschlüsselungsfunktion f{x, k} und eines aktuellen Schlüssels k berechnet. Das am häufigsten angewendete Blockchiffreverfahren ist der DES (Data Encryption Standard), bei dem mittels eines relativ komplizierten, standardisierten Algorithmus in 16 Teilschritten (Runden) ein Datenblock der Länge $n = 64$ in einen entsprechenden Chiffreblock transformiert wird [4.102]. Die Übertragung und der Austausch (Key-Management) dieser geheimzuhaltenden Schlüssel in einem größeren Kommunikationsnetz kann durch asymmetrische Verschlüsselung der Schlüsselinformation für Block- und Stromchiffren gelöst werden. Hier soll darauf nicht weiter eingegangen werden, da kein direkter Bezug zur *PRSV* besteht. Es sei jedoch noch darauf hingewiesen, daß die gegenwärtigen Anforderungen an Kryptosysteme über die traditionelle Aufgabe der Geheimhaltung von Texten und Nachrichten weit hinausgeht. Die Prüfung und der Nachweis von Echtheit (Authentizität) und Unversehrtheit (Integrität) von Informationen gewinnen zunehmend an Bedeutung, nicht nur beim "Geldtransfer", sondern auch in automatisierten Verkehrssystemen u.a..

4.7.2 Stromchiffre-Verfahren und lineare Komplexität

Neben den Blockchiffren stellen die Stromchiffre-Verfahren die Basis der symmetrischen Kryptosysteme dar. Es besteht ein direkter Bezug zur *PRSV*, da "historische" Stromchiffre-Generatoren auf der Basis von m-Sequenzen realisiert wurden. Wie nachfolgend gezeigt wird, genügen die m-Sequenzen aufgrund ihres linearen Erzeugungsprinzips nur geringen Ansprüchen an die "kryptographische Qualität". Da die Erzeugung von linearen MF sehr einfach und vor allem mit hohen Geschwindigkeiten möglich ist, bieten sie sich über nichtlineare Erweiterungen als günstige Schlüsselfolgen an. Für binäre Daten sind die Funktionen f{x, k} und f^{-1} {x, k} nach Gl. 4.94 sehr einfach durch mod-2-Addition realisierbar. Dies geht aus den Rechenregeln (s. Bild 2.4) hervor, so daß Gl. (4.94) in der Form geschrieben werden kann:

$$y_i = x_i \oplus z_i \rightarrow \quad x_i = y_i \oplus z_i \tag{4.95}$$

Zu jedem Datenbit wird sendeseitig ein Schlüsselbit addiert, das auf der Empfangsseite wieder "aufgehoben" wird. Diese Zusammenhänge wurden bereits bei der Darstellung der Scrambler unter Abschnitt 4.4.1 beschrieben, wo sich auch eine Veranschaulichung von Gl. (4.95) durch Bild 4.21 findet. Die extrem einfache mod-2-Addition als Verschlüsselungsfunktion kann keine Sicherheit gegen einen kryptoanalytischen Angriff bieten. Die Sicherheit bei Stromchiffren liegt allein in der "kryptographischen Stärke" der Schlüsselfolge $\{z_i\}$, die kontinuierlich mit dem Datenstrom verknüpft wird. Eine plausible Definition der kryptographischen Stärke besagt, daß aus vorhandenen (abgefangenen) Informationen die "Zukunft" einer Schlüsselfolge möglichst wenig vorhersagbar sein soll. Eine weiterführende theoretische Begründung führt auf Kryptosysteme mit perfekter Sicherheit. Diese ist dann gegeben, wenn bei einem Stromchiffre-Verfahren eine echte Zufallsfolge $\{z_i\}$ als Schlüsselsequenz *einmalig* verwendet wird. Dieses Verfahren ist sehr aufwendig und daher nur in Sonderfällen anwendbar (*one time pad*, *Vernam Chiffre* → "heißer Draht"), weil die Schlüsselinformation den gleichen Umfang wie die Nutzinformation hat und auf sicherem Wege vor der eigentlichen Nachrichtenübertragung zum Empfänger transportiert werden muß. Es war daher naheliegend, als Schlüsselfolge m-Sequenzen zu verwenden, da deren Erzeugung sehr einfach möglich ist (s. Abschn. 3.2). Lineare MF erfüllen zwar die Kriterien K1 - K3 an PR-Folgen (s. Abschn. 1.3.2), die lineare Rekursionstiefe ist jedoch sehr gering. Letzteres ist für die Erzeugung zwar günstig, nicht jedoch für die kryptologische Qualität.

Die *äquivalente lineare Spannweite* (ÄLS) entspricht der linearen Rekursionstiefe und wird für eine periodische Folge $\{x_i\}$ definiert als der minimale Grad in der Menge der linearen Rekursionen, die von $\{x_i\}$ erfüllt werden [4.89] [1.28].

Sehr ähnlich lautet die Bedingung für die Bestimmung der Komplexität einer periodischen Binärfolge:

Die lineare Komplexität $\mathcal{L}$ einer periodischen Folge $\{x_i\}$ ist die kleinste Anzahl von Stufen eines linear rückgekoppelten Schieberegisters, das zur Erzeugung von $\{x_i\}$ geeignet ist [4.86] [4.106] - [4.109].

Die Komplexität kann auch als das Verhältnis der Anzahl linear unabhängiger Vektoren zur Gesamtanzahl der Vektoren einer periodischen Folge $\{x_i\}$ definiert werden [2.13].

Diese verschiedenen Definitionen bezüglich des strukturellen Aufbaus einer periodischen Folge stimmen in ihrem Kern insofern überein, als sie auf die minimale lineare Schieberegisterlänge hinauslaufen. Obwohl es keine Schwierigkeit bedeutet, m-Folgen bis zu sehr großen Periodenlängen ($N = 2^n - 1$) mit relativ einfachen schaltungstechnischen Mitteln, z.B. Schieberegister der Länge n, n = 33 … 168 (s. Abschn. 2.3.2 und 3.2) und entsprechender Rückführungslogik zu erzeugen, ist doch für die Vorhersagbarkeit nur die Kenntnis eines recht kurzen Ausschnittes aus einer zunächst unbekannten Folge erforderlich:

Beispiel 4.13: Maximalfolge von Grad n = 8, N = 255

Angenommener Ausschnitt zwecks Analyse: …1111111100100001…

Aufstellung eines Gleichungssystems mit den vorliegenden Folgeelementen in der Form

$$a_i = \sum_{v=1}^{8} k_v a_{i-v}$$

liefert für die letzten acht der bekannten Folgelemente die Möglichkeit zur Bestimmung der unbekannten Rückführungskoeffizienten $k_1 \dots k_8$:

$$\begin{aligned}
k_1 + k_2 + k_3 + k_4 + k_5 + k_6 + k_7 + k_8 &= 0 \\
k_1 + k_2 + k_3 + k_4 + k_5 + k_6 + k_7 &= 0 \\
k_1 + k_2 + k_3 + k_4 + k_5 + k_6 &= 1 \\
k_1 + k_2 + k_3 + k_4 + k_5 + k_8 &= 0 \\
k_1 + k_2 + k_3 + k_4 + k_7 &= 0 \\
k_1 + k_2 + k_3 + k_6 &= 0
\end{aligned}$$

$$k_1 + k_2 \qquad + k_5 \qquad = 0$$

$$k_1 \qquad + k_4 \qquad = 1$$

Sukzessive Auflösung unter Beachtung der Modulo-2-Arithmetik ergibt mit $k_1 = 1$ wegen $n = 8$ und $k_4 = 0$:

$$k_1 = k_5 = k_6 = k_7 = 1$$

$$k_2 = k_3 = k_4 = k_8 = 0$$

und damit den gesuchten MF-Generator

$$a_i = a_{i-8} + a_{i-4} + a_{i-3} + a_{i-2}$$

Man erkennt unschwer die Möglichkeit der Verallgemeinerung in obigem Beispiel, d.h. *bereits 2n aufeinanderfolgende Elemente einer linearen MF vom Grad n sind ausreichend, um die Rückführungsbedingungen zu ermitteln.* Dies bedeutet naturgemäß nur eine relativ geringe kryptologische Sicherheit und damit recht einfache Möglichkeit der Entschlüsselung.

Es wurde deshalb nach Verfahren gesucht, die es gestatten, Signalfolgen mit großer ÄLS aufzustellen [4.106] - [4.109]. Dazu ist es erforderlich, nichtlineare Operationen in die Erzeugung der Folgen einzubeziehen. Eine Möglichkeit besteht darin, die Rückkopplungsfunktion $f_R(\ldots)$ des FSR nichtlinear zu gestalten [1.7]. Nichtlineare SR-Sequenzen sind jedoch schwer in ihren allgemeinen Eigenschaften überschaubar, so daß man zumeist der Erzeugung linearer MF und anschließender nichtlinearer Verknüpfung den Vorzug gibt. Ferner existieren Folgen-Familien mit von "Haus aus" hoher linearer Rekursionstiefe, dies sind die Bent-, GMW- und Blum-Sequenzen (s. Abschn. 4.6.2).

Hier soll die Methode der nichtlinearen Verknüpfung und Transformation (Filterung) von m-Sequenzen weiter betrachtet werden. Wendet man auf ein LFSR einen nichtlinearen Ausgangszuordner $f(\ldots)$ (vgl. Abschn. 3.3.2 und Bild 4.17), so können damit Folgen mit wesentlich größerer ÄLS als die MF des LFSR bei Ordnung k der Funktion $f(x_1 \ldots x_k)$ erzeugt werden [4.102]. Die PZ-Kriterien K1 - K3 lassen sich mit einfachen nichtlinearen Funktionen, z.B.

$$f(x_1 \ldots x_k) = x_1 \cdot x_2 \ldots x_k, \tag{4.96}$$

was der "Und"-Verknüpfung entspricht, nicht erfüllen. Für $k = 3$ erhält man bereits eine sehr unsymmetrische Verteilung $h(1) \approx 1/8$, $h(0) \approx 7/8$. Die Verknüpfung von mehreren LFSR nach Bild 4.69 gestattet einfacher die Erfüllung der Kriterien K1 ... K3 und das Erreichen hoher ÄLS.

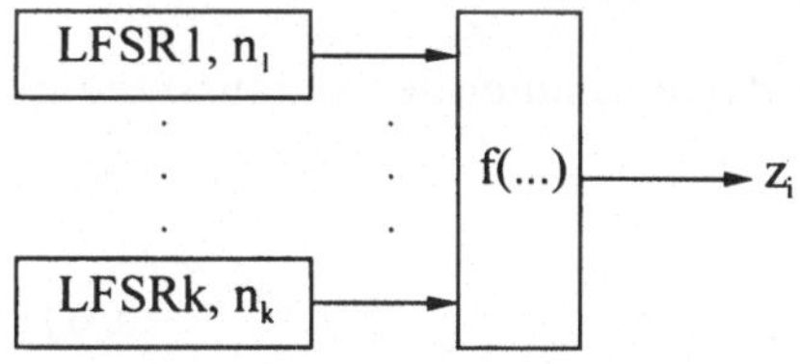

Bild 4.69
Verknüpfung von k m-Sequenzen

Für die Werte der linearen Komplexität (ÄLS) $\mathcal{L}$ existieren theoretisch begründete Abschätzungen bez. des Aufbaus der Booleschen Funktion f(...) und der LFSR-Eigenschaften [4.102]. Vereinfacht kann an die LFSR die Bedingung gestellt werden, daß deren Grade relativ prim sind, d.h. $ggT(n_1 \ldots n_k) = 1$ und daß alle Rückkopplungspolynome $g_1(x) \ldots g_k(x)$ primitiv sind. In Bild 4.70 ist als Beispiel der *Geffe-Generator* dargestellt, der "brauchbare" Werte von $\mathcal{L}$ bei Erfüllung von K1 ... K3 liefert. Strengen Forderungen an die kryptologische Qualität wird er aber auch nicht gerecht [4.105].

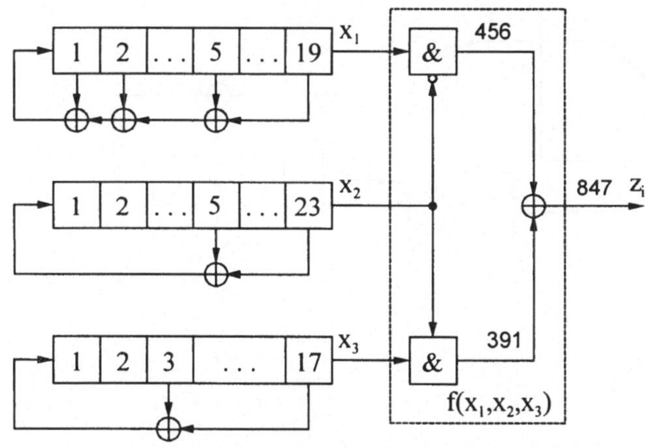

Bild 4.70
Geffe-Generator

In Bild 4.70 sind die äquivalenten linearen Schieberegisterlängen (ohne Beweis) mit eingetragen. Mit insgesamt 59 Verzögerungsstufen und wenig kombinatorischer Logik erzeugt der Geffe-Generator eine Folge, die mittels linearer Realisierung (LFSR vom "Nicht-MF-Typ") 847 Verzögerungsstufen erfordern würde [4.106]. Es sind noch eine Anzahl weiterer Generatoren zur Transformation von linearen MF vorgeschlagen worden, ein praktisch angewendeter

Typ ist der Multiplex-Generator, s. Bild 4.71. Dabei stellt eine MF_A vom Grad n_A die 2^k Adressen bereit für den Multiplex-Schalter und die andere MF_D die Daten, Bild 4.71 veranschaulicht das Prinzip für $k = 2$, $m = 3$, $n_D = 4$.

Die lineare Komplexität berechnet man (ohne Beweis) unter der Voraussetzung $ggT(n_A, n_D) = 1$ zu [4.102]:

$$\mathcal{L} = n_D \left(1 + \sum_{\nu=1}^{k} \binom{n_A}{\nu} \right) \tag{4.97}$$

d.h. für den MUX-Generator nach Bild 4.71 $\mathcal{L} = 28$.

Es sei noch darauf verwiesen, daß der Geffe-Generator kaskadiert werden kann ("Super-Geffe") und daß er auch für andere Aufgaben der *PRSV* verwendet werden kann (s. Abschn. 4.3).

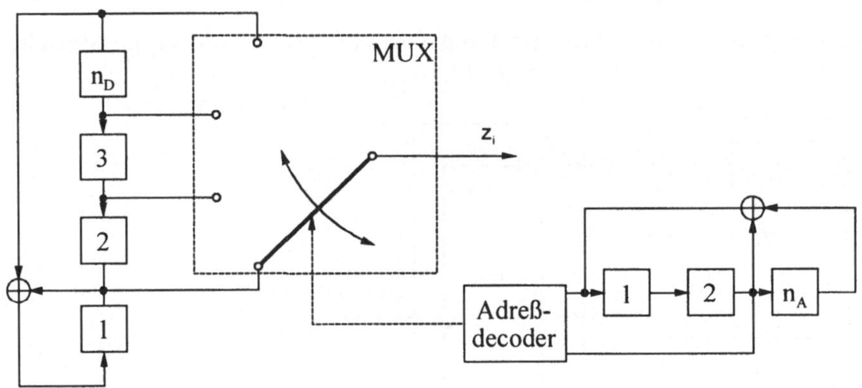

Bild 4.71
Prinzip des Multiplex-Generators

4.7.3 Verschlüsselung in Hörfunk und Fernsehen

Stromchiffreverfahren bieten den Vorteil, daß durch die Verknüpfung der Daten- und Schlüsselfolge, Gl. (4.95), keine Einschränkung der "Echtzeitbedingungen" auftritt. In der Vergangenheit erfolgte die Telefonübertragung vorwiegend mit analogen Signalen, was gegenwärtig für die Fernsehübertragung noch zutrifft. Auch bei analoger Informationsübertragung sind Verschlüsselungsverfahren möglich, obwohl grundsätzlich nur bei digitaler Übertragung eine höhere kryptologische Sicherheit erreichbar ist. Im D-Netz des digitalen Mobilfunks nach dem GSM-Standard sind umfangreiche Sicherheitsmechanismen implementiert. Über den sog. Algorithmus A5 wird die Schlüsselfolge $\{z_i\}$ für eine Stromchiffre generiert. In den Algorithmus A5, der nur Herstellern und Netzbetreibern bekannt ist, geht die Rahmennummer und ein Schlüssel K_c ein, der bei jeder Verbindungsaufnahme neu berechnet wird. Dieses Prinzip, d.h. die "schnell ablaufende" Schlüsselfolge ist abhängig von einer "langsamen" Sicherheitsfunktions CW, findet sich auch im digitalen Pay-TV und -Hörfunk wieder:

$$z(i) = A\left\{CW_{t_i}, i \middle| t_i \le T\right\} \tag{4.98}$$

Das Kontrollwort CW wird nach kurzer Zeit T, z.B. nach $T \approx 10$s bei EUROCRYPT, verändert, um Angreifern die Kryptoanalyse zu erschweren [4.134].

Als Stromchiffre-Algorithmus wird bei EUROCRYPT ein Multiplex-Generator verwendet, dessen Prinzipschaltung Bild 4.69 zeigt.

Die anonyme "langsame" Sicherheitsfunktion CW bzw. K_c wird in Nachrichtensystemen mit bedingtem Zugriff (Conditional Access, CA) mit weiteren Sicherheitsmechanismen verknüpft, die zusammen mit Personendaten auf Chipkarten implementiert sind. Damit kann die eigentliche "Berechtigung" in eleganter Weise erteilt oder entzogen werden (z.B. bei Nichtzahlung). Beim DMX (Digital Music Express) über ASTRA-Digital Radio können für jeden Teilnehmer spezifische Daten übertragen werden, die in einem "Verifier" in Verbindung mit der Chipkarte die Berechtigung sperren oder freigeben können (EEPROM).

Auch beim VIDEOCRYPT-Verfahren wird die Verschlüsselungsbedingung fortlaufend verändert als Funktion der aktuell übertragenen Daten in Verbindung mit der SMART-Card. Das Verschlüsselungsprinzip beschränkt sich dabei auf Informationsvertauschung innerhalb einer Fernsehzeile, da eine zu starke Verwürfelung die Bildqualität beeinträchtigt. Wie in Bild 4.73 veranschaulicht, wird das Zeilensignal auf der Sendeseite zu einem Zeitpunkt t_x "geschnitten" und anschließend vertauscht. Ein einfaches LFSR (PRBS-Generator) vom Grad $n = 8$ wird mit dem Zeilenimpuls getaktet und bestimmt den Zeitpunkt

$$\frac{t_x}{T_z - T_{syn}} = f\{t_i, \text{Startwert}\} \in (0 \ldots 255) \tag{4.99}$$

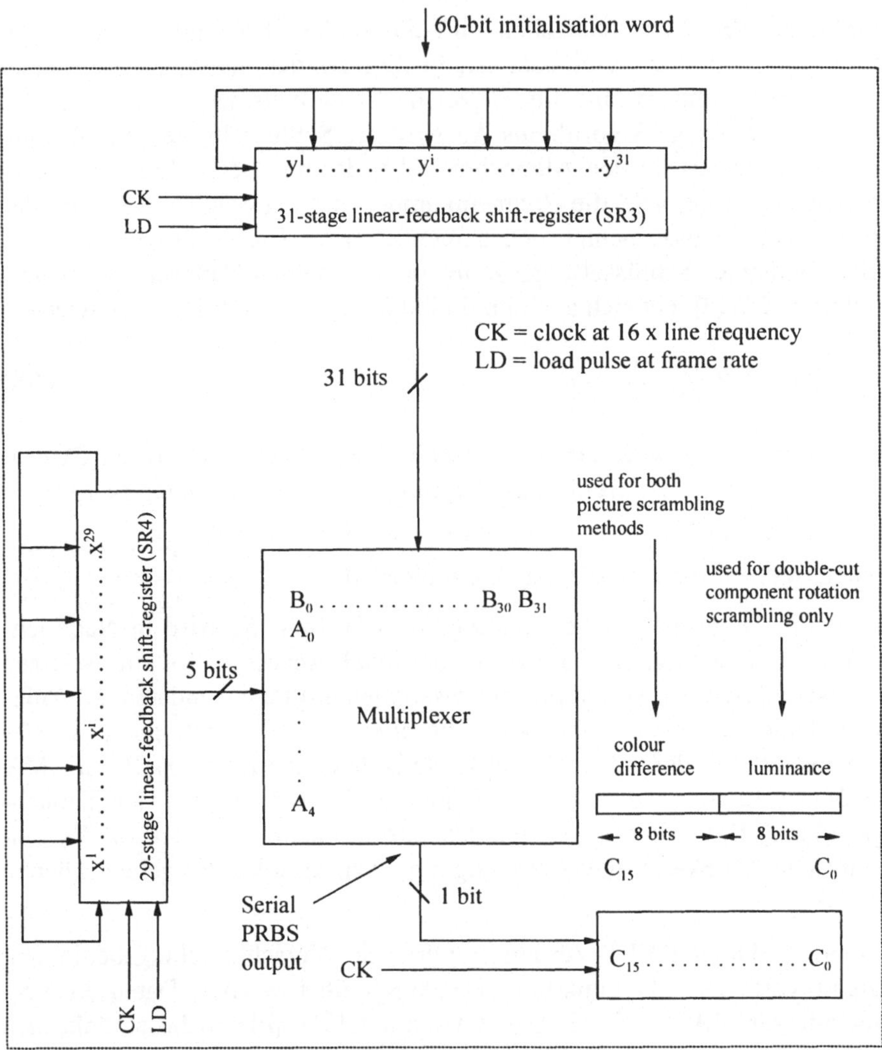

Bild 4.72
EUROCRYPT-Stromchiffre-Generator

Der Startwert, d.h. die Initialisierung des PRBS-Generators wird verschlüsselt durch Zusatzdaten übertragen und nur dann korrekt berechnet, wenn auf der Smartcard die Berechtigung vorliegt. Das empfangene Zeilensignal nach Bild 4.73 muß digitalisiert und gespeichert werden, um mittels Steuerlogik das definierte Rücktauschen zu ermöglichen und anschließend wieder über DAU als analoges Videosignal auszugeben.

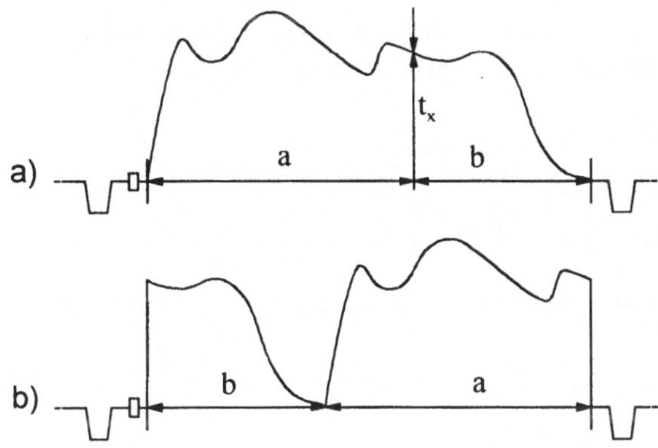

Bild 4.73
Prinzip des VIDEOCRYPT-Verfahrens

Liegen die Audio- und Videoinformationen wie bei DAB und DVB in binärer Form vor, so können Schlüsselfolgen $\{z_i\}$ dazu als Stromchiffren addiert werden, Gl. (4.95). Es wurde dafür ein ziemlich aufwendiger Schlüsselgenerator standardisiert, der hohe Sicherheit (und hohe Lizenzgebühren) bringen soll. In Bild 4.74 ist die vereinfachte Prinzipschaltung dargestellt, die Rückkopplungspolynome für die vier LFSR über GF(31) und GF(127) lauten [4.135]:

$$\begin{aligned} g_Q(x) &= x^5 + 16\,x^2 + 1 \\ g_R(x) &= x^7 + 30\,x + 16 \\ g_S(x) &= x^5 + 125\,x^2 + 2 \\ g_T(x) &= x^7 + 125\,x + 2 \end{aligned} \tag{4.100}$$

Die Initialisierung wird für jeden Datencontainer ($\hat{=}$ 125 µs) vorgenommen über die Verknüpfung der Berechtigung CW (Control Word) und einem 16 Bit Wort CIW (Container Identification Word), das von einer binären m-Sequenz mit dem Generatorpolynom

$$g(x) = x^{15} + x^{14} + 1 \tag{4.101}$$

und einem Paritätsbit abgeleitet wird. Im Rhythmus von $8{,}2\text{ s} = 2(2^{15} - 1) \cdot 125$ µs wird CW gewechselt, das Kryptogramm von CW wird jede Sekunde übertragen. Die maximale Periode wird über die Teilperioden der MF nach Gl. (4.100) abgeschätzt:

$$N_{max} = \text{kgV}\{N_Q, N_R, N_S, N_T\} \approx 1{,}36 \cdot 10^{37}. \tag{4.102}$$

Durch nichtlineare und lineare Verknüpfungen der in binärer Codierung erzeugten MF über GF(p) nach Bild 4.74 wird hohe lineare Komplexität der sehr langen Schlüsselsequenz erreicht, die byteweise ausgegeben wird [1.9].

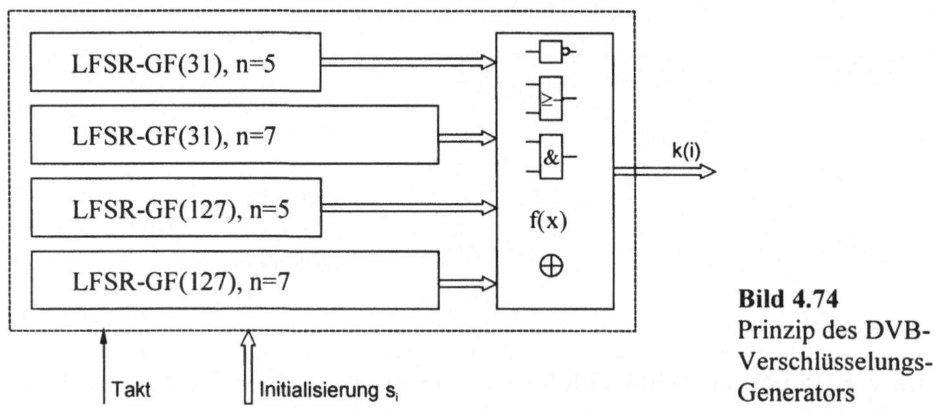

Bild 4.74
Prinzip des DVB-Verschlüsselungs-Generators

5 Formelzeichen- und Abkürzungsverzeichnis

Formelzeichen

A	Amplitudenwert, Symbol
A_H, A_L	Hoch- bzw. Tiefpegel
A_S	Anzahl der Übereinstimmungen bei Verschiebung s
$\mathbf{A}$	Übergangsmatrix
a	Element, Dämpfungsfaktor
a(x)	Polynom
$\{a_i\}$	Folge bzw. Menge von Elementen
$\mathbf{a}$	Codewort oder -vektor
B	Bandbreite, Symbol
B_I	Informationsbandbreite
$\mathbf{B}$	Matrix in Zustandsgleichung
b	Element
b(x)	Polynom
$\{b_i\}$	Folge von Elementen
$\mathbf{b}$	Codewort oder -vektor

C	Menge von Codewörtern
C	Matrix in Zustandsgleichung
c	Element, Lichtgeschwindigkeit
c_v, c_0, c_n	Koeffizienten in Polynomen oder Differenzengleichungen
c(x)	charakteristisches Polynom
$\bar{c}(x)$	reziprokes Polynom
cl	Taktfolge
D	Verschiebeoperator
D	Matrix in Zustandsgleichung
D_s, D(s)	Anzahl der Nichtübereinstimmungen bei Verschiebung s
d	Element, Hamming-Abstand, Elementeabstand, Tastverhältnis, Entfernung
d_i, d_j, d_k	Elemente einer Differenzmenge
E	Korrelator-Ausgangssignal
E_i, E_k	Signalenergie, Entwicklungsfunktion
e	Einselement, Eulersche Zahl, Exponent, Anzahl paralleler Schieberegister
F(f)	Frequenzgang
F(x)	spezielles Polynom
f	Frequenz
f(x)	(charakteristisches) Polynom
f_c	Taktfrequenz
f_D	Ditherfrequenz
f_R	Rückkopplungsfunktion
G	Prozeßgewinn
G(D)	erzeugende Funktion
G(jω)	Impulsspektrum

$\mathbf{G}$	Generatormatrix
GF(...)	Galois-Feld, endlicher Körper
$g(x)$	(charakteristisches) Generatorpolynom
$g(t)$	Impulsform
H(...)	Häufigkeit von ...
$\mathbf{H}$	Hadamard-Matrix
h	Element, Gewichtsfaktor
$h(t)$	Impulsantwort
h_i, h_k	Bewertungs- oder Gewichtsfaktoren
$\mathbf{I}_M$	Einheitsmatrix der Ordnung M
i	Zähl- und Summationsindex
$\left(\frac{i}{p}\right)$	Legendre-Symbol
j	imaginäre Einheit, Zähl- und Summationsindex
K	Körper, Konstante
$\mathbf{K}$	Kontrollmatrix, kommafreie Codewörter
k	Zähl- und Summationsindex
L	Codewortanzahl, Elementeanzahl
$\mathcal{L}$	lineare Komplexität
ℓ	Zählvariable, Blocklänge
ℓ_j	Anzahl der zugeordneten k-Tupel
M	Spalten- oder Vektorenanzahl
M_D	Differenzmenge
m_S	Signalmenge
m	Modul, Erweiterungsfaktor
$m_A(x)$	Minimalpolynom der Matrix $\mathbf{A}$

N	Folgen-, Perioden-, Codewortlänge
N_0	Rauschleistungsdichte
n	Grad eines Polynoms oder ein MF, Schieberegisterlänge
$n(t)$	Rauschsignal
P_{cf}	Index der Kommafreiheit
$P_y(u)$	Verteilungsdichte des Signals y
$\mathbf{P}$	Transformationsmatrix
p	Primzahl
$p(t)$	Spreizungscode
p_i	relative Häufigkeiten, Wahrscheinlichkeiten
P_E	Fehlerwahrscheinlichkeit
q	Primzahlpotenz, Symbolanzahl
q'	Symbolanzahl einer transformierten Folge
$q(D)$	Quotientenpolynom
$R, R_{x,x}$	AKF
R_H	Hauptwert der AKF
$R_{x,y}$	KKF
$\hat{R}_{x,y}$	ungerade KKF
r	Korrelationsfaktor, Elementeabstand, Rest
$r(D)$	Restpolynom
$r(t)$	Empfangssignal
r_i	Spektralkomponenten, Koeffizient
$S(f)$	Leistungsspektrum
$S_{x,y}(f)$	Kreuzspektraldichte
S_0	konstantes Spektrum
$S_{a,b}$	Korrelationsspektrum

s	Variable der diskreten Verschiebung
s(x), s(D)	Polynome (der Startbedingung)
sgn	Signumfunktion
sp(x)	Spaltfunktion sin x/x
T	Zeitabschnitt
T_A	Erwerbungs- oder Acquisitionszeit
T_B	Binärinformationsdauer
T_E	Zeit einer Korrelationsentscheidung
t	Zeitvariable
t_A, t_F	Anstiegs- bzw. Abfallzeit eines Impulses
t_G	Gedächtniszeit
t_i	diskrete Zeitpunkte
t_M	Meßzeit
u	Vektor, Unterperiode
V_n	kommafreier Vektor
v	Vektor, Folge
v_i	Element einer verknüpften Folge
W(...)	Gewicht (Anzahl l) von ...
w	Codewort, -vektor
X	Menge der Eingabewerte
x(t)	Zeitfunktionen
x_i, y_i	diskrete Funktionswerte
x, y, z	Folge, Vektor
Y	Menge der Ausgabewerte
Z	Zustandsmenge
z	Automatenzustand, Anzahl von Folgen

α	Winkel, Integrationsvariable, Summierungsfaktor
α_i	Körperelement
β	Signalbasis, primitives Element, Summierungsfaktor
Γ	Funktionaltransformation
γ	Summationsindex
Δt	Zeitelement, Bit-, Chipdauer
δ	Diracfunktion, Überführungsfunktion
ε	normierte Verschiebung
ζ	Polynom-, Zyklenanzahl
ϑ	Integrationsvariable, primitive Wurzel
Θ	KKF-Wert
Λ	Kovarianzmatrix
Λ_{BO}	Kovarianzorthogonal
Λ_{Tr}	Kovarianztransorthogonal
λ	Ausgabefunktion, Anzahl der Lösungspaare, Körperelement, Summationsindex
μ, ν	Summationsindex
σ	Verschiebeindex
τ	Zeitverschiebung, Laufzeit
τ_L, τ_S, τ_A	spezielle Zeitverzögerungen
$\Delta\tau$	Laufzeitdifferenz
Φ	Eulersche Funktion, Phasenwinkel
$\varphi_{x,x}$	aperiodische AKF
$\varphi_{x,y}$	aperiodische KKF
$\chi(\ldots)$	Ambiguity-Funktion
ρ	Pseudoentfernung

ψ	Kreisteilungs- oder cyclotomische Polynome
Ω	Dopplerfrequenz
ω	Kreisfrequenz
$\in$	Element aus einer Menge
$\vee$	Disjunktion
$\wedge$	Konjunktion

Abkürzungen

$\mathcal{A}$	Automat
$\mathcal{LA}$	linearer Automat
ADU	Analog-Digital-Umsetzer
AGC	Automatic Gain Control
AKF	Autokorrelationsfunktion, -folge
AOW	akustische Oberflächenwellen
ATM	Asynchron Transfer Mode
BER	Bit Error Rate
BIST	Built-In Self Test
CA	Conditional Access
CCD	Charge Coupled Devices, ladungsgekoppeltes Bauelement
CDMA	Code Division Multiple Access
CW	Control Word
DAB	Digital Audio Broadcasting
DAU	Digital-Analog-Umsetzer
DGPS	Differential GPS
DLL	Delay-Locked-Loop
DSSS	Direct Sequence Spread Spectrum

DVB	Digital Video Broadcasting
EPROM	programmierbarer Festwertspeicher
FH	Frequency Hopping
FHT	Fast Hadamard Transform
FSK	Frequeney Shift Keying, Frequenz-Sprung-Modulation
ggT	größter gemeinsamer Teiler
GMW	Gordon, Mills, Welch
GPS	Global Positioning System
GPS	Global Positioning System
kgV	kleinstes gemeinsames Vielfaches
KKF	Kreuzkorrelationsfunktion, -folge
LFSR	Linear Feedback Shift Register
LTI	Linear Time Invariant
MF	lineare Maximallängen-Folge
MISR	Multiple-Input Signatur Register
MLSSA	Maximum Length sequence System Analyzer
MPEG	Moving Picture Expert Group
MTLL	Mean Time to Loose Lock
NCO	Number Controlled Oszillator
NRZ	Non Return to Zero, nicht auf Null zurückgehend
PLL	Phase-Locked-Loop, Phasenregelkreis
PN	Pseudo Noise
PR	Pseudo Random
PRBS	Pseudo Random Binary Sequenz
PSA	Parallele Signatur Analyse
PSK	Phase Shift Keying, Phasen-Sprung-Modulation

RAM	Schreib-Lese-Speicher
run	Reihe aufeinanderfolgender identischer Symbole, eingegrenzt durch andere Symbole
SBK	Symmetrischer Binärkanal
SNR	Signal-Rauschleistungsverhältnis
SSMA	Spread Spectrum Multiple Access
TDL	Tau-Dither-Loop
VCO	spannungsgesteuerter Oszillator

6 Literaturverzeichnis

[1.1] Fliege, N.: Systemtheorie. B.G.Teubner Verlag 1991

[1.2] Lange, F.H.: Methoden der Meßstochastik. Berlin: Akademie-Verlag, 1978

[1.3] Proakis, J.G.: Digital Communications. McGraw-Hill Book Company, 1989

[1.4] Sklar, B.: Digital Communications. Prentice Hall, 1988

[1.5] Peterson, W.W.: Prüfbare und korrigierbare Codes. München, Wien: R.Oldenbourg Verlag, 1967

[1.6] Zierler, N.: Linear recurring sequences. J. Soc. Indust. -Appl. Math. 7 (1959) 1, S. 31-48

[1.7] Golomb, S.W.: Shift register sequences. San Francisco: Holden-Day, 1967

[1.8] Hagenauer, J.: Quellengesteuerte Kanalcodierung für Sprach- und Tonübertragung im Mobilfunk. 8. Aachener Kolloquium Signaltheorie „Mobile Kommunikationssysteme“ Vde Verlag, 1994, S. 67-76

[1.9] Reimers, U.: Digitale Fernsehtechnik, Datenkompression und Übertragung für DVB. Springer- Verlag 1995

[1.10] Kroschel, K.: Datenübertragung. Springer-Verlag, 1991

[1.11] Bluschke, A.: Digitale Aufzeichnungs- und Leitungscodes. Vde-Verlag, 1992

[1.12] Rohling, H.: Einführung in die Informations- und Codierungstheorie. Teubner-Verlag 1995

[1.13] Bossert, M.: Kanalcodierung. Teubner-Verlag 1992

[1.14] Lindsey, C.W.; Simon, M.K.: Telecommunicationsystems engineering. Englewood Cliffs (N.J.): Prentice-Hall, 1973

[1.15] Golomb, S.W.: Digital communications with space applications. Englewood Cliffs (N. J.): Prentice-Hall, 1964

[1.16] Pasupathy, S.: Minimum shift keying, a spectrally efficient modulation. IEEE Comm. Magazine (1979) Juli, S. 14-22

[1.17] Dekker, C.B.: On the application of tamed frequency modulation. Int. Zürich Seminar on Digital Comm., Zürich, 1980, Konf. -Ber. Al

[1.18] Kammeyer, K.D.: Nachrichtenübertragung. Teubner-Verlag 1996

[1.19] Hirt, W.; Pasupathy, S.: Continuous phase chirp signals for data communication. Int. Zürich Seminar on Digital Comm., Zürich, 1980, Konf. -Ber. A7

[1.20] Hofmann, H.: Signalverarbeitung mit AOW-Bauelementen. Radio Fernsehen Elektronik 32 (1983) 1, S. 22-23

[1.21] Pietsch, W.: A Convolver Based Spread Spectrum Systems. Dissertation TU Wien, 1993

[1.22] Varakin, L.E.: Teorija sistem signalov. Moskva: Sovetskoe Radio, 1978

[1.23] Dixon, R.C.: Spread Spectrum Systems. John Wiley & Sons, 1975, 1984, 1995

[1.24] Barnick, W.; Wendt, G.: Probleme der hydroakustischen Ortung. Diss. B, Univ. Rostock, 1981

[1.25] Cook, E.C.; Bernfeld, M.: Radarsignals. New York, London: Academic Press, 1967

[1.26] Sverdlik, M.B.: Optimalnye diskretnye signaly. Moskva: Sovetskoe Radio, 1975

[1.27] Lüke, H.D.: Korrelationssignale (Korrelationsfolgen und Korrelationsarrays in der Nachrichten- und Informationstechnik, Meßtechnik und Optik). Springer-Verlag 1992

[1.28] Antweiler, M.: Rekursive Sequenzen mit gutem Korrelationsverhalten und hoher linearer Rekursionstiefe. Reihe 10 Nr. 224 VDI Verlag 1992

[1.29] Ipatow. W.P. Periodischeskie diskretnie Signali s optimalnimi korrelazionnimi Swoistwami. Radio i Swjas, 1992

[1.30] Brown, R.F.: New class of pseudorandom binary sequences. Electron. Letters 3 (1967) 5

[1.31] Taki, Y.; u.a.: Even shift orthogonal sequences. IEEE-Trans. IT-2 (1969) März

[1.32] Lindner, J.: Synthese zeitdiskreter Binärsignale mit spezieller AKF und KKF. Diss. Tech. Hochsch. Aachen, 1977

[1.33] Finger, A.: Ein Beitrag zur Erzeugung diskreter pseudostochastischer Signale. Diss. Tech. Univ. Dresden, 1973

[1.34] Cheng, U.; Golomb, S.W.: On the charakterization of PN-sequences. IEEE-Trans. IT-29 (1983) S. 600

[1.35] Fredricsson, S.A.: Pseudo-randomness properties of binary shift register sequence. IEEE-Trans. IT (1975) 1, S. 115-120

[1.36] Zielinski, R.: Erzeugung von Zufallszahlen - Programmierung und Test auf Digitalrechnern. Leipzig: VEB Fachbuchverlag, 1978

[1.37] Lorenz, H.: Lehrmaterialien "Zufallszahlen". Diplomarbeit TU Dresden, 1994

[1.38] Kämmerer, W.: Einführung in mathematische Methoden der Kybernetik. Berlin: Akademie-Verlag, 1971

[2.1] Sarvate, D.V.; Pursley, M.B.: Crosscorrelation properties of pseudo-random and related sequences. Proc. IEEE 68 (1980) 5, S. 593-619

[2.2] Lange, F.H.: Signale und Systeme. Bd. Regellose Vorgänge. Berlin:VEB Verlag Technik, 1971

[2.3] Lidl, R.; Niederreiter, H.: Finite Fields. Addison-Wesley Publishing Company, 1983

[2.4] Kumar, V.P. u.a.: On Sequence Design for CDMA. Proc. IEEE ISSSTA'96 Mainz, pp. 48-53

[2.5] Wobus, C.; Gutsche, H.: Startsynchronisation bei der Übertragung von Binärsignalen. Nachrichtentech. /Elektronik 34 (1984) 2, S. 42-44

[2.6] CCIR-Report 903

[2.7] Erben, H.: Analyse von RAKE-Empfängern in mobilen Code-Division Multiple-Access (CDMA) Systemen. Dissertation TU Dresden, 1995

[2.8] Sarvate, D.V.: Bounds on crosscorrelation and autocorrelation of sequences. IEEE-Trans. IT-25 (1979) S. 720-724

[2.9] Birkhoff, G.; Bartee, T.C.: Angewandte Algebra. München, Wien: R. Oldenbourg Verlag, 1973

[2.10] Gill, A.: Linear sequential circuits. New York: McGraw-Hill, 1966

[2.11] Wunsch, G.; Schreiber, H.: Digitale Systeme.
Berlin: VEB Verlag Technik, 1983

[2.12] Kochendörfer, R.: Einführung in die Algebra.
Berlin: VEB Dt. Verlag, d.Wiss., 1962

[2.13] Groth, J.E.: Generation of binary sequences with controllable complexity.
IEEE-Trans. IT-17 (1971) 3, S. 288-296

[2.14] Huffman, D.A.: The synthesis of linear sequential coding networks.
London: Butterworth, 1956

[2.15] Elspas, B.: The theory of autonomous linear sequential networks.
IRE-Trans. CT-6 (1959) 1, S. 45-60

[2.16] Alauen, J.D.; Knuth, D.: Tables of finite fields.
Indian J. of Statistics 26 (1964) 4, S. 305-328

[2.17] Finger, A.; Harfouch, N.: Zur Bestimmung und Anwendung mehrwertiger primitiver Polynome. Nachrichtentech. /Elektronik 27 (1977) 12, S. 511-514

[2.18] Lempel, A.: Analysis and synthesis of polynomials and sequences over GF(2). IEEE-Trans. IT-17 (1971) 3, S. 297-303

[2.19] Ribenboim, P.: The little Book of Big Primes. Springer-Verlag, 1991

[2.20] Noll, C.; Nickel, L.: The 25th and 26th Mersenne primes.
Math. Computation 35 (1980) 152, S. 1387-1390

[2.21] Watson, E.J.: Primitive polynomials (Mod 2),
Math. Computation 16 (1962) S. 368-369

[2.22] Stahnke, W.: Primitive binary polynomials.
Math. Computation 27 (1973) S. 977-980

[2.23] Gaugg, A.; Weinrichter, H.: Transition probabilities of digitally filtered equal-length m-sequences. Electron. Letters 8 (1972) 2

[2.24] Lindhohn, J.H.: An analysis of the pseudo-randomness properties of subsequences of long m-sequences. IEEE-Trans. IT-14 (1968) 4, S. 569 bis 576

[2.25] Wainberg, S.; Wolf, J.K.: Subsequences of pseudo-random sequences.
IEEE-Trans. COM-18 (1970) 5, S. 606-612

[2.26] Church, R.: Tables of irreducible polynomials for the first four prime moduli.
Ann. of Math. 36 (1935) S. 198-209

[2.27] Beard, J.; West, K.I.: Some primitive polynomials of the third kind.
Math. Computation 28 (1974) 128, S. 1166-1167

[2.28] Green, D.H.; Taylor, I.S.: Irreducible polynomials over composite Galois fields and their application in coding techniques. Proc. IEE 121 (1974) 9, S. 935-939

[2.29] MacWilliams, F.J., Sloane, N.J.: Pseudorandom sequences and arrays. Proc. IEEE 64 (1976) 12, S. 1715-1729

[2.30] Willett, M.: The index of an m-sequence. SIAM J. Appl. Math. 25 (1973) 1, S. 24-27

[2.31] Gold, R.: Characteristic linear sequences and their coset functions. SIAM J. Appl. Math. 14 (1966) 5, S. 980-985

[2.32] Willett, M.: Characteristic m-sequences. Math. Computation 30 (1976) 134, S. 306-311

[2.33] Weng, L.J.: Decomposition of m-sequences and its applications. IEEE-Trans. IT-17 (1971) 4, S. 457-463

[2.34] Sürböck, F.; Weinrichter, H.: Verschachtelte Struktur periodischer Binärfolgen mit irreduziblen Generatorpolynomen. Arch. elektr. Übertrag. 30 (1976) 12, S. 484-489

[2.35] Wai Hung, Ng.: Decomposition technique for acquiring combined pseudo-random-noise signals. Proc. IEE 125 (1978) 9, S. 811-814

[2.36] Baumert, L.D.: Cyclic difference sets. Berlin, Heidelberg, New York: Springer-Verlag, 1971

[2.37] Hall, M.: Kombinatorika. Moskva: Mir, 1970

[2.38] van Lint, J.H.; u.a.: On pseudo-random-arrays. SIAM J. Appl. Math. 36 (1979) 1, S. 62-71

[2.39] Schroeder, M.R.: Integrated-impulse method measuring sound decay without using impulses. J. Acoust. Soc. Amer. 66 (2) (1979) Aug., S. 497-500

[2.40] Meskovskij, K.A.: Novyj klass psevdosluc'ajnych posledvojc'nych signalov. Problemy peredaci informadii (1973) 3, S. 117-119

[2.41] Sidelnikov, V.M.: Einige k-wertige PR-Folgen. Probl. d. Informationsübertrag. 5 (1969) S. 16-22

[2.42] Lempel, A.; u.a.: A class of balanced binary sequences with optimal autokorrelation properties. IEEE -Trans. IT-23 (1977) 1, S. 38-42

[2.43] Hoholdt, T.; Justesen, J.: Ternary sequences with perfect periodic autocorrelation. IEEE-Trans. IT-29 (1983) S. 97-600

[2.44] Romanowski, A.: Untersuchung des windowed - matched - filter - Prinzips bei der Fernseh-Zusatzdatenübertragung. Diplomarbeit TU Dresden, 1995

[2.45] Furrer, F.J.: Fehlerkorrigierende Blockcodierung für die Datenübertragung. Birkhäuser Verlag, 1981

[2.46] Hiller, H.: Die Möglichkeit der Verwendung bi-transorthogonaler Signale. Nachrichtentech./Elektronik 27 (1977) 12, S. 508-510

[2.47] Chang, J.A.: Ternary sequences with zero-correlation. Proc. IEEE 55 (1967) 7, S. 1211-1213

[2.48] Moharir, P.S.: Generalized PN-sequences. IEEE-Trans. IT-23 (1977) 6, S. 782-784

[2.49] Lüke, H.D.: Binäre Orthogonalcodes. NTG-Fachber. Nr. 0. Berlin: Vde-Verlag, 1971, S. 197-202.

[2.50] Cohn, M.; Lempel, A.: On fast m-sequence transforms. IEEE-Trans. IT-23 (1977) S. 135-137

[2.51] Oehlen, H.; Brust, G.: Ein einheitliches Verfahren zur Spektrenberechnung von periodischen, stochastischen und pseudostochastischen Impulsfolgen. Arch. elektr. Übertrag. 21 (1967) 11, S. 583-587

[2.52] Rupprecht, W.: Leistungsdichtespektren zufälliger, pseudozufälliger und deterministischer Folgen gleicher Impulse bei festem Zeitraster. Frequenz 30 (1976) 5, S. 120-126

[3.1] Gaugg, A.: Signalverarbeitung in linearen binären Systemen. Wien: Verb. d. Wiss. Ges. Österreichs Verlag, 1974

[3.2] Gössel, M.: Angewandte Automatentheorie Bd. II. Berlin: Akademie-Verlag, 1972

[3.3] Kochendörfer, R.: Determinanten und Matrizen. Leipzig: B. G. Teubner Verlagsges., 1961

[3.4] Fredricksen, H.: A survey of full length nonlinear shiftregister cycle algorithms. SIAM-Rev. 24 (1982) S. 195-221

[3.5] Lowy, M.: Parallel Implementation of Linear Shift Register for Low Power Applications, IEEE-Trans. on Circuit and Systems II, IC SPE5 No. 6, pp. 458-466, 1996

[3.6] Schweizer, L.: Eigenschaften und Anwendungen von binären Quasi-Zufallsfolgen. Frequenz 24 (1970) 8, S. 230-234

[3.7] Finger, A.: Ein Beitrag zur Erzeugung pseudozufälliger Binärfolgen. Nachrichtentech. 20 (1970) 10, S. 366-371

[3.8] Finger, A.: Zur Berechnung der Binomialkoeffizienten mod. p. Elektron. Informationsverarbeit. u. Kybernetik 10 (1972) S. 611-616

[3.9] Green, D.H.: Structural properties of pseudorandom arrays and volumes and their related sequences. IEE-Proc. Vol. 132 Pt. E No.3 (1985) S. 133-145

[3.10] Dobratz, B.E.; u.a.: Gallium arsenid FET logic pseudorandom code generator. IEEE-Trans. MTT-28 (1980) 5, S. 486-490

[3.11] Harvey, J.T.: High-speed m-sequence Generation. Electron. Letters 10 (1974) 23, S. 480-481

[3.12] Lempel, A.; Eastman, W.L.: High speed Generation of maximum length sequences. IEEE-Trans. C (1971) Febr., S. 227-229

[3.13] Finger, A.: Erzeugung mehrwertiger Folgen maximaler Länge. messen steuern regeln 22 (1979) 8, S. 440-443

[3.14] Knuth, A.: Praktikum „Digitale Signalstrukturen“. Diplomarbeit TU Dresden, Institut für Nachrichtentechnik, 1995

[3.15] Pangratz, H.; Weinrichter, H.: Schneller dezimaler Pseudozufallsgenerator mit guten Korrelationseigenschaften. Frequenz 30 (1976) 8, S. 204 bis 209

[3.16] Davies, W.D.T.: Systemerkennung für adaptive Regelungen. München, Wien: R. Oldenbourg Verlag, 1973

[3.17] Unbehauen, H.; Funk, W.: Ein neuer Korrelator zur Identifikation industrieller Prozesse mit Hilfe binärer und ternärer Pseudo-Rauschsignale. Regelungstech. (1974) 9, S. 269-276

[3.18] Funk, W.: Korrelationsanalyse mittels Pseudorauschsignalen zur Identifikation industrieller Regelstrecken. Diss. Univ. Stuttgart, 1975

[3.19] Friedrich, R.; Haase, J.: Erzeugung dreiwertiger Folgen maximaler Länge zur Systemidentifizierung. messen steuern regeln 21 (1978) 4, S. 202-203

[3.20] Wejda, R.: Bitmustergenerator. Diplomarbeit TU Dresden, 1995

[3.21] Dostert, K.: Ein neues Spread-Spectrum-Empfängerkonzept auf der Basis angezapfter Verzögerungsleitungen für akustische Oberflächenwellen. Diss. Univ. Kaiserslautern, 1980

[3.22] Finger, A.; Dörfel, G.: Autokorrelationsfunktion und Amplitudenhäufigkeit transversalgefilterter pseudostochastischer Signale. messen steuern regeln 24 (1981) 1, S. 2-5

[3.23] Davies, A.C.: Probability-density funktions of summed m sequences. Electron. Letters 6 (1970) 4, S. 89-90

[3.24] Davies, A.C.: Probability distributions of noiselike waveforms generated by a digital technique. Electron. Letters 4 (1968) 19, S. 421-423

[3.25] Gaugg, A.; Seidel, M.; Weinrichter, H.: Grenzen der Eignung von Pseudozufallszahlen für statistische Tests. Arch. elektr. Übertrag. 27 (1973) 1, S. 30-36

[3.26] Levin, B.R.; u.a.: Statistical communication theory and its aplications. Moskow: Mir Publ., (1982), S. 128-134

[3.27] Computations of time-phase displacements of binary linear sequences generators. IEEE Trans. EC (1967) Juni, S. 357-359

[3.28] Dörfel, G.; Martin, K.: Erzeugung zeitverschiebbarer pseudostochastischer Binärfolgen für Korrelationsmeßzwecke. messen steuern regeln 21 (1978) 1, S. 29-32

[3.29] Friedrich, R.; Haase, J.: Beitrag zur Erzeugung und Verschiebung mehrwertiger Pseudorauschsignale maximaler Länge. Elektr. Inf.- u. Energietech. 9 (1979) 2, S. 182-188

[3.30] Sussmann, S.; Ferrari, E.: The effect of notch filters on the correlation properties of a PN-signal. IEEE Trans. AES-10 (1974) 3, S. 385-390

[3.31] Gupta, S.C.; Painter, J.H.: Correlation analyses of linearly processed pseudo-random sequences. IEEE Trans. COM-14 (1966) 6, S. 796-801

[3.32] Douce, J.L.; Weedon, T.M.: Distortion of multilevel m sequences by single valued nonlinearity. Proc. IEE 117 (1970) 5, S. 1031-1034

[3.33] van Lint, J.H.: Combinatorial theory seminar. Berlin, Heidelberg, New York: Springer-Verlag, 1974

[3.34] Maritsas, D.G.: On the statistical properties of a class of linear product feedback shift-register sequences. IEEE-trans. C-22 (1973) S. 961-962

[3.35] Tomluison, G.H.; Galvin, P.: Properties of the subsequences of a class of linear product sequences. Proc. IEE 122 (1975) 10, S. 1095-1096

[3.36] Titsworth, R.: Optimal ranging codes. IEEE-Trans. Space Electron. (1964) S. 19-30

[3.37] Painter, J.H.: Designing pseudorandom coded ranging systems. IEEE Trans. AES-3 (1967) 1, S. 3-27

[3.38] Spaniol, O.; Hoff, S.: Ereignisorientierte Simulation. Thomsons's Aktuelle Tutorien, 1995

[3.39] Guo, N.: Fehlerschutz spektral entropiecodierter Musiksignale. Dissert. Univ. Erlangen - Nürnberg (1992)

[3.40] Schwind, M.: Ein System nichtkreuzkorrelierter Pseudo-Zufallsquellen. Frequenz 34 (1980) 12, S. 334-338

[3.41] Neuvo, Y.; Ku, W.H.: Analysis and digital realization of a pseudorandom Gaussian and impulsive noise source. IEEE-Trans. COM-23 (1975) 9, S. 849-858

[3.42] Sobolewski, J.S.; Payne, W.H.: Pseudonoise with arbitrary amplitude distribution. IEEE-Trans. C-21 (1972) 4, S. 337-352

[3.43] Ireland, B.; Marshall, J.E.: Matrix method to determine shift-register connections for delayed pseudorandom binary sequences. Electron. Letters 4 (1968) 15, S. 309-310; 21, S.467-468

[3.44] Latawiec, K.J.: New method of shifted linear pseudo-random binary sequences. Proc. IEE 121 (1974) 8, S. 905-906; 122 (1975) 4, S. 448; 123 (1976) 2, S. 182

[4.1] Simon, K.M.; Omura, J.K.; Scholtz, R.A.; Levitt, B.K.: Spread Spectrum Communications Handbook. McGraw-Hill, 1994

[4.2] Feher, C.: Wireless Digital Communications Modulation & Spread Spectrum Applic. Prentice Hall 1995

[4.3] Ziemer, R.; Peterson R.: Digital Communications and Spread Spectrum Systems. Macmillan Publishing, 1985

[4.4] Voelkel, L.: Fehlerdiagnose durch Kennzeichenauswertung. Nachrichtentech. /Elektronik 31 (1981) 4, S. 139-142

[4.5] Voelkel, L; Pliquett, J.: Signaturanalyse. Akademie-Verlag (1988)

[4.6] Voelkel, L.: Graphs and Automata in the Theory of Signature Analysis, J. Inform. Process. Cybern. EIK 26 (1990) S. 101-117

[4.7] Bardell, P. u.a.: Built-In Test for VLSI: Pseudorandom Techniques. John Wiley & Sons (1987)

[4.8] Frohwerk, R.S.; u.a.: Signature analysis - a new digital field service method. Hewlett-Packard J. (1977) Mai, S. 2-21

[4.9] Saluja, K.; See, Ch.: An Efficient Signature Computation Method. IEEE Design & Test for Computers, S. 22-26, Dez. 1992

[4.10] Leisengang, D.: Klassifikation und Einsatz von Signaturregistern zur Fehlererkennung in digitalen Schaltungen. Dissert. TU München, 1983

[4.11] Gülke, C.; u.a.: Signaturanalysegerät. Radio Fernsehen Elektronik 30 (1981) 4, S. 207-209

[4.12] Doenhardt, J.: Über die Wahrscheinlichkeit der Maskierung bestimmter Fehler beim Schaltkreistest durch Signaturanalyse. Dissertation Univ. Paderborn, 1989

[4.13] Williams, T.W.: Design for Testability. NTG-Fachberichte Bd. 77 (1981) S. 74-77

[4.14] Ahmad, A. u.a.: Are primitive Polynomials always best in Signature Analysis. IEEE Design & Test of Computers, Aug. 1990 vol. 7, N. 4 pp 36-38

[4.15] Agrawal, V. u.a.: A Tutorial on Built-In Self Test Part 1 Principles. IEEE Design & Test of Computers March 1993, S. 73-82, Part 2 Applications June 1993, S. 69-77

[4.16] Illmann, R. Clarke, St.: Built-In Self-Test of the Macrolan Chip. IEEE Design & Test of Computers, April 1990, pp. 29-39

[4.17] Finger, A.: Erweiterte Signaturanalyse. Proc. Intern. Wissensch. Koll. TH Ilmenau 1987, S. 165-168

[4.18] Fuge, R.: Korrelationsmessung mittels binärer pseudozufälliger Signale. messen steuern regeln 17 (1974) 7, S. 250-252; 12, S. 429-432

[4.19] Strobel, H.: Experimentelle Systemanalyse. Berlin: Akademie-Verlag, 1970

[4.20] Martin, K.: Ein Beitrag zur Kennwertermittlung an linearen Systemen unter Benutzung von binären Pseudorauschsignalen. Diss. Tech. Univ. Dresden, 1975

[4.21] Kühne, E.: Meßgerät zur Ermittlung der Gewichtsfunktion linearer Vierpole. Radio Fernsehen Elektronik 31 (1982) 8, S. 493-499

[4.22] Gerlach, A.: Anwendung von Maximalfolgen in der Schall- und Schwingungsmeßtechnik. Diplomarbeit TU Dresden, 1994

[4.23] Vorländer, M.: Anwendungen der Maximalfolgenmeßtechnik in der Akustik. Fortschritte der Akustik, DAGA 94 - Dresden, S. 83-102, 1994

[4.24] Vorländer, M.: Maximalfolgen-Reziprozitätskalibrierung von Mikrofonen im Hallraum. Habilitationsschrift TU Dresden, 1995

[4.25] MLSSA, Maximum length sequence system analyzer, Bedienhandbuch Harmonic Design GmbH & Co 1994

[4.26] Fasbender, J.; Günzel, D.: Ein Meßsystem für rechnergestützte Impulsmessungen in der Akustik. Acustica 45 (1980) S. 151-165

[4.27] Moss, G.C.; Godfrey, K.R.: Correlation techniques applied to gaschromatography. Instrum. Technol. 20 (1973) 2, S. 33-35

[4.28] Witzschel, G.: Korrelationsmeßverfahren zur Erfassung von Systemkennfunktionen im Zeitbereich. Nachrichtentech. /Elektronik 32 (1982) 11, S. 457-459

[4.29] Reddy, S.N., Kirlin, L.R.: Spectral analysis of auditory evoked potentials with pseudorandom noise excitation. IEEE-Trans. BME-26 (1979) 8, S. 479-487

[4.30] Marmarelis, V.Z.: Random versus pseudorandom test signals in nonlinear-system identification. Proc. IEE 125 (1978) 5, S. 425-428

[4.31] Sohl, J.: Neuer Jittergenerator PJG-4. "bits", Wandel & Goltermann Kundeninf. 33 (1984) April, S. 7-8

[4.32] Trutschel, Achim: Aufbau einer Baugruppe zur Messung der Fehlerhäufigkeit. Diplomarbeit TU Dresden, Institut für Nachrichtentechnik, 1995

[4.33] Stein, Uwe.: Bitfehler - Meßsystem. Diplomarbeit TU Dresden, Institut für Nachrichtentechnik, 1996

[4.34] Haase, Thomas: Untersuchung gestörter MPEG-2-Datenströme. Diplomarbeit TU Dresden, Institut für Nachrichtentechnik, 1996

[4.35] Walter, Ricco: Binärkanäle mit vorgebbarer Fehlerrate. Diplomarbeit TU Dresden, Institut für Nachrichtentechnik, 1996

[4.36] Walter, R.; Finger, A.: A New Method for BER-Sources in Digital Communications. First Commun. Confer. Muscat (1996), Proc. IEE u. SQU pp. 107-111

[4.37] Best, R.: Theorie und Anwendungen des Phase-locked Loops, Vde-Verlag, 1993

[4.38] Lee, B.G.; Kim, S.Ch.: Scrambling Techniques for Digital Transmission. Springer-Verlag, 1994

[4.39] ...: ETSI-DAB-Standard, ETS 300 401, EBULETSI JTC, 1994

[4.40] Baier, A.: Multiraten CDMA: Einuniverselles Zugriffsverfahren für UMTS Proc. FIBA Kongresse 13.-15. Sep. 1993. Düsseldorf

[4.41] Rappaport, Th.S.: Wireless Communications. Prentice Hall PTR, 1996

[4.42] Rother, D.: Ein Spacelab-Experiment zur Zeitsynchronisation und Einweg-Entfernungsmessung. Nachrichtentech. Z. (1976) 9, S. 673-677

[4.43] Mansfeld, W.: Auflösung und Genauigkeit bei der weiträumigen Flugverkehrsüberwachung mit Satelliten. Nachrichtentech. /Elektronik 31 (1981) 11, S. 474-479

[4.44] Cheung, R.P.: A very high speed digital correlation technique. National Telecom-Conf. 1976, S. 52.4-1-5

[4.45] Fanucci, L.: Design of an ASIC for fast Signal Recognition and Code Acquisition in DS-SS.CDMA

[4.46] Cohen, C.E.: Attitude Determination using GPS. Dissert. Stanford Univ., 1992

[4.47] Grieco, D.: The application of charge-coupled devices to spread-spectrum systems. IEEE-Trans. COM-28 (1980) 9, S. 1693-1705

[4.48] Ruppel, C.: SAW Devices for Spread Spectrum Applications. Proc. IEEE ISSSTA'96 Mainz, pp. 713-719

[4.49] Maskara, S.L.; Das, J.: Concatenated sequences for spread spectrum systems. IEEE-Trans. AES-17 (1981) 3, S. 342-350

[4.50] Cerdyncev, V.A.; Chodasevic, R.G.: 0 pomeustoivosti avtokoreljacionnogo priemnika psevdoslyeajnych signalov. Radiotechnika i Elektronika 20 (1975) 2, S. 427-431

[4.51] Kämpf, W.: Ein Beitrag zu Problemen der Entfernungsmessung mit Pseudozufallssignalen. Diss. Tech. Univ. Dresden, 1977

[4.52] Finger, A.: Synchronisation von Pseudorandom-Signalen unter Verwendung von Ultraschall-Verzögerungsleitungen. 14. Fachkoll. Informationstech. Tech. Univ. Dresden, 1981

[4.53] Aldinger, M.; u.a.: Spektrale Spreizung als Multiplex-Verfahren - eine Einführung. Nachrichtentechn. Zeitschrift 28 (1975) 3, S. 79-88

[4.54] Grünberger, G.K.: Die Diskriminator-Kennlinie des bandpaßkorrelierten Delay-Locked Loop bei Mehrwegeempfang. Arch. Elektron. Übertrag. 30 (1976) 1, S. 1-8

[4.55] Wilde, A.: Delay-Locked Loop with Generalized Detector Charakteristic. Proc. IEEE ISSSTA'96 Mainz, pp. 450-454

[4.56] Moss, J.G.O. u.a.: Analysis of a DS-CDMA Receiver DLL Architecture. Proc. IEEE ISSSTA'96 Mainz, pp. 460 - 464

[4.57] Welti, A.L., Bernhard, U.P.: Novel PN-Code Traching Loop with periodic Discriminator Characteristic.
Electronics Letters 1st April 1993, No. 7, pp. 583-584

[4.58] Hopkins, P.M.: Double dither loop for pseudonoise code tracking.
IEEE Trans. AES-13 (1977) 6, S. 644-650

[4.59] Chodasevic', R.G.: Empfang von Pseudozufallssignalen.
16. Fachkoll. Tech. Univ. Dresden, 1983

[4.60] Ward, R.B.: Acquisition of pseudonoise signals by sequential estimation.
IEEE-Trans. COM-13 (1965) 4, pp. 475-483

[4.61] Klein, R.: Ein laseroptisches Entfernungsmeßverfahren.
Dissertation Univ.-Gesamthochschule Siegen, 1993

[4.62] Ward, R.B.; Kai, P.Y.: Acquisition of pseudonoise signals by recursion aided sequential estimation. IEEE-Trans. COM-25 (1977) 8, S. 784-794

[4.63] Dana, P.H.: An Overview of the Global Positioning System (GPS).
www.utexas.edu/depts/grg/gcraft/notes/gps/gps.html

[4.64] Jones, S.S.D.: GPS Navstar - a review. J. Navigat. 32 (1979) S. 341-351

[4.65] Spilker, J.J.: GPS signal structure and performance charakteristics.
Navigation 25 (1978) 2, S. 121-146

[4.66] Schüler, U.: Optimale Satellitenkonfiguration für allgemeine Navigationsaufgaben. Dissert. TU Berlin, 1995

[4.67] Möller, S.: Konzeption und Realisierung der Datenfernübertragung für einen hochpräzisen Positionierungsdienst des Freistaates Thüringen.
Diplomarbeit TU Dresden, 1994

[4.68] Bischof, S.: Untersuchungen zur Mehrwegeausbreitung bei den Satelliten-Navigationssystemen NAVSTAR und GLONASS.
Diplomarbeit TU Dresden (1993)

[4.69] Müller, Th.: Korrekturdatenübertragung für differentielle Satellitennavigation mit hoher Genauigkeit.
Dissertation TU Braunschweig, 1995, VDI Verlag Reihe 10, Nr. 434

[4.70] Schrödter, F.: GPS-Satelliten-Navigation. Franzis Verlag (1994)

[4.71] Hofmann-Wellenhof u.a.: GPS: Theory and Practice. Springerverlag 1992

[4.72] Internet GPS-Information. GPS-Informations- und Beobachtungssystem GIBS Institut für Angewandte Geodäsie: http://gibs.leipzig.ifag.de

[4.73] Deerkoski, L.F.: Tracking and data relay satellite system.
EASCON 75 Record 190 A-J

[4.74] Sadowsky, I.S.: An Audio PN-Signal Ranging System.
Student project public. Arizona State Univ. 1995

[4.75] Wendt, G.; u.a.: Ein Deltic-Korrelator zur Verarbeitung gestörter binärer, pseudozufällig codierter Signale.
Wiss. Z. Univ. Rostock 24 (1975) 3, S. 399-405

[4.76] Albanese, D.F.; Klein, A.M.: Pseudorandom code wave-form design for CW-Radar. IEEE-Trans. AES-15 (1979) 1, S. 67-75

[4.77] Viterbi, A.J.: Spread spectrum communications - myths and realities.
IEEE-Trans. COM Mag. (1979) S. 11-18

[4.78] Warakin, L.E.; u.a.: Statistical communication theory and its applications.
Hrsg. B.R. Levin. Moskow: Mir Publ., 1982

[4.79] Aue, V., Fettweis. G.: Higher-Level Multi-Carrier Modulation and its implementation. Proc. IEEE-ISSSTA'96, Mainz, pp. 126-130

[4.80] Prasad, R.; Hara, S.: An Overview of Multi-Carrier CDMA.
Proc. IEEE-ISSSTA'96, Mainz, pp. 107-114

[4.81] Baier, W.P.; Meffert, K.: Optimale Taktfrequenz bei Nachrichtenübertragungssystemen mit pseudozufälliger Phasensprungmodulation.
Frequenz 31 (1977) 8, S. 243-246

[4.82] Kempe, A.H. u.a.: Correlation properties of a class of cryptographically secure spreading sequences. Proc. IEEE-ISSSTA'96 Mainz, pp. 946-949

[4.83] Chen, X.H. u.a.: New Algorithms for constructing quasioptimal GMW&M-sequence subfamilies for the Applications in finite CDMA-Systems. Proc. IEEE-ISSST'96 Mainz, pp. 672-676

[4.84] Sarvate, D.V.: An upper bound on the aperiodic autocorrelation function for a maximal length sequence. IEEE IT-30 (1984) S. 685-687

[4.85] Lempel, A.; Cohn, M.: Maximal families of bent sequences.
IEEE Trans. IT-28 (1982) S. 865-868

[4.86] Scholtz, R.A.; Welch, L.R.: GMW-sequences. IEEE IT-30 (1984) S. 548-553

[4.87] Massey, I.L.: Is the choice of spreading sequences important?
Proc. IEEE ISSSTA'96 Mainz, p. 47

[4.88] Erben, H.; Finger, A.: Polyphase Code Sequences for CDMA in Realistic Mobile Radio Channels. 8. Aachener Kolloquium Signaltheorie / Mobile Kommunikationssysteme, Vde Verlag 1994, S. 119-122

[4.89] Kumar, P.V.; Scholtz, R.A.: Bounds on the linear span of bent sequences. IEEE-Trans. IT-29 (1983) S. 855-862

[4.90] Blum, L. u.a.: A simple unpredictable pseudorandom number Generator. SIAM Journal on Comput. 15, No. 2, pp. 364-383 (1986)

[4.91] Carl, K.D. u.a.: Ortung und Navigation mit GPS und GLONASS. Ingenieur der Kommunikationstechnik 3 '96, S. 10-16

[4.92] Dostert, K.: Prinzipien der Informationsübertragung über elektrische Energieversorgungsnetze. Habilitationsschrift Univ. Kaiserslautern, 1991

[4.93] Marubayashi, G.; Tochikawa, S.: Spread Spectrum Transmission on Residential Power Line. Proc. IEEE ISSSTA'96 Mainz, pp. 1082-1086

[4.94] Zaccarin, D.; Kavehrad, M.: An optical CDMA System based on Spectral Encoding of LED. IEEE Photonics Technology Letters, Vol. 4, No. 4 (1993) pp.479-482

[4.95] Iversen u.a.: Optisches CDMA: Systeme und Sequenzen. Nachrichtentechnik Elektronik 45 (1995) 5, S. 76-79

[4.96] O'Farrell, T.; Lochmann, S.I.: Switched correlator receiver architecture for optical CDMA networks with bipolar capacity. Electronics Letters Vol. 31, No. 11 (1995), pp. 905-906

[4.97] Pieper K.-W.: Funksynchronisierte Zeitnormale mit verringerter Unsicherheit, Dissert. Univ. Dortmund (1992)

[4.98] Lemme, H.: Schnelles Spread-Spectrum-Modem auf einem Chip, Elektronik 15, 1996

[4.99] ...: Z 2000 Spread Spectrum Development Kit. Zilog-Firmenschrift (1994)

[4.100] Naumann, J.: Spread-Spectrum-Digitalmodem. Diplomarbeit TU Dresden, 1996

[4.101] Baier, P.W. u.a.: Taking the Challenge of Multiple Access for Third-Generation Cellular Mobile Radio Systems - A European View. IEEE Communic. Magazine, Febr. 1996, pp. 82-89

[4.102] Fumy, W.; Rieß, H.P.: Kryptographie. R. Oldenbourg Verlag, 1994

[4.103] Bauer, F.L.: Kryptologie. Springer-Verlag, 1994

[4.104] Rhee, M.Y.: Cryptography and Secure Communications. McGraw-Hill Book Co, 1994

[4.105] Schneier, B.: Applied Cryptography.John Wiley & Sons, 1996

[4.106] Etzion, T.; Lempel, A.: Algorithms for the Generation of full-length shiftregister sequences. IEEE IT-30 (1984) S. 480-484

[4.107] Etzion, T.; Lempel, A.: On the distribution of de Bruijn sequences of given complexity. IEEE IT-30 (1984) S. 611-614

[4.108] Etzion, T.; Lempelt, A.: Algorithms for the Generation of Full-Length Shift-Register Sequences. IEEE-IT-30 (1984) S. 480-484

[4.109] Geffe, P.R.: How to protect data with ciphers that are really hard to break. Electronics (1973) S. 99 - 101

[4.110] Asakawa, S.; u.a.: A voice scrambler for mobile communication. IEEE Trans. VT-29 (1980) 1, S. 81-86

[4.111] Liechti, C.A.: GaAs integrated circuits for error-rate measurements in high-speed digital transmission systems. IEEE-J. SC-18 (1983) S. 402-408

[4.112] ...: ETSI-Standard ETS 300 175-3, 1992

[4.113] Graf, R.F.; Sheets, W.: Video Scrambling & Descrambling for Satellite & Cable TV. SAMS-Prentice Hall, 1995

[4.114] Glaser, W.: Systematische Betrachtung der Mehrkanal-Nachrichtensysteme. Habil. -Schrift, Tech. Univ. Dresden, 1970

[4.115] ...: GPS Receiver Technical Reference. Manual, Motorola

[4.116] Quinh, L.C.: Eine Methode zur Bestimmung des Ausgangssignals von zwei kaskadierten Scramblern. Nachrichtentech. /Elektronik 32 (1982) 5, S. 185-187

[4.117] Reinsch, G.: Entwurf eines digitalen Rauschgenerators. Diplomarbeit ENSTB Brest und TU Dresden, 1993

[4.118] Sass, P.F.: Propagation measurements for UHF spread spectrum mobile communications, IEEE VT-32 (1983) S. 168-176

[4.119] Schukat, M.: Synchronisation in TDMA-Systemen unter Verwendung von PN-Folgen. Dissertation Univ. Stuttgart, 1986

[4.120] Will, G.: Anwendung der Signaturanalyse in Mikrorechnersystemen. radio fernsehen elektronik 34 (1985) 1, S.23-24, 54

[4.121] Wustmann, G.: Autokorrelation function of filtered p-level maximal length sequences. IEEE C-31 (1982) S. 75-77

[4.122] Zegers, L.E.: Common bandwith transmission of information signals and pseudonoise synchronization waveforms. IEEE Trans. COM -15 (1968) 6, S. 796-807

[4.123] Richardson: Optimum transponder design for pseudonoise coded ranging systems, weake signals. IEEE-Trans. AES.8 (1972) 1

[4.124] Wilde, A.: Performance of a reduced complexity delay-locked loop. Proc. Intern. Symposium on Synchronization. Essen 1995, pp. 49-54

[4.125] Wittig, M.: Möglichkeiten zur Verbesserung von Navigationsverfahren,
1. Teil Frequenz 42 (1988), H. 12, S. 294 ff;
2. Teil Frequenz 43 (1989) H. 1, S. 2 ff.

[4.126] Schmeißer, L.: Ein Beitrag zum Aufbau eines Systems mit geringer Acquisitionszeit für den Empfang von Pseudozufallsfolgen. Diss. Tech. Univ. Dresden, 1977

[4.127] Wood, P.: Interference Assessment of GPS and Mitigation Techniques. GNSS Working Group Sigtuna, Sweden, 1995

[4.128] Peters, J.: Einführung in die allgemeine Informationstheorie. Springerverlag (1967)

[4.129] The Spread Spectrum Handbook. Stanford Telecommunications, 1996

[4.130] 900 MHz Frequency Hopping Spread Spectrum Transceiver. http://www.diablores.com/pages/ss.html

[4.131] Meyer, C.H.; Tuchmann, W.L.: Pseudorandom codes can be cracked. Electron. Design 23 (1972) 9, S. 74-76

[4.132] Starke, C.W.; Mucha, J.: Selbsttest von sequentiellen Schaltungen mit Hilfe von Zufallsfolgen. NTG-Fachberichte Bd. 77 (1981) S. 78-81

[4.133] Massey, J.H: Shiftregister synthesis and BCH decoding. IEEE-IT-15 (1969) S. 122-127

[4.134] Schwenk, J.: Sicherheit von Pay-TV-Systemen. Deutsche Telekom, Highlights aus der Forschung 1994, S. 7-19

[4.135] ...: ETSI-Standard ETS 300 174, 1992

[4.136] Mossammaparast, M., u.a.: Portable Channel Charakterisation Sounder. Proc. DSPCS' 96 4thUK / Australian Intern. Symposium ..., 23.-26. Sept. 1996, S. 157-163

[4.137] Bahrenburg, St., u.a.: First measurements with a JD-CDMA hardware demonstrator. Extended abstract für EPMCC' 97

7 Sachwörterverzeichnis